Strom und Wärme selbst erzeugen

Schritt für Schritt zum autarken Haus

Unser Service für Sie

Wenn neue Gesetze und Verordnungen in Kraft treten oder sich zum Beispiel Förderbedingungen oder Leistungen ändern, finden Sie die wichtigsten Fakten in unserem Aktualisierungsservice zusammengefasst.
Mit dem Klick auf **www.ratgeber-verbraucherzentrale.de/aktuell** sind Sie dann ergänzend zu dieser Auflage des Buches auf dem neuesten Stand. Diesen Service bieten wir so lange, bis eine Neuauflage des Ratgebers erscheint, in der die Aktualisierungen bereits eingearbeitet sind. Wir empfehlen, Entscheidungen stets auf Grundlage aktueller Auflagen zu treffen.
Die lieferbaren aktuellen Titel finden Sie in unserem Shop:
www.ratgeber-verbraucherzentrale.de

Strom und Wärme selbst erzeugen

Schritt für Schritt zum autarken Haus

JOHANNES SPRUTH

verbraucherzentrale

13
Das Ziel: Ein energieautarkes Haus
CO2
A
B
C
D
E
F
G

Inhalt

33 Strom selbst erzeugen

219
Wege zum energieautarken Haus

259
Anhang

95
Wärme selbst erzeugen

Zu diesem Buch

Wollen auch Sie sich von den großen Energieversorgern unabhängiger machen und Ihre eigene Energiewende starten? Wollen Sie vor allem erneuerbare Energien einsetzen und damit zum Klimaschutz beitragen? Und so energieautark wie möglich werden?

Dieses Buch möchte Ihnen Schritt für Schritt zeigen, wie Sie diese Ziele erreichen können. Viele technische Systeme sind auf dem Markt, mit denen Sie wirtschaftlich selbst Strom und/oder Wärme erzeugen können.

Wir begleiten drei Beispielhaushalte auf ihrem Weg zum energieautarken Haus. Mit Ihren eigenen Daten und Zielen können Sie diesen Weg mitgehen:

- → Zunächst bestimmen und bewerten Sie Ihren aktuellen Energieverbrauch für Strom und Wärme (→ ab Seite 24).
- → Sie erfahren, wie Sie die Energiequellen auf Ihrem Grundstück technisch nutzen können – sei es direkte Sonneneinstrahlung, Wind oder Umweltwärme.
- → Der Einbau verschiedener Varianten mit unterschiedlichen Anlagengrößen wird beispielhaft beschrieben.
- → Es geht um Kosten, Einsparungen und wie der größtmögliche Autarkiegrad erreicht wird (→ ab Seite 37).
- → Sie lernen auch die wichtige Rolle von Speichern für Strom und Wärme kennen (→ Seiten 61 und 98).
- → Schließlich erfahren Sie, wie Sie durch Energiesparmaßnahmen Ihre Autarkiebilanz auf dem Weg zum Sonnenhaus oder Plusenergiehaus noch weiter verbessern können (→ ab Seite 219).

Ob Strom oder Wärme, Sie – wie auch die Beispielhaushalte – haben stets die Wahl zwischen verschiedenen Varianten, die wir vorstellen. Im Buch finden Sie die Erläuterungen zu den Beispielvarianten mit den *wichtigsten* Kennwerten, im ergänzenden Download *alle* Kennwerte tabellarisch. Zudem bieten Ihnen unsere interaktiven Tabellen die Möglichkeit, Ihre eigene Maßnahme durchzurechnen. Alternativ können Sie das Ergebnis auch analog ermitteln (→ Seite 31).

In den Beispielen sind wir von durchschnittlichen Kosten und Energiepreisen ausgegangen, orientiert an der Gaspreisbremse mit 12 ct/kWh und der Strompreisbremse mit 40 ct/kWh. In Ihrer individuellen Berechnung sollten Sie natürlich die jeweils aktuellen Kosten und Preise eintragen.

Farbige Symbole bei den Beispielvarianten zeigen an, welcher Autarkiegrad erreicht wurde: Dabei ist der Grad der Stromautarkie in Blau und der Grad der Gesamtautarkie, bezogen auf Strom und Wärme, in Rot dargestellt.

> **! WICHTIG**
>
> **Interaktive Tabellen Energieautarkie**
>
> Mit unseren interaktiven Tabellen können Sie leicht feststellen, ob die von Ihnen gewählte Variante mit Ihren individuellen Eckdaten wirtschaftlich ist. Sie finden die Tabellen unter www.ratgeber-verbraucherzentrale.de/energieautarkie oder via QR-Code.

35 % 5 % Beispiel: Diese Variante erzielt eine Stromautarkie von 35 Prozent, in Bezug auf Strom *und* Wärme erreicht sie jedoch nur 5 Prozent Gesamtautarkie.

Das Buch will und kann keine Energieberatung bei Ihnen zu Hause oder gar eine Planung ersetzen – es soll Ihnen aufzeigen, auf welchen Wegen Sie zum größtmöglichen Autarkiegrad gelangen. Wenn Sie in einem Ein- oder Zweifamilienhaus leben, dann kann Sie dieses Buch unterstützen. Auch wenn Sie planen, solch ein Haus zu bauen, werden Sie hier viele Hinweise finden.

Wenn Sie mehr zum Thema Energieautarkie für größere Gebäude erfahren möchten, sollten Sie sich an eine Energieberatung, ein Architektur- oder Fachingenieurbüro wenden – es gibt auch Förderungen für eine Energieberatung (→ Seite 240).

→ TIPP

Die Energieberatung der Verbraucherzentralen mit Informationen, Onlineveranstaltungen und der Möglichkeit zur Terminvereinbarung auch für eine individuelle Online- oder Vor-Ort-Beratung finden Sie unter www.verbraucherzentrale-energieberatung.de

Im Buch werden die zahlreichen technischen Möglichkeiten so weit beschrieben und erklärt, wie es für den effektiven Einsatz nötig ist. Wichtige Fachbegriffe werden in einem Glossar im Anhang erklärt (→ Seite 259).

Wir zeigen Ihnen, wie Sie die nötigen Informationen erhalten, was bei Angeboten zu beachten ist, welche Anforderungen das Gebäudeenergiegesetz stellt (→ Seite 217) und welche Fördermöglichkeiten bestehen: Die Bedingungen für Investitionen in Ihr Haus sind noch günstig, die Förderung und die Energiepreise sind hoch (→ Seite 215). Investieren Sie jetzt in Energieautarkie. Dann können Sie gelassen den kommenden Energiepreissteigerungen entgegensehen.

Aus unserer Beratungspraxis

Die wichtigsten Fragen und Antworten

→ Jährlich beantworten wir in unseren bundesweit rund 200 Beratungsstellen Hunderttausende von Fragen und helfen bei der Lösung von Problemen, die Verbraucherinnen und Verbraucher an uns herantragen. Aus dieser täglichen Praxis wissen wir am besten, wo der Schuh drückt und wie konkrete Unterstützung aussehen muss. Diese Erfahrungen sind Grundlage unserer Ratgeber: mit präzisen, verbraucherorientierten Informationen, zahlreichen Tipps und Hintergrundinformationen zum besseren Verständnis.

Als Energieberater der Verbraucherzentrale NRW habe ich über 25 Jahre Hauseigentümer bei der energetischen Sanierung Ihrer Immobilie beraten. Dieses Praxiswissen ist in diesen Ratgeber geflossen und soll nun auch Sie bei der Planung Ihrer autarken Strom- und Wärmeversorgung unterstützen.

Nutzen auch Sie die Energieberatung der Verbraucherzentralen und profitieren Sie von unser Beratungskompetenz:

www.verbraucherzentrale-energieberatung.de

Dr. Johannes Spruth

Benötigt ein energieautarkes Haus einen Speicher?

Die Sonne scheint und der Wind weht unregelmäßig, auch zu Zeiten, an denen Sie keinen Energiebedarf haben. Aber es gibt ebenso Zeiten, zu denen Sie Strom brauchen, aber keine Sonne scheint und kein Wind weht. Diese Ungleichzeitigkeit zwischen Erzeugung und Verbrauch erfordert einen Speicher. Bei thermischen Solaranlagen → Seite 96 ist das ein Wärmespeicher in Form eines gut gedämmten Wassertanks. Zusätzlich zu stromerzeugenden Anlagen wie etwa einer Photovoltaikanlage benötigen Sie einen Stromspeicher → Seite 61 ff. Für den Hausgebrauch kommen hier insbesondere Lithium-Ionen-Batterien infrage. Leider gibt es für den Hausgebrauch noch keine erschwinglichen Langzeitbatterien, um die Sommersonne in den Winter zu retten. Aber mit einer großen Photovoltaikanlage und einer großen Batterie kommen Sie dem Ziel eines stromautarken Hauses schon sehr nahe → Seite 76.

Unter welchen Bedingungen lohnt sich der Einsatz einer Kleinwindanlage?

Entscheidend bei der Nutzung von Windkraft ist ein Standort mit ausreichender Windgeschwindigkeit und wenig Verwirbelungen. In dicht bebauten Bezirken werden Sie einen solchen Standort nicht finden. Die Windenergienutzung kann sich in Streusiedlungen oder bei einer exponierten Lage lohnen → Seite 51 ff. Vor der Realisierung einer Kleinwindanlage sind jedoch zahlreiche Überlegungen nötig, siehe Checkliste Seite 59. Und: Fallen Sie nicht auf Angebote herein, die Ihnen unrealistische Erträge versprechen → Seite 55. Prinzipiell kann eine Kleinwindanlage eine Photovoltaikanlage gut ergänzen; denn wenn keine Sonne scheint, insbesondere im Herbst und Winter, gibt es viel Wind.

Funktioniert eine Wärmepumpe auch im Altbau?

Ja, eine Wärmepumpe kann auch im Altbau funktionieren. Die allgemein verbreitete Meinung, eine Wärmepumpe brauche unbedingt eine Fußbodenheizung, gilt heute nicht mehr. Entscheidend ist allerdings eine Vorlauftemperatur im kältesten Winter von höchstens 55 Grad. Ob das bei Ihnen der Fall ist, können Sie testen → Seite 139. In manchen Altbauten kann es deswegen nötig sein, vor dem Einbau einer Wärmepumpe den baulichen Wärmeschutz zu verbessern und/oder einzelne Heizkörper durch größere oder spezielle Wärmepumpenheizkörper zu ersetzen. Eine Wärmepumpe arbeitet zwischen zwei Temperaturen. Die geringsten Stromverbräuche erzielen Sie, wenn der Temperaturunterschied nicht sehr groß ist. Die Wärmequelle (Grundwasser, Erdreich oder Luft) sollte ganzjährig möglichst warm und das Heizsystem mit einer möglichst geringen Temperatur zufrieden sein – optimal ist hier eine Flächenheizung. → Seite 150. Aber auch mit herkömmlichen Heizkörpern können Sie ein befriedigendes Ergebnis erzielen, wie unsere Beispiele zeigen → Seite 142 ff.

Ist es möglich, eine Wärmepumpe mit der aufs Dach scheinenden Sonnenenergie zu betreiben?

In den meisten Fällen holt eine Wärmepumpe die Umgebungswärme aus Erdreich, Grundwasser oder Außenluft → Seite 133 ff. Es gibt aber auch spezielle Anlagen, die die Wärme eines üblichen Solarkollektors, eventuell in Kombination mit einem Erdspeicher → Seite 176 oder mithilfe eines speziellen Hybridkollektors oder Energiezauns in Kombination mit einem Eisspeicher → Seite 175 nutzen. Neu entwickelt wurde der PVT-Kollektor → Seite 196, eine Kombination aus Photovoltaikmodul mit kühlenden Wasserschlangen, der die auffallende Sonnenenergie besonders effizient nutzt und sehr gut als Wärme- und Stromquelle für eine Wärmepumpe dienen kann. So ist es möglich, bei einer Sole-Wärmepumpe auf Erdkollektor oder Erdsonde zu verzichten. Beispiele → Seite 198 ff. Eine Wärmepumpe benötigt den meisten Strom zum Antrieb im Winter, wenn es wenig Solarertrag gibt. Deswegen reicht der Strom einer Photovoltaikanlage allein nicht zum Betrieb. Trotzdem ist diese Kombination sinnvoll → Seite 184.

Was ist ein Sonnenhaus?

Das Sonnenhaus-Institut bezeichnet ein Haus als Sonnenhaus, wenn mindestens 50 Prozent der benötigten Energie von der Sonne kommt → Seite 106. Beim klassischen Sonnenhaus gibt es einen großen Solarkollektor auf dem Dach und einen sehr großen Pufferspeicher im Haus. Die Restwärme liefert ein Holzofen → Seite 166. Für den Strombedarf gibt es eine Photovoltaikanlage. Einige Sonnenhäuser haben auch eine große Photovoltaikanlage, eine Wärmepumpe und einen Batteriespeicher → Seite 222 ff. Das klassische Sonnenhaus wird im Kapitel „Wege zum energieautarken Haus" für unsere drei Beispielhaushalte als erste Möglichkeit untersucht → Seite 219 ff.

Wie wird mein Haus zum Kraftwerk?

Wenn Ihr Haus mehr Energie erzeugt, als es benötigt, wird es zum Kraftwerk. Da es bisher für den Hausgebrauch keine erschwinglichen Langzeitspeicher gibt, wird ein solches Haus nur in der Jahresbilanz ein Plusenergiehaus sein → Seite 20. Es benötigt weiterhin einen Anschluss ans Stromnetz, da die Haustechnik (beispielsweise eine Wärmepumpe) im Winter mehr Strom benötigt, als die Photovoltaikanlage liefern kann. Andererseits gibt es in der warmen Jahreszeit erhebliche Überschüsse, die ins Stromnetz eingespeist werden. Durch den zusätzlichen Einbau einer thermischen Solaranlage → Seite 174 ff., die die Wärmepumpe unterstützt, sinkt der Stromverbrauch erheblich, und das Plusenergiehaus wird leichter erreicht, Beispiele → Seite 226 ff. Meistens werden Sie einige ungenutzte Einsparpotenziale bei Strom und Wärme entdecken → Seite 234 ff. So wird es noch leichter, das eigene Haus zum Kraftwerk zu machen.

CO2
A
B
C
D
E
F
G

Das Ziel: Ein energieautarkes Haus

Machen Sie Ihr Haus so energieautark wie möglich: Anhand von drei Beispielhaushalten stellen wir Ihnen Energiekonzepte für Ihren eigenen Weg zur Energieautarkie vor. Denn jeder Baustandard hat unterschiedliche energieautarke Dimensionen und bestimmte Vor- und Nachteile. Zum Einstieg in Ihre individuelle Planung werden Sie als ersten Schritt Ihren Energieverbrauch konkret einschätzen – denn so können Sie Ihren Weg zum energieautarken Haus besser planen und realisieren.

Was ist Energieautarkie?

Wenn Sie ihr eigenes Haus mit Strom und Wärme allein aus den auf dem Grundstück vorhandenen Energiequellen versorgen können, nennt man dies **Energieautarkie.** Diesem Ziel möglichst nahe zu kommen, dafür sprechen gute Gründe. Denn eine Eigenversorgung ist finanziell attraktiv, gut für die Umwelt und macht Sie unabhängig von großen Versorgungsunternehmen.

Welche Möglichkeiten gibt es nun für Ein- und Zweifamilienhäuser, Strom und Wärme selbst zu erzeugen? Mittlerweile kann man energieautarke Häuser „von der Stange" (→ Seite 220) kaufen. Diese Neubauten sind meist mit großen Photovoltaikanlagen und/oder thermischen Solaranlagen, Wärmepumpen und Stromspeichern ausgestattet. Doch was tun, wenn man in einer „alten Hütte" wohnt? Deutschland ist schon gebaut: Etwa drei Viertel aller Gebäude wurden

HINTERGRUND

Energieautarke Orte

Bereits in den 1970er-Jahren wurde „Energieautarkie“ zum Beispiel im „Centre for alternative Technology“ in Wales großgeschrieben. Das Centre hatte sich mithilfe von Eigenstromerzeugung komplett von der öffentlichen Netzversorgung abgekoppelt. Mehrere Häuser und Gewerbebetriebe in einem alten Schiefersteinbruch werden seitdem allein über eigene Wasserkraft, Windenergie und Photovoltaikanlagen mit Strom versorgt. Mittlerweile gibt es knapp 200 energieautarke Dörfer in Deutschland. Mit regenerativen Energien – insbesondere Biogas – wird der Wärme- und Strombedarf gedeckt, und oft kann sogar noch Strom und Wärme an das Umland abgegeben werden.
www.cat.org.uk
https://bioenergiedorf.fnr.de/

BEISPIEL

Energiekosten steigen

In einem unsanierten Einfamilienhaus, Baujahr 1962, leben vier Personen. Auf ein Jahr gesehen benötigt der Haushalt circa 20.000 Kilowattstunden Wärmeenergie und zusätzlich circa 4.000 Kilowattstunden Strom. Das bedeutete im Jahr 1998 Energiekosten von rund 1.400 Euro. 2015 lagen die Kosten bereits bei etwa 2.500 Euro und 2023 werden es vermutlich 4.000 Euro werden. Damit arbeiten Durchschnittsverdiener heutzutage über einen Monat lang nur für die Energiekosten. Wäre es da nicht sinnvoller, dieses Geld für energetische Maßnahmen im eigenen Haus zu investieren?

vor der ersten Wärmeschutzverordnung von 1977 errichtet. Aber auch für viele dieser „Bestandsgebäude“ gibt es Möglichkeiten einer energieautarken Versorgung. Wir stellen sie in den folgenden Kapiteln ausführlich und mit vielen Beispielen vor.

Wenn Sie ein Ein- oder Zweifamilienhaus besitzen, gibt es **drei gute Gründe,** sich von der allgemeinen Energieversorgung abzukoppeln und die auf das Grundstück fallende Sonnenenergie in allen ihren Formen wie Sonnenstrahlung, Wind und Biomasse zu nutzen:

1. Sonnenenergie ist kostengünstig

Sonnenenergie steht allen kostenlos zur Verfügung, für Energielieferungen müssen Sie hingegen bezahlen. Zwar ist der Ölpreis mittlerweile wieder etwas gesunken und es gab 2023 eine Deckelung des Gaspreises bei

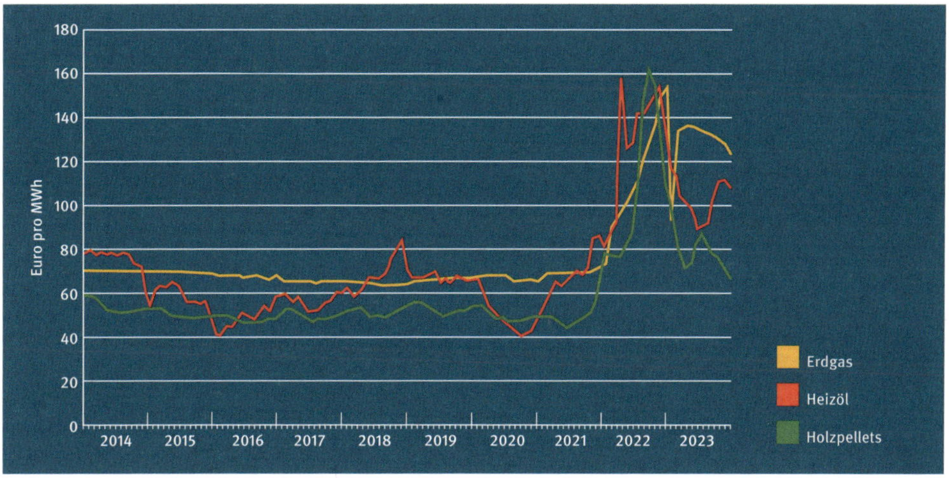

Abb. 1: Preisentwicklung bei Holzpellets, Heizöl und Erdgas

12 Cent pro Kilowattstunde (ct/kWh), deutlich sichtbar ist jedoch ein Anstieg der Energiekosten.

2. Sonnenenergie ist umwelt- und klimaschonend

Werden fossile Energieträger (Öl, Gas) verbrannt oder wird Strom im Kohlekraftwerk erzeugt, entsteht Kohlendioxid (CO_2). Der CO_2-Gehalt in der Atmosphäre nimmt zu. Aus wissenschaftlicher Sicht ist das der entscheidende Faktor für den fortschreitenden Klimawandel: Satellitendaten zeigen, dass die Masse des Grönlandeises jedes Jahr um circa 270 Milliarden Tonnen schmilzt (Stand 17.03.2022). Laut der Weltorganisation für Meteorologie (WMO) waren die Jahre 2011 bis 2023 weltweit gesehen die bisher wärmsten Jahre mit vielen extremen Wetterereignissen. Und die CO_2-Konzentration – als einer der Auslöser – überschritt im Frühjahr 2015 erstmals die Grenze von 400 parts per milion (ppm).

BEISPIEL

CO_2-Belastung

Ein typischer Vierpersonenhaushalt verursacht durch Gasheizung und Stromverbrauch eine CO_2-Belastung von etwa 6,8 bis 9,8 Tonnen jährlich. Mit Ölheizung wären es 8,2 bis 12 Tonnen. Die durchschnittliche CO_2-Belastung beträgt in Deutschland circa 10 Tonnen pro Person jährlich, aus Energieeinsatz in der Wohnung, Nahrungsmitteln, Mobilität und Konsumgütern. Bei vier Personen sind es demnach etwa 40 Tonnen. Durch verringerten Energieeinsatz allein lassen sich etwa 5 bis 10 Tonnen CO_2 jährlich einsparen, demnach bis zu einem Viertel der CO_2-Belastung dieses Haushalts. Darüber hinaus entstehen bei der Verbrennung je nach Energieträger Schwefeldioxid- und Stickoxidemissionen, die bei der Nutzung der Sonnenenergie ebenfalls entfallen.

GUT ZU WISSEN

Parts per Million

Das Maß **ppm (parts per million)** gibt das Mischungsverhältnis an, die Konzentration, hier von Kohlendioxid (CO_2) in Luft. Wie das Prozent ein Hundertstel bedeutet und das Promille ein Tausendstel, ist das ppm ein Millionstel. 400 ppm wären also ein Verhältnis von 0,04 Prozent CO_2 in Luft. Noch in den 1960er-Jahren lag dieser Wert unter 320 ppm. Je höher die CO_2-Konzentration ist, desto mehr steigt die Durchschnittstemperatur durch den Treibhauseffekt an: Sonnenstrahlung kann die Atmosphäre durchdringen und die Erde erwärmen, aber das CO_2 hält die Wärmestrahlung zurück. Es gibt Kipppunkte, die unbedingt vermieden werden sollten: Wenn zum Beispiel der Permafrostboden in Sibirien auftaut, würden in einer gefährlichen Kettenreaktion weitere Treibhausgase freigesetzt. Klimawissenschaftler vermuten, dass dies spätestens bei einer weltweiten Erwärmung um 2 °C geschieht, wovon bisher bereits über 1 °C erreicht wurden.

GUT ZU WISSEN

Energieverbrauch senken

Energieautarkie ist leichter zu erreichen, wenn der Energieverbrauch niedrig ist. Insbesondere Maßnahmen an der Gebäudehülle – Wände, Fenster, Türen, Dach – helfen, Ihren Energiebedarf zu senken. (Mehr dazu in der Fachliteratur, Hinweise ab Seite 263 und im Kapitel „Wege zum energieautarken Haus“ ab Seite 234) Noch besser, weil konkreter, kann auch eine Energieberatung der Verbraucherzentrale sein – möglichst vor Ort in Ihrer Immobilie. Mehr dazu unter **www.verbraucherzentrale-energieberatung.de**

Auch Deutschland hat die Folgen des Klimawandels zu spüren bekommen: mit zerstörerischen Stürmen wie Kyrill und Lothar, der verheerenden Flutkatastrophe an der Ahr und in der Eifel und mit Hitzewellen. Der Ausweg ist die Abkehr von herkömmlichen Energieträgern hin zur Nutzung erneuerbarer Energien. Der Schritt zum energieautarken Haus ist also auch der Schritt zur privaten Energiewende und zum Klimaschutz.

3. Sonnenenergie macht Sie unabhängig von großen Versorgungsunternehmen

Im November 2005 gab es im Münsterland ein Schneechaos: Unter der Last von Schnee und Eis knickten reihenweise die Strommasten ein. Einige Orte waren tagelang von der

Stromversorgung abgeschnitten: Heizungsanlagen, Kühlgeräte, Elektroherde und die Kommunikationstechnik fielen aus und es gab keine elektrische Beleuchtung mehr. Ähnliches könnte auch in Ihrem vollelektrifizierten Haushalt geschehen, bräche die Stromversorgung zusammen. Auch der Ukraine-Krieg hat uns wieder die Verletzlichkeit der Energieversorgung vor Augen geführt. Da wäre es doch beruhigend, eine Eigenstromversorgung mit Notstromfunktion zu besitzen.

Der Weg zum energieautarken Haus ist nicht einfach. Um Ihnen den Übergang leichter zu machen, werden in den folgenden Kapiteln Lösungen beschrieben, die Sie dafür einsetzen können – mit ihren Vor- und Nachteilen, den Kosten und ihrem Nutzen.

Haustypen und Baustandards – kurz erklärt

Es gibt eine Reihe von Begriffen, die den energetischen Standard eines Hauses beschreiben. Doch was ist darunter zu verstehen? Gibt es klare Festlegungen oder handelt es sich eher um Werbebegriffe?

Die Wärmeschutzverordnung von 1977 brachte erstmals klare Vorgaben – zunächst nur für den Neubau. Diese Vorgaben wurden stufenweise bis 1995 verschärft. Daneben traten mit den Heizungsanlagenverordnungen Anforderungen an die Heizungssysteme in Kraft (Abb. 2). 2002 verschmolzen die Wärmeschutzverordnung und die Heizungsanlagenverordnung zur Energieeinsparverordnung (EnEV). Hinzu kommen laufend EU-Vorgaben, die ins nationale Recht übernommen werden müssen. So erfolgten mehrere Anpassungen der EnEV bis zur EnEV 2014. Zusätzlich gab es das Erneuerbare-Energien-Wärmegesetz (EEWärmeG) und das Energieeinsparungsgesetz (EnEG).

2020 wurden diese drei Gesetze im Gebäudeenergiegesetz (GEG) vereint. Der Neubaustandard war damit das Niedrigstenergiegebäude (Nearly Zero Energy Building, NZEB, deutsch: Nahezu-Nullenergiehaus), wie es die EU fordert. Stand 2023 wurde der Neubaustandard erneut angehoben, bis auf das Effizienzhaus 55 (→ Seite 20). Es ist unsicher, ob es zur weiteren Verschärfung auf das Effizienzhaus 40 kommen wird, da bei

> GUT ZU WISSEN
>
> **Primärenergie**
>
> Ihr **spezifischer Primärenergiebedarf** für Heizwärme ist der Wärmeverbrauch pro Quadratmeter einschließlich aller Gewinnungs-, Transport- und Umwandlungsverluste von der Öl- oder Gasquelle oder der Kohlemine übers Kraftwerk bis zum Haus.

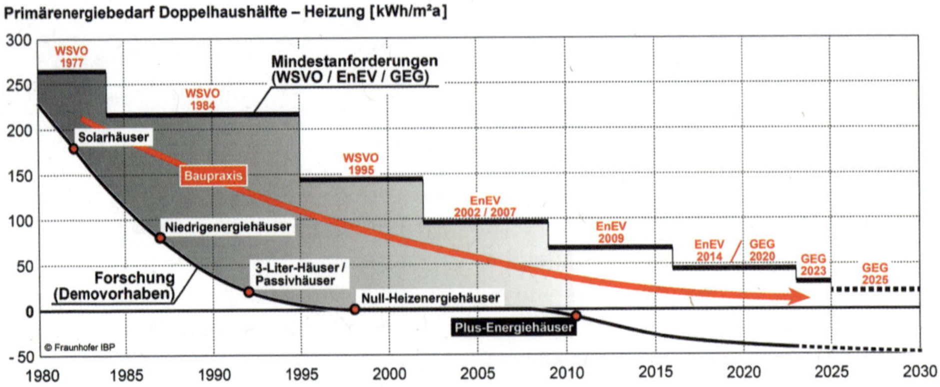

Abb. 2: Entwicklung des energiesparenden Bauens

Neubauten die Pflicht zu 65 Prozent erneuerbarer Energie ab 2024 besteht – bei Altbauten spätestens 2028. In Abb. 2 sind diese Anforderungen an baulichen Wärmeschutz und Haustechnik für eine Doppelhaushälfte (Referenzhaus → Seite 20) in einen spezifischen Primärenergiebedarf für Heizwärme umgerechnet worden. Die oberste, stufige Linie zeigt die gesetzlichen Vorgaben.

Es gab und gibt Gebäudestandards, die über das Maß der jeweiligen Verordnung hinausgehen (→ Abb. 2, untere Linie „Forschung/Demovorhaben"). Zunächst kam in den späten 1980er-Jahren, angeregt durch den Baustandard in den skandinavischen Ländern, der Begriff des **Niedrigenergiehauses** auf, das einen erheblich verbesserten Wärmeschutz gegenüber dem damaligen Baustandard und außerdem häufig den Einbau von Wohnungslüftungsanlagen aufwies. Allerdings wurde oft auch irreführend mit dem Begriff Niedrigenergiehaus geworben, obwohl kein Niedrigenergiehaus drinsteckte. Es gibt hier leider keine rechtsverbindliche Definition.

Passivhaus

Ist der bauliche Wärmeschutz so sehr verbessert, dass die benötigte Heizwärme über passive Sonneneinstrahlung durch die Fenster und Zuheizen in der Lüftungsanlage gedeckt wird, spricht man von einem **Passivhaus.** Ein klassisches Heizsystem ist nicht mehr erforderlich. Ein Passivhaus funktioniert jedoch nur, wenn bestimmte bauphysikalische Bedingungen eingehalten werden, was in der Planungsphase mit speziellen Softwareprogrammen überprüft wird. Für die Realisierung eines Passivhauses kommt es auf eine sorgfältige Ausführung in der Bauphase und die passende Auswahl der Komponenten an.

Nullenergie- oder Plusenergiehaus

Ein Passivhaus ist zwar noch kein energieautarkes Haus, doch dank seines geringen Energiebedarfs sind die Ausgangsbedingungen günstig. Wird nun zusätzlich zur passiven Sonnenenergienutzung aktive Technik eingebaut, zum Beispiel Solarkollektoren und Photovoltaikanlagen, so kann der Stan-

HINTERGRUND

Anforderungen an ein Passivhaus

- Heizlast höchstens 10 Watt pro Quadratmeter (W/m²)
- Heizwärme höchstens 15 Kilowattstunden pro Quadratmeter (kWh/m²) jährlich
- Luftdichtheit besser als 0,6 Luftwechsel pro Stunde
- Primärenergie für Heizung, Warmwasser, Stromanwendungen höchstens 120 Kilowattstunden pro Quadratmeter (kWh/m²) jährlich
- Nachzuweisen über die Software: Passivhaus-Projektierungs-Paket

Erfüllung der Anforderungen

- Sehr gute Wärmedämmung bis ins Detail, um Wärmebrücken zu vermeiden
- Dreifachwärmeschutzverglasung in gedämmten Fensterrahmen
- Lückenlose, luftdichte Ausführung
- Lüftungsanlage mit Wärmerückgewinnung
- Effiziente Elektrogeräte

Näheres erfahren Sie beim Passivhaus-Institut unter www.passiv.de. Dort erhalten Sie auch Listen von zertifizierten Bauelementen wie etwa Holzleichtbauwände, Fenster oder Wärmepumpen sowohl für den Neubau als auch für die Altbausanierung. Bei der Auswahl der Elemente sollten Sie auf diese Zertifizierung achten.

dard eines **Nullenergie-** oder **Plusenergiehauses** erreicht werden. Bei dieser Klassifizierung wird der gesamte Energieverbrauch eines Jahres mit der im gesamten Jahr erzielten Sonnenenergienutzung verglichen. Ist beides gleich, so handelt es sich um ein Nullenergiehaus.

Wird mehr Sonnenenergie gewonnen, als das Haus benötigt, so wirkt das Plusenergiehaus als Kraftwerk.

Zuzeiten einer hohen Einspeisevergütung war es wirtschaftlich attraktiv, eine sehr große Photovoltaikanlage zu installieren und damit die Mehrkosten der aktiven Technik zu decken. Nach Einbrüchen bei der Einspeisevergütung ist dies mit den neuen Bedingungen im EEG (→ Seite 41) wieder sinnvoll geworden. Nach wie vor wird aber angestrebt, einen besseren Standard als das Passivhaus zu erzielen. Die bundesweite

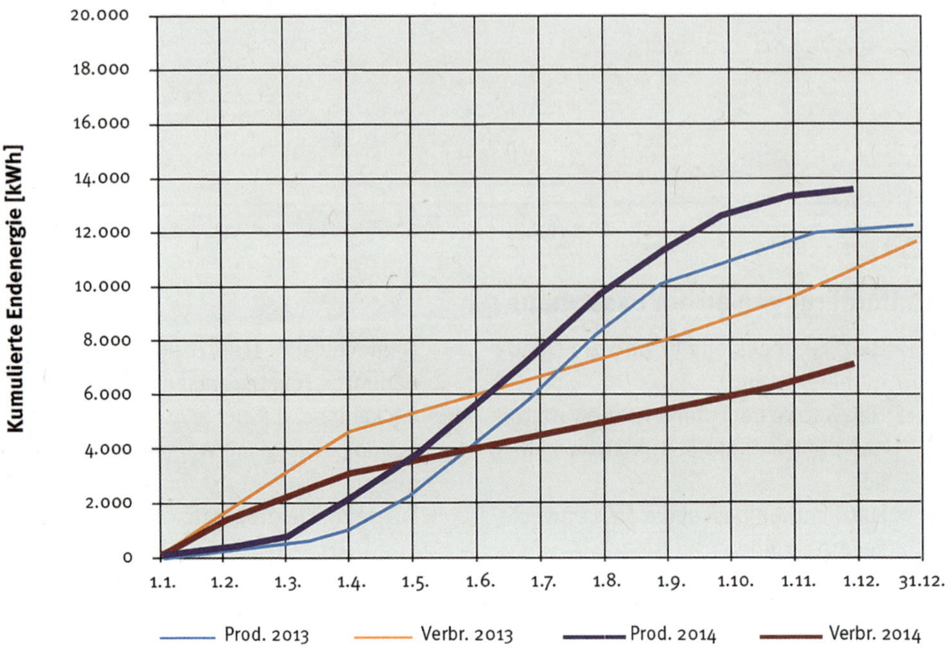

Abb. 3: Jahresgang von Energieproduktion und Energieverbrauch beim Effizienzhaus plus des Bundesumweltministeriums

Forschungsinitiative „Effizienzhaus Plus" betreut etliche Projekte in Deutschland: www.forschungsinitiative.de/effizienzhaus-plus

Abb. 3 zeigt, wie sich bei einem Plusenergiehaus in 2 Jahren Produktion und Verbrauch entwickelt haben. Es ist deutlich zu sehen, dass zu Beginn des Jahres die Solarproduktion den Verbrauch nicht decken kann. Erst einige Monate später schneiden sich die Kurven, gegen Ende des Jahres wurde mehr produziert als verbraucht. Es handelt sich demnach um ein **Plusenergiehaus in der Jahresbilanz,** aber nicht um ein **energieautarkes Haus.** Denn der Anschluss ans Stromnetz ist nötig: Im Winter wird Strom bezogen und im Sommer der Überschuss eingespeist.

KfW-Effizienzhaus

Die KfW orientiert ihre Effizienzhaus-Förderungen an Baustandards. Sie hat zu diesem Zweck die **KfW-Effizienzhäuser** definiert. Im jeweils gültigen GEG ist der Neubaustandard festgelegt, der sich am sogenannten Referenzhaus orientiert, einem Gebäude mit den Abmessungen des jeweiligen Neubaus, aber vorgegebenen Werten für Dämmwerte und Haustechnik. Die Zahl im Namen des Effizienzhauses gibt nun an, inwieweit die

Neubau- oder Sanierungsplanung den Primärenergieverbrauch des Referenzhauses erreicht.

Wenn Sie also Ihr Haus so sanieren wollen, dass es zu einem „Effizienzhaus 85“ wird, müssen Sie nachweisen, dass Ihr zukünftiger Primärenergieverbrauch höchstens 85 Prozent vom Verbrauch eines entsprechenden Referenzhauses beträgt. Außerdem gibt es Anforderungen an den baulichen Wärmeschutz.

→ TIPP

Die **Kreditanstalt für Wiederaufbau (KfW)** ist die Förderbank des Bundes. Sie vergibt für energiesparendes Bauen und Sanieren zinsgünstige Kredite mit Tilgungszuschüssen.

Gefördert werden **Effizienzhäuser.** Die Definition der Effizienzhäuser, die damit zusammenhängende aktuelle Förderhöhe und die Beschreibung des Antragsverfahrens finden Sie auf www.kfw.de/beg

Zur Neubauförderung → Seite 215. Die Förderung von Einzelmaßnahmen bei Altbauten erfolgt als Zuschussförderung mit festen Sätzen über das Bundesamt für Wirtschaft und Ausfuhrkontrolle (BAFA) – unter www.bafa.de/beg und die KfW (→ Seite 215).

HINTERGRUND

Baustandards – auf einen Blick

Neubau: Die Anforderungen des jeweils aktuellen Gebäudeenergiegesetzes (GEG) müssen eingehalten werden. GEG 2023: Heizwärme unter 40 Kilowattstunden pro Quadratmeter.

Niedrigenergiehaus: Kein definierter Standard, Heizwärme etwa 50 bis 70 Kilowattstunden pro Quadratmeter

Passivhaus: Definierter Standard mit zugehörigem Softwareprogramm, Heizwärme unter 15 Kilowattstunden pro Quadratmeter

Nullenergiehaus: Im Jahresdurchschnitt erzeugen die aktiven Komponenten des Hauses so viel Wärme und Strom, wie im Haus benötigt wird.

Nullheizenergiehaus: Die Bilanz wird lediglich auf die Heizwärme bezogen.

Plusenergiehaus: Das Haus ist im Jahresdurchschnitt ein Kraftwerk und erzeugt mehr, als es braucht.

Effizienzhaus Plus: Bundesweite Forschungsinitiative für Plusenergiehäuser mit definierten Bedingungen.

KfW-Effizienzhäuser: Von der Förderbank KfW definierter Standard, der sich am Referenzhaus orientiert.

Die Beispielhaushalte

Bei einer Energieberatung (→ Seite 240) wird darauf geachtet, dass die vorgeschlagenen Maßnahmen möglichst gut zu Ihrer Ausgangslage passen. Denn jedes Haus ist anders, jeder Haushalt auch.

Drei Beispielhaushalte begleiten Sie durch dieses Buch. Die drei unterschiedlichen Ausgangslagen und die dazu passenden Planungen machen die verschiedenen Techniken auf dem Weg zur Energieautarkie anschaulich, mit Varianten und Angaben zu Kosten, Nutzen, Autarkiegrad und Umweltentlastung.

Welcher Haushalt entspricht Ihrer eigenen Situation am ehesten? Suchen Sie sich den zu Ihrem Strom- und Wärmeverbrauch passenden Beispielhaushalt aus. Abweichungen zu Ihrer Ausgangslage können Sie in den **interaktiven Tabellen** (Download → Seite 7) berücksichtigen.

Der Autarkiegrad der vorgestellten Varianten wird in einem oder mehreren Symbolen deutlich: Die Zahlen in blauen Kreisen zeigen den Wert der Stromautarkie und diejenigen in roten Kreisen den Wert der Gesamtautarkie, bezogen auf Strom und Wärme.

Haushalt A – unsanierter Altbau

Haushalt A besteht aus zwei Personen, die in einem Einfamilienhaus mit 120 Quadratmetern Wohnfläche leben. Die 30 Jahre alte Ölheizung übernimmt auch die Warmwasserversorgung. Nun soll das Gebäude energetisch saniert werden, jedoch sind keine Wärmedämmmaßnahmen vorgesehen.

Die A's möchten jetzt investieren, um in Zukunft mit möglichst geringen Energiekosten leben zu können.

Haushalt B – sanierter Altbau

Die B's sind eine junge, vierköpfige Familie. Vor Kurzem haben sie ein Einfamilienhaus mit 140 Quadratmetern Wohnfläche erworben. Im Zuge des Umbaus wird die Außenfassade gedämmt und neue Fenster werden eingebaut. Ein Kühlgerät und eine Waschmaschine sollen neu angeschafft werden.

Die B's wollen ihre Umweltbelastung möglichst gering halten, um ihren Kindern eine lebenswerte Welt zu erhalten.

Haushalt C – Neubau als Passivhaus

Die C's bauen ein Passivhaus (→ Seite 19) mit 120 Quadratmetern Wohnfläche, das sie zunächst zu zweit bewohnen werden. Eventueller Familienzuwachs, zwei Kinder, wurde mit eingeplant. Dank stromsparender Geräte und sparsamer Nutzung ist ihr Strombedarf relativ niedrig.

Allerdings benötigt die Haustechnik Strom, insbesondere die Lüftungsanlage. Einen Stromausfall wollen die C's durch Eigenstromerzeugung daher möglichst vermeiden.

Welchen Strom- und Wärmebedarf haben wir?

Ohne Strom funktioniert kein Haushalt. Und Wärme – ob zum Heizen, Duschen, Baden oder Spülen – ist unverzichtbar. Doch wie viel Strom, Gas, Öl oder Holz benötigen Sie zurzeit? Im Folgenden zeigen wir Ihnen, wie Sie Ihren individuellen Strom- und Wärmeverbrauch einschätzen können. Das Ergebnis ist eine wichtige Grundlage für Ihre Pläne zur „Eigenversorgung".

In den Medien wird meist die „Energiewende" mit einer „Stromwende" gleichgesetzt. Doch Abbildung 4 zeigt, dass im Bundesdurchschnitt die Haushalte wesentlich mehr Energie für Wärme (Heizung und Warmwasser) als für Strom aufwenden. Eine „Wärmewende" ist daher unbedingt nötig. Eine „Stromwende" ist damit aber noch nicht vom Tisch, denn Strom ist vergleichsweise teuer und wird es auch bleiben.

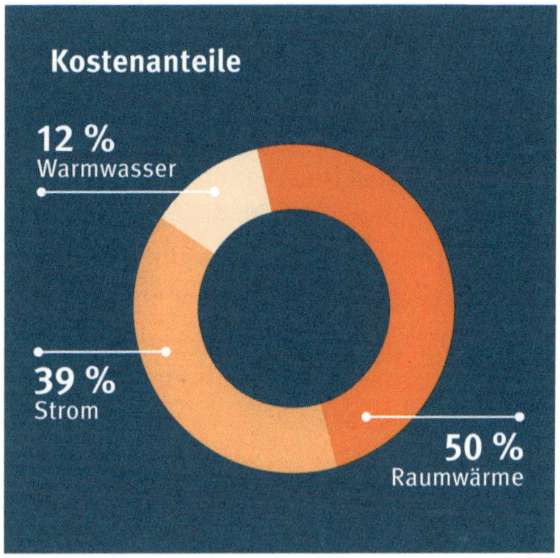

Abb. 5: Legt man Preise zugrunde, ist der kostenmäßige Anteil von Strom am Energieverbrauch noch höher.

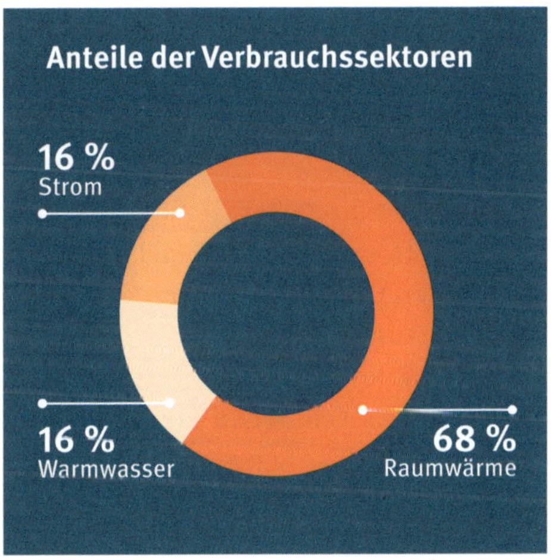

Abb. 4: Anteile der Verbrauchssektoren am durchschnittlichen Energieverbrauch deutscher Haushalte 2021 (eigene Berechnung nach Daten des UBA 2023)

Strom kostet gut dreimal so viel wie die Wärmeenergieträger Gas oder Öl (Preise berücksichtigen die **Energiepreisdeckel**). Da Strom so wertvoll ist, ist es sehr viel wirtschaftlicher, für die Erzeugung erneuerbare Energien einzusetzen, als bei der Wärme. So decken erneuerbare Energien bundesweit beim Strom mittlerweile knapp 57 Prozent

GUT ZU WISSEN

Stromtarife

In den meisten Haushalten wird der gesamte Stromverbrauch nach einem Tarif abgerechnet, das heißt, es gibt einen Arbeitspreis pro Kilowattstunde und einen Grundpreis pro Jahr, die sich allerdings bei Preisanpassungen während eines Jahres ändern können.
Gibt es nun beispielsweise eine Nachtspeicherheizung oder eine Wärmepumpe, so kann der Strom dafür über einen **Sondertarif** günstiger bezogen werden. Dann gibt es zwei Möglichkeiten: Der gesamte Haushaltsstrom und der Sondertarifstrom werden über einen Zähler abgerechnet. Oder es gibt zwei getrennte Zähler: einen für den Haushalt und einen für die Sonderabnehmer, beispielsweise für die Nachtspeicherheizung. Der Elektrizitätsversorger legt fest, wann der Sondertarif, der **Niedertarif,** kurz **NT-Tarif**, gilt. In diesen Zeiten wird ein Signal an den Rundsteuerempfänger im Verteilerkasten gegeben und so der Strom über den NT-Zähler geleitet. Oder es wird bei einheitlicher Messung mit einem **Zweitarifzähler** das NT-Zählwerk eingeschaltet. Außerhalb der Freigabezeiten läuft der Strom über den Haushaltszähler beziehungsweise das Hochtarif-Zählwerk und wird nach dem **Hochtarif,** kurz **HT-Tarif,** abgerechnet.

(Stand 2023), bei der Wärme jedoch nur gut 17 Prozent (Stand 2022) ab. Das führt zu Überlegungen, Strom für Wärmezwecke einzusetzen – was vor einigen Jahren noch als größte Umweltsünde galt. Wichtig zu wissen ist auch, dass die Einsparung von Strom eine erheblich größere CO_2-Einsparung ergibt als diejenige von Brennstoffen. So müssten Sie gut 2,3 Kilowattstunden Gas einsparen, um dieselbe Umweltentlastung zu erzielen wie durch eine eingesparte Kilowattstunde Strom (bei derzeitigem Strommix).

So bewerten Sie Ihren Stromverbrauch

In Ihrer Stromrechnung – meist auf der zweiten Seite – finden Sie einen Kasten mit Angaben zum Jahres- und Vorjahresverbrauch in Kilowattstunden (kWh) mit den zugehörigen Tagen. Wenn hier etwas zwischen 360 und 370 Tagen steht, so können Sie den Verbrauchswert ohne Umrechnung nutzen. Bei größerer Abweichung rechnen Sie folgendermaßen: Ihr **Jahresverbrauch** ist dann der angegebene Verbrauch mal 365, geteilt durch die angegebenen Tage.

Gebäudetyp	Warmwasser	Personen im Haushalt	Verbrauch in Kilowattstunden (kWh) pro Jahr – gering						sehr hoch
			A	B	C	D	E	F	G
Haus	ohne Strom	1	bis **1.400**	bis **1.800**	bis **2.200**	bis **2.600**	bis **3.400**	bis **4.500**	über **4.500**
		2	bis **2.000**	bis **2.500**	bis **2.800**	bis **3.100**	bis **3.500**	bis **4.300**	über **4.300**
		3	bis **2.500**	bis **3.000**	bis **3.500**	bis **3.900**	bis **4.400**	bis **5.200**	über **5.200**
		4	bis **2.800**	bis **3.500**	bis **3.900**	bis **4.300**	bis **5.000**	bis **6.000**	über **6.000**
		5+	bis **3.200**	bis **4.000**	bis **4.500**	bis **5.200**	bis **6.000**	bis **7.600**	über **7.600**
	mit Strom	1	bis **1.500**	bis **2.000**	bis **2.500**	bis **3.000**	bis **4.000**	bis **5.500**	über **5.500**
		2	bis **2.400**	bis **2.900**	bis **3.300**	bis **3.800**	bis **4.500**	bis **6.000**	über **6.000**
		3	bis **3.000**	bis **3.600**	bis **4.100**	bis **5.000**	bis **6.000**	bis **7.500**	über **7.500**
		4	bis **3.500**	bis **4.200**	bis **5.000**	bis **5.700**	bis **7.000**	bis **8.900**	über **8.900**
		5+	bis **4.000**	bis **5.000**	bis **6.000**	bis **7.000**	bis **8.200**	bis **10.800**	über **10.800**

Abb. 6: Klassifizierung des Stromverbrauchs bei Ein- und Zweifamilienhäusern nach Daten des Stromspiegels Deutschland 2022/23

Haben Sie einen **Eintarifzähler?** Dann gibt Ihnen Abb. 6, die auf mittleren Werten der bundesdeutschen Haushalte beruht, eine erste Einschätzung Ihres Stromverbrauchs. Sie können diese Bewertung auch online durchführen (www.stromspiegel.de). Hat es keine größeren Veränderungen in der Geräteausstattung und in der Bewohnerzahl während der letzten Jahre gegeben? Dann bilden Sie den Mittelwert der Jahresverbräuche der letzten zwei bis vier Jahresrechnungen. Haben Sie Neugeräte angeschafft oder sind nun mehr oder weniger Personen in Ihrem Haushalt? Dann nehmen Sie nur den aktuellen Verbrauch.

Einen Zweitzähler müssen Sie nicht berücksichtigen, wenn darüber kein Haushaltsstrom, sondern zum Beispiel nur die Nachtspeicherheizung abgerechnet wird.

Bei einem **Zweitarifzähler** wird es komplizierter; denn in diesem Fall wird ein Teil des Haushaltsstromverbrauchs mit dem NT-Tarif abgerechnet (dies ist meist bei Nachtspeicherheizungen der Fall). Es hängt von Ihrer Nutzung ab, wie groß dieser Anteil ausfällt. Einige Energieversorger setzen einen Anteil von 15 bis 25 Prozent des HT-Verbrauchs zusätzlich als Haushaltsstromverbrauch an. Diesen „korrigierten" Wert für den Haushaltsstromverbrauch finden Sie dann in Ihrer Rechnung und können damit in der Abbildung 6 die Einschätzung vornehmen. Ansonsten addieren Sie etwa ein Fünftel Ihres HT-Verbrauchs zum HT-Verbrauch und bewerten auf dieser Grundlage Ihren Haushaltsstromverbrauch. Falls Sie allerdings Ihre Haushaltsgroßgeräte gezielt in der NT-Freigabezeit einsetzen, sollten Sie den HT-Verbrauch um ein gutes Viertel des HT-Verbrauchs erhöhen.

So ermitteln Sie Ihren Heizenergiebedarf

Wenn Sie wissen, wie viel Energie Sie für Heizung und Warmwasser aufwenden, lassen sich der bauliche Wärmeschutz – Wände, Dach, Fenster, Türen etc. – und die Heiztech-

BEISPIEL 1

Stromverbrauch

Ein Paar lebt im eigenen Haus. Ihre letzte Anschaffung war vor drei Jahren ein energiesparender Kühlschrank. Das Paar kann daher davon ausgehen, dass die Verbrauchsschwankungen im Wesentlichen auf Wettereinflüssen beruhen. Eine Mitteilung über den Verbrauch in den letzten drei Jahren weist dies aus:
Rechnung 2020:
2.577 Kilowattstunden in 360 Tagen,
Rechnung 2021:
2.365 Kilowattstunden in 366 Tagen,
Rechnung 2022:
2.800 Kilowattstunden in 380 Tagen.
Die Verbrauchswerte von 2020 und 2021 können direkt als Jahresverbräuche dienen. Für das Jahr 2022 ergibt die Umrechnung: 2.800 kWh * 365 Tage ÷ 380 Tage = 2.689 kWh. Der Mittelwert beträgt somit 2.544 Kilowattstunden jährlich.
Das Paar bereitet sein Warmwasser mit einer Gastherme. Es sucht nun in der Tabelle (Abb. 6) im oberen Teil (Warmwasser ohne Strom) bei zwei Personen seinen Jahresverbrauch. Dieser liegt nur knapp über 2.500 Kilowattstunden in Klasse B und ist demnach gering.

BEISPIEL 2

Stromverbrauch

Ein Paar mit Kind lebt seit einem Jahr im neu erworbenen Haus mit Nachtspeicherheizung und elektrischer Warmwasserbereitung. Ihre letzte Jahresrechnung lautet nach Ablesewerten des Zweitarifzählers: Sie bezogen Strom, 15.566 Kilowattstunden zum Niedertarif (NT) und 2.560 Kilowattstunden zum Hochtarif (HT).
Für die Abrechnung zieht der Energieversorger 15 Prozent des HT-Stroms vom NT-Strom ab und es werden 15.182 Kilowattstunden nach NT-Tarif und 2.944 Kilowattstunden nach HT-Tarif berechnet.
Die drei achten darauf, Waschmaschine und Trockner nur während der Freigabezeit des NT-Tarifs einzuschalten. Sie nutzen somit mehr NT-Strom für ihren Haushalt, als der Versorger erwartet. Zur Korrektur wird deswegen ein Viertel des HT-Verbrauchs zum Haushaltsstromverbrauch addiert, sodass sich ein Verbrauch von 3.200 Kilowattstunden pro Jahr ergibt.
Im unteren Teil der Tabelle (Warmwasser mit Strom, Abb. 6) reicht Klasse B für drei Personen bis 3.600 Kilowattstunden jährlich. Ihr Verbrauch ist kleiner und demnach „gering".

nik insgesamt einschätzen. Heiztechnik und Wärmeschutz getrennt voneinander in ihrer Effizienz zu bewerten, ist nur im Rahmen einer Vor-Ort-Energieberatung (→ Seite 240) möglich.

Ihr Endenergie-Verbrauch

Ihren Heizenergiebedarf ermitteln Sie zunächst, indem Sie den Endenergie-Verbrauch bestimmen. Sie können dies online mithilfe der **interaktiven Tabelle 1** (Download → Seite 7) vornehmen.

Endenergie ist die an der Grundstücksgrenze abgenommene Energiemenge an Öl, Gas, Strom und Holz. Energieverluste beim Transport und der Gewinnung werden nicht berücksichtigt. Bei allen Energieträgern wird die maximal enthaltene Energiemenge, also der Brennwert berücksichtigt (siehe Hintergrund → Seite 28).

Bei einer reinen **Gas- oder Stromheizung** ist die Ermittlung der Verbrauchswerte einfach: Hier finden Sie den Verbrauch in Kilowattstunden in Ihrer Energierechnung. Bei Sondertarifen für Nachtspeicherheizung oder Wärmepumpe beachten Sie bitte die Anmerkungen zur Umrechnung des Haushaltsstroms (→ Seite 25) Sie ziehen in diesem Fall von der Gesamtstrommenge (HT und NT zusammengerechnet) den korrigierten Wert für den Haushaltsstrom ab.

Bei einer **Ölheizung** berücksichtigen Sie stets, dass nicht unbedingt vollgetankt wurde. Der Jahresverbrauch ergibt sich dann aus der Rest-Ölmenge zu Beginn des Jahres zuzüglich aller in diesem Jahr getankten Mengen abzüglich der am Jahresende vorhandenen Restmenge.

So können Sie auch den Verbrauch über mehrere Jahre ermitteln und dann durch die Zahl der Jahre teilen:

Die Ölmenge in Litern mal 10,6 ergibt dann näherungsweise Ihren Verbrauch in Kilowattstunden Endenergie.

Wird Ihr Haus durch mehrere unterschiedliche Energieträger mit Wärme versorgt, so werden diese Endenergie-Angaben zusammengezählt.

Ein Beispiel: Das Erdgeschoss hängt an einer alten Ölheizung, im Obergeschoss ist eine Gastherme installiert und im Anbau eine Elektro-Nachtspeicherheizung. Dann addieren Sie den Gas- und NT-Stromverbrauch und rechnen die aus dem Ölverbrauch in Litern umgerechnete Öl-Endenergie dazu.

Ein Sonderfall ist das **Heizen mit Holz.** Sie können die Holzmenge in Raummetern in die daraus gewonnene Heizenergie in Kilowattstunden umrechnen: 1 Raummeter entspricht 1.650 bis 2.100, im Mittel 1.880 Kilowattstunden. Diese Spannbreite beruht auf einer unterschiedlichen Qualität und dem Trocknungsgrad des Holzes. Kaufen Sie Ihr Holz als Schüttraummeter, so nehmen Sie diesen Wert mal 0,6 und erhalten die Raummeter.

HINTERGRUND

Heizwert und Brennwert

Öl und Gas bestehen hauptsächlich aus Kohlenstoff und Wasserstoff. Die allgemein nutzbare Energie dieser Brennstoffe heißt **Heizwert.** Bei der Verbrennung entstehen Abgase, die Kohlendioxid (CO_2) und auch Wasserdampf enthalten. Und in diesem Wasserdampf steckt viel Energie. Alte Heizkessel konnten diese zusätzliche Energie nicht nutzen. Brennwertgeräte können es (→ Seite 210). Wird zusätzlich die im Abgas enthaltene Wärme des Wasserdampfs genutzt, so erhält man den **Brennwert.** Je höher der Anteil des Wasserstoffs im Brennstoff ist, umso mehr Wasserdampf entsteht und umso größer ist der Unterschied zwischen Brennwert und Heizwert. Bei Erd- oder Biogas liegt der Brennwert um 11 Prozent, bei Heizöl um 6 Prozent über dem Heizwert.
Früher wurden die Wirkungsgrade von Heizkesseln auf den Heizwert bezogen, was zu skurrilen Angaben wie zum Beispiel 104 Prozent Wirkungsgrad für einen Brennwertkessel führte. In Bezug auf den Brennwert liegt dieser Wirkungsgrad jedoch bei knapp 94 Prozent.
Nach neuen Bestimmungen werden Wirkungsgrade grundsätzlich auf den Brennwert bezogen, so auch in diesem Buch. Und Ökodesign sowie Label-Richtlinien für Wärmeerzeuger führen eine jahreszeitbedingte Raumheizungs-Energieeffizienz ein. Dabei wird für fossile Brennstoffe grundsätzlich der obere Heizwert (= Brennwert) als Bezugsgröße verwendet. Bei Verbrennungsgeräten kann kein Wert über 100 Prozent erreicht werden. Auch bei der Holzverbrennung (→ Seite 153) entsteht Wasserdampf, dessen Wärme in Brennwertkesseln genutzt wird.

Ein Beispiel: Sie verfeuern zusätzlich 4 Raummeter Holz in einem Kaminofen. Dann rechnen Sie zu der bereits ermittelten Heizenergie 6.600 bis 8.400 Kilowattstunden, im Mittel 7.520 Kilowattstunden hinzu.

Ihr Endenergie-Kennwert

Um unterschiedlich große Häuser vergleichen zu können, wird der **Endenergie-Kennwert** betrachtet. Wie etwa beim Auto der Kraftstoffverbrauch auf 100 Kilometer, so wird hier der Heizenergieverbrauch auf die beheizte Fläche umgelegt. Der Endenergie-Kennwert erinnert an die Energiekennzahl des Energieausweises. Allerdings liegen beiden Werten unterschiedliche Berechnungsverfahren zugrunde, sodass sie nicht vergleichbar sind. Ihren eigenen Endenergie-Kennwert bewerten Sie anhand der Grafik in Abb. 7.

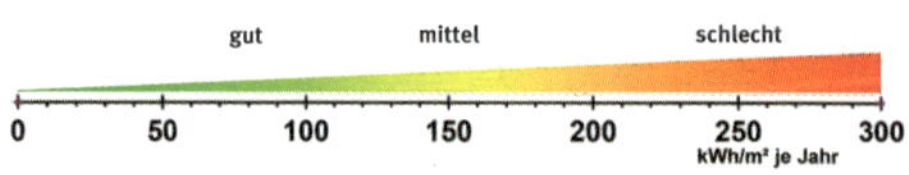

Abb. 7: Bewertung des Endenergie-Kennwerts

Bewertung Endenergie-Kennwert (in kWh pro Jahr)

WOHNFLÄCHE (M²)	BEWERTUNG	PERSONEN, DIE AUS DER HEIZUNGSANLAGE MIT WARMWASSER VERSORGT WERDEN				
		0	1	2	3	4
80	gut	6400	7700	8500	9300	10100
	mittel	12000	15300	16100	16900	17700
	schlecht	20000	25800	26600	27400	28200
100	gut	8000	9300	10100	10900	11700
	mittel	15000	18300	19100	19900	20700
	schlecht	25000	30800	31600	32400	33200
120	gut	9600	10900	11700	12500	13300
	mittel	18000	21300	22100	22900	23700
	schlecht	30000	35800	36600	37400	38200
140	gut	11200	12500	13300	14100	14900
	mittel	21000	24300	25100	25900	26700
	schlecht	35000	40800	41600	42400	43200

Abb. 8: Mit den Werten aus dieser Tabelle können Sie Ihren Endenergieverbrauch grob einschätzen.

Zur Bewertung nutzen Sie die **interaktive Tabelle 1** (Download → Seite 7). Dort können Sie mehrere Energieträger eingeben und die Warmwasserbereitungsverluste werden anhand Ihres Warmwassersystems eingeschätzt. Für überschlägige Abschätzungen reicht jedoch die Tabelle oben zur Bewertung des Endenergie-Kennwerts aus. Diese Tabelle berücksichtigt es, wenn in der Heizenergiemenge auch die Warmwasserbereitung enthalten ist, wie etwa bei einer Gastherme, einem Ölkessel mit Speicher oder auch einer Gasheizung mit separatem Gas-Durchlauferhitzer.

Wird bei Ihnen das Wasser mit einem Elektro-Durchlauferhitzer erwärmt, wählen Sie als Personenzahl „null". Und so finden Sie Ihre Bewertung: Wählen Sie zunächst die Zeilen, die Ihrer Wohnfläche am nächsten kommen. Suchen Sie dann in der Spalte mit der zutreffenden Personenzahl den Endenergieverbrauch, der Ihrem Verbrauch am nächsten kommt. Der Bewertung „gut" entspricht zum Beispiel ein Endenergie-Kennwert von 80 Kilowattstunden pro Quadratmeter jährlich, bei „mittel" sind es 150 und bei „schlecht" 250 Kilowattstunden pro Quadratmeter jährlich.

Stromverbrauch und Wärmebedarf der Beispielhaushalte

Im Folgenden geht es um die Ausgangslagen der drei Beispielhaushalte.

Haushalt A

Stromverbrauch: Die A's haben einen durchschnittlichen Stromverbrauch von 4.000 Kilowattstunden jährlich. Nach Abbildung 6 (zwei Personen, Warmwasser ohne Strom) ist dieser Verbrauch als „hoch" zu bezeichnen. Daher versuchen die A's, ihren Stromverbrauch zu verringern (→ Seite 245).
Wärmebedarf: Die A's hatten Anfang 2020 einen Ölrestbestand von 1.000 Litern festgestellt. Dann haben sie 2.165 Liter im Februar 2020 getankt, im März 2021 waren es 2.480 Liter und im April 2022 nochmals 2.355 Liter. Als Endstand lasen Sie am 31. Dezember 2022 500 Liter ab. Sie errechnen somit einen Durchschnittsverbrauch von 2.500 Litern über die drei Jahre:

(1.000 Liter + 2.165 Liter + 2.480 Liter + 2.355 Liter – 500 Liter) ÷ 3 = 2.500 Liter.

Dieser Heizölverbrauch entspricht 26.500 Kilowattstunden Wärme.

In der Tabelle (→ Seite 29) finden die A's ihre 120 Quadratmeter Wohnfläche, und mit zwei Personen liegt ihr Verbrauch etwas über „mittel". Demnach beträgt ihr Endenergie-Kennwert zwischen 150 und 250 Kilowattstunden pro Quadratmeter jährlich, ein recht hoher Wärmebedarf, den sie noch verringern wollen (→ Seite 245). Mit der **interaktiven Tabelle 1** (Download → Seite 7) ermitteln sie 183 Kilowattstunden pro Quadratmeter jährlich und liegen damit im orangefarbenen Bereich (mittel bis schlecht).

Haushalt B

Die B's haben eine Energieberaterin mit einer Beratung bei ihnen zu Hause beauftragt. Sie hat abgeschätzt, dass der Verbrauch im Haushalt B in Zukunft nach den Dämmmaßnahmen mit ihrem alten Brennwertgerät auf etwa 15.000 Kilowattstunden Gas und durch die neuen Geräte auf einen Stromverbrauch von etwa 3.000 Kilowattstunden pro Jahr kommen wird. Ihr Stromverbrauch ist für vier Personen ohne Strom für Warmwasserbereitung nach Abb. 6 „gering". Die Tabelle (→ Seite 29) zeigt – wie zu erwarten nach den Energiesparmaßnahmen – ein „gut" für den Wärmeverbrauch. Mit dem Online-Tool ermitteln sie 79 Kilowattstunden pro Quadratmeter jährlich und liegen im grünen Bereich (gut). Auch sie wollen ihren Strom- und Wärmeverbrauch noch weiter verringern (→ Seite 249).

Haushalt C

Das Architekturbüro hat mit dem Passivhaus-Planungs-Paket einen Heizwärmebedarf von 1.800 Kilowattstunden errechnet. Für Warmwasser werden Sie circa 3.200 (mit Verlusten

BEISPIEL

Anpassungsfaktor ermitteln

Sie interessieren Sie sich für eine Photovoltaikanlage in Kombination mit einer Wärmepumpe? Sie wohnen in einem sanierten Altbau? Dann haben Sie dieselben Voraussetzungen wie Haushalt B. Angenommen, Ihr Stromverbrauch beträgt 3.770 Kilowattstunden (kWh) und Ihr Wärmebedarf 13.500 Kilowattstunden jährlich. Im Vergleich dazu hat Haushalt B allerdings einen Stromverbrauch von 3.000 Kilowattstunden und einen Wärmeverbrauch von 15.000 Kilowattstunden. Eine sinnvolle „Photovoltaik"-Anlagengröße für Haushalt B läge bei 3 Kilowatt-Peak (kWp). Wie groß müsste sie bei Ihnen sein?

Als Anpassungsfaktor für Maßnahmen, die den Stromverbrauch betreffen, errechnet sich:
3.770 kWh ÷ 3.000 kWh = 1,257.
Eine für Sie passende Photovoltaikanlage müsste demnach diese Leistung haben:
3 kWp × 1,257 = 3,8 kWp.

Für Haushalt B eignet sich eine Wärmepumpe mit einer Leistung von 7,3 Kilowatt (kW). Die B's haben einen Wärmebedarf von 15.000 Kilowattstunden, Sie benötigen aber nur 13.500 Kilowattstunden.

Ihr Anpassungsfaktor für Maßnahmen zur Einsparung von Wärmeenergie beträgt:
13.500 ÷ 15.000 = 0,9.

Die Ihren Verhältnissen angemessene Wärmepumpe hätte dann eine Leistung von 7,3 kW × 0,9 = 6,6 kW.

3.700) Kilowattstunden jährlich brauchen. Dank stromsparender Geräte und sparsamer Nutzung benötigt Haushalt C wenig Strom. Mit Strom für Haustechnik, insbesondere die Lüftungsanlage, benötigen die C's (wie Haushalt B) 3.000 Kilowattstunden Strom jährlich, die Einschätzung des Stromverbrauchs ist wie bei Haushalt B. Der Wärmebedarf der C 's liegt weit unterhalb der Tabellenwerte (→ Seite 29). Mit dem Online-Tool ermitteln sie 15 Kilowattstunden pro Quadratmeter jährlich im grünen Bereich. Trotzdem gelingen weitere Einsparungen (→ Seite 252).

So können Sie Ihre Verbrauchsdaten vergleichen und anpassen

Es wäre reiner Zufall, wenn Ihre Verbrauchsdaten denjenigen der Beispielfamilien entsprächen. Wir haben für Sie **interaktive Tabellen** bereitgestellt (Download → Seite 7), in denen Sie mit Ihren eigenen Daten ein auf Sie zugeschnittenes Ergebnis erhalten. Sie können es jedoch auch analog berechnen und die Werte aus den Beispielen durch einen Faktor anpassen. Wie Sie diesen Faktor ermitteln, finden Sie im Kasten oben.

Strom selbst erzeugen

Bisher wurde Ihr Haushalt problemlos mit Strom versorgt. Sie mussten sich keine Gedanken machen – nur bezahlen. Nun möchten Sie selber Stromerzeuger werden. Wir stellen Ihnen die Möglichkeiten vor, die Photovoltaikanlage, Kleinwindanlage und Blockheizkraftwerk für Ihre Situation bieten, und erklären, warum Sie einen Stromspeicher mit einplanen sollten.

Selbstversorgung mit Strom

Für eine Selbstversorgung mit Strom ist es notwendig, die Stromerzeugung nach dem individuellen Strombedarf auszurichten. Das ist jedoch allein mit den eigenen Kraftwerken nicht zu jedem Zeitpunkt möglich. Beispielsweise produziert eine Photovoltaikanlage in der Nacht keinen Strom, Sie brauchen aber welchen, zum Beispiel für Beleuchtung und Kühlschrank. Darum ist bei einer Selbstversorgung ein Stromspeicher unverzichtbar.

Zurzeit ist Ihr Haushalt am öffentlichen Netz angeschlossen. Sie werden über den Hausanschlusskasten versorgt, danach kommen ein oder mehrere Stromzähler und die Haus-Unterverteilung mit den Sicherungen für die einzelnen Stromkreise. Beispielsweise gibt es einen eigenen Stromkreis für die Beleuchtung im Wohnzimmer, einen weiteren für die Steckdosen und weitere für die Küchengeräte. Der Haushaltsstrom ist Drehstrom mit einer Spannung von 230 Volt und einer Netzfrequenz von 50 Hertz (→ Seite 34).

Ihre Geräte sind zu unterschiedlicher Zeit eingeschaltet und die Leistungsabnahme aus dem Netz ist entsprechend.

In Abbildung 1 sehen Sie beispielhaft den sogenannten Lastgang des Haushalts E, wie er mit einem am Stromzähler angebrachten Datenlogger gemessen wurde. Diese „Fieberkurve" zeigt, zu welcher Tageszeit der Haus-

GUT ZU WISSEN

Begriffe rund um den Strom

Gleichstrom: Die Ladungsträger fließen immer in die gleiche Richtung. Es gibt einen Plus- und einen Minuspol (Beispiel: Batterie). Photovoltaikanlagen und Brennstoffzellen liefern Gleichstrom, der dann – kurz gesagt – zu Wechselstrom gerichtet wird. Oft ist das auch bei Kleinwindanlagen so.

Wechselstrom: Der Stromfluss wechselt im Takt hin und her. Ist die Anfangsrichtung wieder erreicht, so ist eine Schwingung vollendet. Die Anzahl dieser Schwingungen pro Zeiteinheit ist die **Frequenz.** Sie wird in Schwingungen pro Sekunde angegeben, in der Einheit Hertz (Hz). Die Netzfrequenz ist sehr stabil und darf nur wenig unter- oder überschritten werden, sonst bricht das Netz zusammen. Einer der Pole des Wechselstromnetzes, der **Nullleiter,** ist normalerweise spannungsfrei, nur der zweite, die **Phase,** steht unter Spannung gegenüber der Erde. Der dritte Kontakt ist über den **Schutzleiter** mit der Erde verbunden. Kommt es zu einem Fehler innerhalb eines Elektrogeräts und fließt dadurch Strom über den Schutzleiter, so schaltet der **Fehlerstromschutzschalter** (FI-Schalter) das betroffene Stromnetz im Haushalt ab.

Drehstrom: Für den Betrieb eines Elektroherds oder eines elektrischen Durchlauferhitzers reicht die Wechselstromversorgung nicht aus. Ein solches Gerät ist über drei Phasen angeschlossen. Dabei ist der Spannungsverlauf in diesen drei Phasen gegeneinander zeitversetzt, was die Konstruktion von sehr einfachen Motoren erlaubt. Die Stromkreise in Ihrem Haushalt sind Wechselstromkreise und gleichmäßig auf diese drei Phasen verteilt. Ihr Zähler ist ein Drehstromzähler, der den Verbrauch auf allen drei Phasen erfasst. Der Unterschied zwischen den Belastungen der drei Phasen – die **Schieflast** – ist in der Höhe begrenzt. Blockheizkraftwerke mit Motor haben grundsätzlich einen Drehstromgenerator.

Spannung: Die treibende Kraft für den Stromfluss ist die **Spannung,** die in der Einheit Volt (V) angegeben wird: Je höher die Spannung, desto höher ist beim selben Gerät der Stromfluss. Die Spannung in Ihrem Haushalt darf nur wenig von den 230 Volt abweichen – sonst gibt es Fehlfunktionen.

Strom: Die Bewegung der Ladungsträger aufgrund der vorhandenen Spannung. Sie wird in Ampere (A) angegeben.

Achtung!

Stromflüsse von wenigen Tausendstel Ampere sind tödlich. Sie können bei Spannungen oberhalb von 50 Volt auftreten. Deshalb gehören Arbeiten an der Elektroanlage immer in die Hände von Fachkräften!

Leistung: Die Leistung ist die Eigenart eines Geräts, bei einer anliegenden Spannung eine bestimmte Stromstärke zuzulassen. Die Einheiten sind Watt (W) oder Kilowatt (kW), 1 kW = 1.000 W. Beispiele für 230 Volt: LED 4 Watt, Stromfluss 0,017 Ampere; Föhn 1 Kilowatt, Stromfluss 4,4 Ampere, Waschmaschine 3,3 Kilowatt, Stromfluss 14 Ampere, Durchlauferhitzer 24 kW, Stromfluss 3-mal 35 Ampere. Die Stromkreise im Haushalt sind üblicherweise mit 16 Ampere abgesichert, sodass Sie pro Stromkreis jeweils 3,7 Kilowatt Anschlussleistung zur Verfügung haben. Ihr Hausanschlusskasten enthält Sicherungen von 50 bis 80 Ampere pro Phase. Sie können demnach im Haushalt gleichzeitig Geräte mit 34 bis 55 Kilowatt betreiben.

Energie: Der Stromverbrauch eines Geräts hängt ab von der Leistung und der Zeit, während der das Gerät eingeschaltet ist, er wird in Kilowattstunden (kWh) angegeben.

Beispiele:
Eine LED leuchtet 10 Stunden lang. Als Verbrauch ergibt sich
0,004 kW × 10 h = 0,04 kWh
Ein Föhn läuft 10 Minuten lang. Als Verbrauch ergibt sich hier
1 kW × 10 ÷ 60 h = 0,17 kWh.
Ein Waschgang bei 60 Grad: Eine Waschmaschine enthält viele einzelne Geräte, Motoren und Heizstäbe. Diese sind nur zeitweise in Betrieb; deshalb kann aus der Einschaltdauer der Waschmaschine und der maximalen Anschlussleistung nicht auf den Verbrauch geschlossen werden. Dieser wird mit einem entsprechenden Messgerät auf 1,2 Kilowattstunden bestimmt. Dem entspricht eine Einschaltdauer von 22 Minuten mit der Maximalleistung von 3,3 Kilowatt. Ein Waschgang dauert jedoch mehrere Stunden.
Ein Durchlauferhitzer läuft 10 Minuten lang. Er hat einen Verbrauch von
24 kW × 10 ÷ 60 h = 4 kWh.

halt welche Leistung aus dem Netz bezogen hat. Morgens kurz vor 8 Uhr beginnt das Frühstück, Wasserkocher und Kaffeemaschine werden eingeschaltet. Kurz vor 9 Uhr wird schnell einmal durchgesaugt. Mittags kommen die Kinder aus der Schule und das Mittagessen wird zubereitet, dazu wird der Herd angemacht. An diesem Tag betreibt der Haushalt kein Großgerät wie Waschmaschine oder Spülmaschine. Abends sehen einige fern, andere machen ihre Hausaufgaben am PC, es wird mit einer Freundin telefoniert und das ganze Haus ist beleuchtet. Kurz vor Mitternacht gehen alle zu Bett. Auffällig ist, dass danach trotzdem eine Leistung von etwa 0,8 Kilowatt – die **Grundlast** – verbleibt. Dieser Wert ist höher als der in einem Haushalt übliche Wert von 0,2 bis 0,3 Kilowatt für Kühlgerate und Heizungspumpen, weil in einem Koi-Teich im Garten rund um die Uhr Pumpen und Filter in Betrieb sind.

Der Lastgang verdeutlicht, wie stark der Stromverbrauch während des Tages schwanken kann. Die **maximal benötigte Leistung** ist keinesfalls diejenige, die der Haushalt maximal aus dem Netz ziehen könnte, nämlich 34 bis 55 Kilowatt, sondern nur gut 4 Kilowatt.

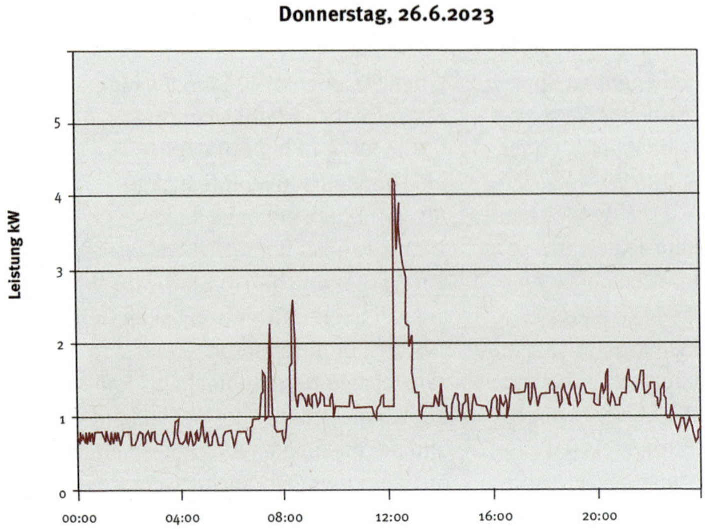

Abb. 1: Strom-Lastgang des Haushalts E an einem Donnerstag im Juni

Es gibt außerdem eine **Grundlast,** die rund um die Uhr im Haushalt benötigt wird.

→ TIPP Bestimmung der Grundlast

Lesen Sie abends direkt vor dem Zubettgehen Ihren Stromzähler bis auf die letzte Stelle ab. Notieren Sie diesen Wert zusammen mit der Uhrzeit und wiederholen Sie dies morgens direkt nach dem Aufstehen. Teilen Sie dann den Verbrauch über Nacht durch die verstrichene Zeit.
Beispiel: Die E's lesen um 0 Uhr ab: 23.423,7 Kilowattstunden. Die erneute Ablesung um 7 Uhr morgens ergibt: 23.429,3 Kilowattstunden. Als Verbrauch berechnen sie 5,6 Kilowattstunden in 7 Stunden. Als Grundlast ergibt sich:
Grundlast= 5,6 kWh ÷ 7 h = 0,8 kW = 800 W.

Und wie sieht es bei Ihnen aus? Möglicherweise haben Sie bereits einen „intelligenten" Zähler – einen sogenannten Smart Meter, der Ihnen einen Lastgang liefert? Sie können auch ein Ingenieurbüro oder Ihren Stromversorger mit der Erstellung des Lastgangs beauftragen. Versuchen Sie, zumindest Ihre Grundlast zu bestimmen.

→ ACHTUNG

Wenn Ihre Grundlast wesentlich über 300 Watt liegt, so sollten Sie Nachforschungen anstellen. Dabei hilft Ihnen die Energieberatung der Verbraucherzentrale (www.verbraucherzentrale-energieberatung.de). Eine allzu hohe Grundlast kann auch auf einen Fehler in der Elektroinstallation hinweisen. Lassen Sie durch ein Fachunternehmen einen E-Check durchführen.

Photovoltaikanlagen – Strom von der Sonne

Photovoltaik ist für die Stromerzeugung im Ein- und Zweifamilienhaus die wirtschaftlichste Technik geworden. Zusammen mit einem Stromspeicher (→ Seite 61) kann damit eine hohe Stromautarkie erzielt werden.

Bei den Verhältnissen 2023 zwischen Stromkosten (Strompreisdeckel 40 Cent pro Kilowattstunde) und Einspeisevergütung (→ Seite 41) ist es meist wirtschaftlicher, möglichst viel Photovoltaikstrom im eigenen Hausnetz zu nutzen. Auch eine große Volleinspeisungsanlage (→ Seite 41) kann heute wieder vorteilhaft sein.

So funktioniert eine Photovoltaikanlage

Schauen Sie sich die folgende Abbildung 2 genauer an. Hier sehen Sie beispielhaft eine installierte Photovoltaikanlage mit den wichtigsten Anlagenkomponenten in Aktion:

- → Die Sonne scheint auf die Solarmodule (1) und diese produzieren dadurch Gleichstrom. Die Spannung eines einzelnen Moduls ist zu gering, deswegen werden mehrere Module hintereinander zu einem Solargenerator zusammengeschaltet – so wie bei einer Taschenlampe mehrere Batterien hintereinandergelegt werden. Die Spannungen addieren sich dann zu einer hohen Gleichspannung.
- → Ein Wechselrichter (2) wandelt diese Gleichspannung in den im Hausnetz benötigten Wechselstrom um. Der von der Solaranlage erzeugte Strom wird mit dem im Wechselrichter vorhandenen Zähler gemessen.
- → Ein Teil des erzeugten Stroms wird direkt im Hausnetz genutzt, ein weiterer fließt – falls vorhanden – in einen Batteriespeicher (3) und in die Ladestation für ein E-Auto (4).

GUT ZU WISSEN

Sonneneinstrahlung

Die mittlere jährliche Sonneneinstrahlung in Deutschland auf die waagerechte Fläche (die Globalstrahlung ist die Summe aus direkter und indirekter Strahlung) liegt im Norden Deutschlands bei knapp 1.000 Kilowattstunden pro Quadratmeter. Ganz im Süden sind es gut 1.200 Kilowattstunden pro Quadratmeter. Sie können den Wert Ihrer örtlichen Strahlung mit der Globalstrahlungskarte des Deutschen Wetterdienstes bestimmen: **https://www.dwd.de/DE/leistungen/solarenergie/strahlungskarten_mvs.html?nn=16102**
Mit diesem Wert können Sie die Beispiele auf Ihre Verhältnisse umrechnen (→ Seite 47).

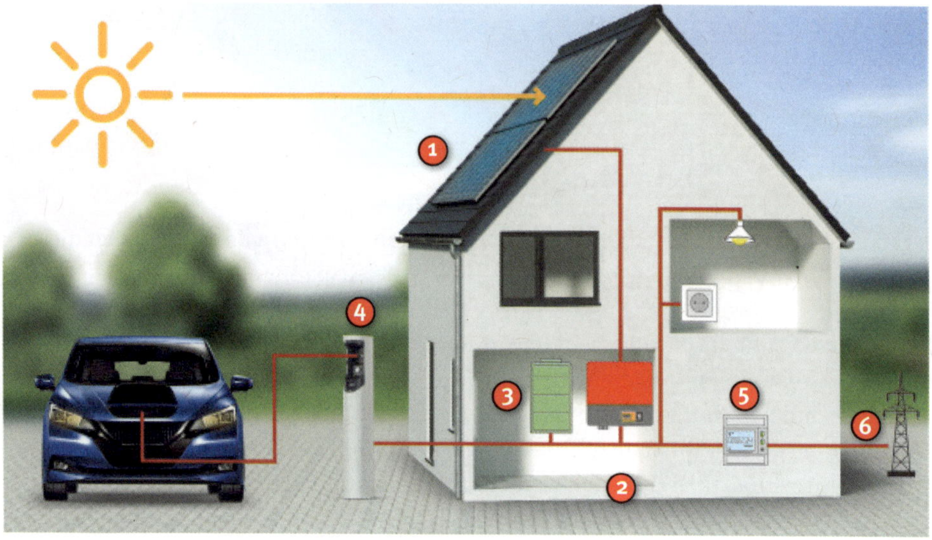

1 Solargenerator
2 Wechselrichter
3 Batteriespeicher
4 Ladestation für das E-Auto
5 Stromzähler für Bezug und Einspeisung
6 Anschluss an das öffentliche Netz

Abb. 2: Aufbau einer Photovoltaikanlage

→ Überschüsse gehen über den Einspeisezähler (5) ins öffentliche Netz (6). Dieser Zähler – ein Zweirichtungszähler – misst außerdem, wenn Strom aus dem Netz genutzt wird. Bei Anlagen unter 30 kWp (→ Seite 40) ist kein Einspeisemanagement mehr erforderlich.

Die Ausrichtung der Solarmodule

Für Solarmodule ist die Ausrichtung zur Sonne entscheidend. Optimal ist in Deutschland eine Südaufstellung mit etwa 30 bis 40 Grad Neigung gegen die Waagerechte (Abb. 3). Aber auch eine Ausrichtung zwischen Südost und Südwest mit Neigungen zwischen 20 und 50 Grad ergeben einen guten Ertrag. Etwas weniger Ertrag, aber dafür über einen längeren Zeitraum, liefert eine Anlage, die gleich verteilt auf einem Ost- und West-Dach installiert wird. Das ist meistens günstig, um mehr Strom im eigenen Netz nutzen zu können. Erst bei weiterer Abweichung gibt es merkliche Einbußen.

Nutzen Sie die Werte aus Abb. 3, um in der **interaktiven Tabelle 2** (Download → Seite 7) den Ertrag Ihrer Photovoltaikanlage zu ermitteln. Der Ertrag einer Photovoltaikanlage ist auch von der Verschattung der Module abhängig. In der interaktiven Tabelle 2 können Sie dies mit einem Faktor berücksichtigen.

Da die Module in Reihe geschaltet sind, entscheidet das schwächste Modul über den Ertrag, wie auch nur eine schwache Batterie dazu führt, dass die Taschenlampe nicht mehr leuchtet. So bewirkt bereits ein kleiner Schattenwurf einen starken Einbruch der Stromproduktion Ihrer Anlage. Es gibt Solaroptimierer, elektronische Schaltungen an den Modulen, die schwache Module überbrücken können – was allerdings mit Zusatzkosten verbunden ist. Sinnvoller ist es, sich einen möglichst unverschatteten Montageort auszusuchen und ausreichend Abstand zu schattenwerfenden Objekten einzuhalten, beispielsweise einer Gaube.

Haben Sie ein **Schrägdach,** so ist damit Ausrichtung und Neigung festgelegt, da die Module meist parallel zur Dachfläche montiert werden. Der zusätzliche Aufwand für eine Aufständerung lohnt nur selten. Auf einem **Flachdach** haben Sie die freie Wahl – eine Aufständerung ist ohnehin erforderlich. Sie können so die optimale Ausrichtung wählen. Wichtig ist allerdings ausreichender Abstand zwischen den Reihen, die sich sonst verschatten würden. Wählen Sie hier eine Ost-West-Aufstellung, können Sie das gesamte Flachdach nutzen.

Haben Sie unterschiedlich ausgerichtete Module, so benötigen Sie mehrere **Wechselrichter,** beziehungsweise einen Wechselrichter mit mehreren Eingängen. Viele Wechselrichter im kleineren Leistungsbereich (bis maximal 4,6 Kilowatt) arbeiten einphasig. Sie speisen nur in eine Phase des Drehstromnetzes ein. Das ist unerheblich, wenn es lediglich um die Verrechnung des im Hausnetz genutzten Stroms geht, da Drehstromzähler über alle Phasen messen.

Die Stromerzeugung einer Photovoltaikanlage kann nur über Tag erfolgen. Die erzielte Leistung hängt direkt mit der Maximalleistung der Anlage, der Sonneneinstrahlung und der Modultemperatur zusammen. So gibt es zwar an einem strah-

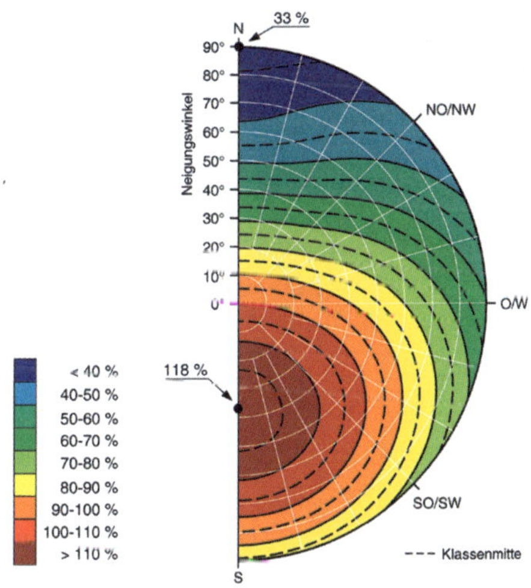

Abb. 3: Einfluss von Ausrichtung und Neigung auf den jährlichen Ertrag einer Photovoltaikanlage

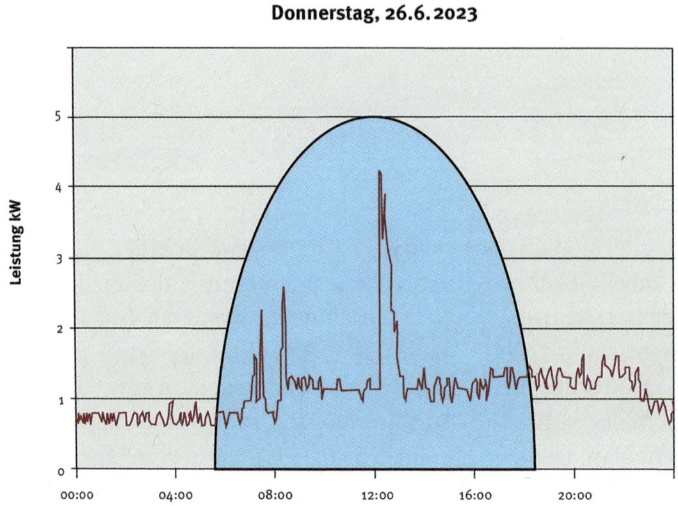

Abb. 4: Solarstromproduktion (hellblaue Fläche) an einem Junitag im Vergleich zum Strom-Lastgang (rote Kurve) des Haushalts E an diesem Tag.

lenden Sommertag die höchste Sonneneinstrahlung, allerdings heizen sich die Module auch auf und verlieren dadurch einen Teil der Leistung. Ein klarer, kalter Frühlingstag kann eine höhere Leistung liefern.

Abbildung 4 zeigt den Lastgang des Haushalts E und die Stromleistung, die die Solarstromanlage an einem Sommertag liefert. Sie sehen, dass ein Teil der Grundlast während der Nacht nicht gedeckt werden kann. Der Spitzenbedarf wird vollständig gedeckt; denn der Lastgang liegt bei diesem Beispiel innerhalb der Fläche der Solarstromerzeugung. Es wird sogar erheblich mehr produziert und ins Netz eingespeist. Wäre der Herd erst um 18 Uhr fürs Abendessen eingeschaltet worden, so wäre nur noch etwa die Hälfte des dafür benötigten Stroms aus der Solaranlage gekommen.

Auch an einem Tag mit geringerer Sonneneinstrahlung reicht die Leistung der

HINTERGRUND

Kilowatt-Peak

Mit Kilowatt-Peak (kWp) wird die unter Standardbedingungen bestimmte Leistung von Solarmodulen bezeichnet. Das ist die ungefähre Leistung bei voller Sonneneinstrahlung.
In Deutschland liefert 1 Kilowatt-Peak auf einem nicht beschatteten Süddach mit 40 bis 50 Grad Neigung etwa 850 bis 1.000 Kilowattstunden Strom jährlich (in Süddeutschland mehr als in Norddeutschland). Eine Solaranlage von 1 Kilowatt-Peak benötigt mit den hauptsächlich eingesetzten kristallinen Solarmodulen 6 bis 7 Quadratmeter Dachfläche.

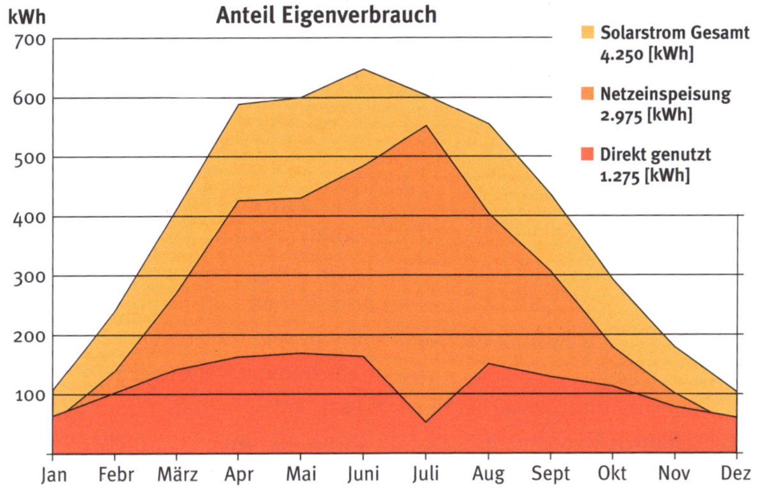

Abb. 5: Jahresverlauf von Solarstromproduktion, Netzeinspeisung und Eigenverbrauch

Anlage nicht zur vollständigen Deckung des Spitzenverbrauchs.

Abbildung 5 zeigt beispielhaft einen möglichen Verlauf der Stromeigennutzung übers Jahr: Im Winter gibt es wenig Sonnenstrom, der zum großen Teil im Hausnetz genutzt wird. Zum Sommer hin steigen die Solarstromerzeugung und auch die Eigenstromnutzung. Nur im Juli gibt es wegen Urlaubs einen Einbruch der Stromabnahme. Zum Winter hin nimmt die tägliche Stromerzeugung ab, weil die Sonne im Januar und Dezember höchstens etwa 7 Stunden scheint, aber über 14 Stunden im Juni und Juli.

Volleinspeisung ins öffentliche Netz – oder lieber nicht?

Die Vergütung des ins Netz eingespeisten Stroms wird im Erneuerbare Energien Gesetz (EEG) geregelt, das mit der Neufassung 2023 einige Erleichterungen für die Photovoltaik-Betreiber enthält. Für Anlagen bis 30 Kilowatt-Peak gibt es eine jährlich änderbare Wahlmöglichkeit:

Sie können sich zum einen für die Eigennutzung des produzierten Solarstroms und lediglich Einspeisung des Überschusses entscheiden. Dann bekommen Sie bei Anlagen bis 10 Kilowatt-Peak 8,2 Cent pro Kilowattstunde. Für alles, was über 10 Kilowatt-Peak liegt, sinkt die Vergütung auf 7,1 Cent pro Kilowattstunde (ct/kWh).

Bei einer Volleinspeiseanlage wird der erzeugte Strom nicht selbst genutzt. Hier steigt die Vergütung auf 13 Cent pro Kilowattstunde für den Anlagenteil unter 10 Kilowatt-Peak und 10,9 Cent pro Kilowattstunde (ct/kWh) für den über 10 Kilowatt-Peak.

In der **interaktiven Tabelle 2** (Download → Seite 7) wird in beiden Fällen bei Anlagen über 10 Kilowatt-Peak mit der dann geltenden Vergütung gerechnet. So können Sie auch feststellen, ob für Sie die Eigenstromnutzung oder die Volleinspeisung vorteilhafter ist. Oft ändern sich Verhältnisse im Haushalt, etwa durch die Anschaffung eines Elektroautos, sodass dann die Eigenstromnutzung günstiger wird und Sie wechseln sollten. Die angegebenen Einspeisevergütungen sind für das Jahr 2023 konstant, Hinweise zu Veränderungen ab 2024 finden Sie unter **www.ratgeber-verbraucherzentrale.de/aktuell.**

→ TIPP

Soll Ihre Photovoltaikanlage bei Netzausfall einspringen können, so werden bei einer einphasigen Einspeisung mit notstromfähiger Anlage nur noch die Geräte versorgt, die an den Stromkreisen dieser Phase betrieben werden. Für eine Notstromversorgung ist es sinnvoll, einen dreiphasig arbeitenden Wechselrichter einzusetzen, der ein vom öffentlichen Netz abgekoppeltes Inselnetz aufbauen kann. Außerdem benötigen Sie dann einen Batteriespeicher (→ Seite 62).

→ TIPP

Viele Zusatzinformationen finden Sie im „Ratgeber Photovoltaik“ der Verbraucherzentrale: **www.ratgeber-verbraucherzentrale.de.**

Eine besondere Anlage ist die „Smartflower POP“. Diese Anlage entfaltet morgens wie eine Blume ihre Module, führt diese über Tag dem Sonnenstand nach und faltet sie abends wieder zusammen. Dadurch soll die 2,3-Kilowatt-Peak-Anlage einen Ertrag von etwa 4.000 Kilowattstunden jährlich erbringen und eine Eigenstromdeckung von 60 Prozent erzielen. Allerdings kostet diese Anlage mindestens 15.000 Euro einschließlich Aufbau – Preise werden nicht veröffentlicht, sind erst nach Reservierung zu bekommen. Die geschätzte Amortisationszeit beträgt dann circa 15 Jahre (ohne Strompreissteigerung mit Strompreisdeckel 40 Cent pro Kilowattstunde (ct/kWh) gerechnet). Zur Notstromversorgung ist die einphasig arbeitende Anlage trotz der hohen Eigenstromdeckung nicht geeignet.

GUT ZU WISSEN

Stecker-Solargeräte

Wenn Sie keine große Anlage auf dem Dach installieren können oder wollen, gibt es die Möglichkeit, ein Stecker-Solargerät direkt ans Stromnetz anzuschließen. Näheres auf **www.pvplug.de** oder **www.verbraucherzentrale.nrw/steckersolar**

Beispielvarianten

Nun soll es um die Einsatzmöglichkeiten für Photovoltaikanlagen bei unseren drei Beispielhaushalten gehen. Für jeden Haushalt werden jeweils diese drei Varianten betrachtet. Die Anlagen sind immer Anlagen mit kristallinem Silizium, wie sie in den weitaus meisten Fällen eingesetzt werden.

Variante 1a: Die Anlage hat die gleiche Leistung in Watt-Peak, wie der Verbrauch des Hauses in Kilowattstunden beträgt. Zum Beispiel hat Haushalt A einen Verbrauch von 4.000 Kilowattstunden jährlich, also sind es 4.000 Wp = 4 kWp.

Variante 1b: Die Anlage ist doppelt so groß.

Variante 2: Die Anlage nutzt das gut 60 Quadratmeter große Süddach voll und es wird die Variante Volleinspeisung gewählt (→ Seite 41).

Die angegebenen Kosten sind übliche Werte, Stand 2023, mit Mehrwertsteuer 0 Prozent. Vergleichen Sie die Varianten mit Ihrem konkreten Angebot. Abweichungen von mehreren Tausend Euro sind zu erwarten. Sie können das jeweilige Beispiel dann so anpassen:

Amortisationszeit mit Angebotspreis = Amortisationszeit des Beispiels × Kosten des Angebots ÷ Kosten des Beispiels

oder Sie nutzen die **interaktive Tabelle 2** mit Ihren Daten. Die Varianten sind bei allen Beispielhaushalten gleich.

GUT ZU WISSEN

Steuerbefreiung

Wenn Sie eine Photovoltaikanlage besitzen, müssen Sie ab 2023 die Umsatzsteuer und die Einkommensteuer bei Anlagen bis 30 Kilowatt-Peak nicht mehr beachten.

In der **interaktiven Tabelle 2** und im folgenden Text finden Sie für jede Variante das Ergebnis bei Stromkosten mit Strompreisbremse 2023 (40 Cent pro Kilowattstunde) und 1 Prozent Strompreissteigerung jährlich über den Betrachtungszeitraum von 20 Jahren. 20 Jahre, weil die Einspeisevergütung nach EEG über diesen Zeitraum konstant bleibt. Die Inbetriebnahme erfolgt 2023.

Die **Menge des selbst genutzten Stroms** wurde nach dem Verfahren des Verbraucherzentrale Bundesverbandes abgeschätzt. Der Wert gilt für einen Standardverbrauch. Falls Sie besonders viel Strom über Mittag benötigen, so können Sie eine größere Menge Strom selbst nutzen, etwa zum Waschen, wenn die Sonne scheint.

Der **jährliche Reinerlös** ergibt sich, wenn Sie Ihre Stromeinsparung durch

Selbstnutzung von Photovoltaikstrom und Ihre Vergütung für die Stromeinspeisung summieren und davon die Betriebskosten, beispielsweise Rücklagen für Reparaturen und Versicherungskosten, abziehen.

Die **Betriebskosten pro Jahr** ergeben sich, wenn man diesen Reinerlös von den ursprünglichen Stromkosten subtrahiert.

Die **Amortisationszeit,** das heißt die Zeit, nachdem die Photovoltaikanlage die Anschaffungskosten wieder eingespielt hat, erhalten Sie, wenn Sie die Investitionskosten durch den jährlichen Reinerlös teilen.

Ihre **Kosteneinsparung über 20 Jahre** ergibt sich, wenn Sie die Investition und die verbleibenden Stromkosten mit den Stromkosten über 20 Jahre ohne die Anlage vergleichen.

Außerdem können Sie die verbleibende **Umweltbelastung durch CO_2** ermitteln oder auch eine Umweltentlastung, wenn Kohlestrom verdrängt wird.

Schließlich enthält die Tabelle 2 einen Wert für Strom-Autarkie.

Die Abschätzungen in der **interaktiven Tabelle 2** vernachlässigen Inflation und Kapitalkosten. Sie gehen davon aus, dass der Haushaltsstromverbrauch übers Jahr gleich bleibt. Für jede Variante wird in der Tabelle die Wirtschaftlichkeit dargestellt, unter folgenden Bedingungen: Der Anlagenpreis einer 3-Kilowatt-Peak-Anlage beträgt 2.100 Euro pro Kilowatt-Peak, bei einer 10-Kilowatt-Peak-Anlage 1.500 Euro pro Kilowatt-Peak und man erhält eine Stromausbeute von 900 Kilowattstunden pro Kilowatt-Peak jährlich, wie sie im mittleren Deutschland auf einem unverschatteten Süddach erreicht wird. Abweichende Werte können Sie in der interaktiven Tabelle 2 eingeben, und auch, wie sich eine andere Strompreissteigerung auswirkt.

Eine Anlage mit Südausrichtung liefert die maximale Leistung zur Mittagszeit. Entsprechend liegt das Maximum bei einer Ostausrichtung am Morgen und bei einer Westausrichtung am Abend. Installieren Sie nun sowohl auf Ihrem Ost- als auch dem Westdach Module, so erzeugt die Anlage eine gleichmäßigere Leistung über einen längeren Zeitraum als die Süd-Anlage, sie hat allerdings trotz gleicher Gesamtleistung der Module eine geringere Maximalleistung (Abb. 6).

Für Haushalt A wird untersucht, wie sich das auf Eigenstromnutzung und Amortisationszeit auswirkt. Auch in der **interaktiven Tabelle 2** ist eine Ost-West-Anlage als Variante 1c enthalten.

Die Anlagenerträge wurden monatsweise mit dem Programm der EU „PVGIS" für den Standort „Dortmund" mit einer Globalstrahlung auf die waagerechte Fläche von 1.000 Kilowattstunden pro Quadratmeter jährlich ermittelt (http://re.jrc.ec.europa.eu/pvgis/apps4/pvest.php#) und mit einem Wir-

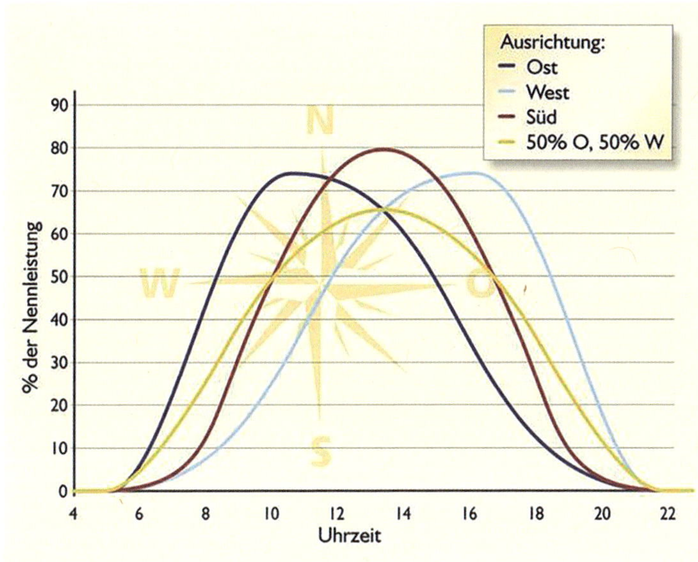

Abb. 6: Vergleich von Photovoltaikanlagen unterschiedlicher Ausrichtung an einem Sonnentag (8. Juli 2023)

kungsgrad des Wechselrichters von circa 93 Prozent sowie einem Faktor für Verschlechterung des Anlagenertrags durch Verschmutzung und Alterung auf 900 Kilowattstunden pro Kilowatt-Peak heruntergerechnet.

Haushalt A

Haushalt A benötigt 4.000 Kilowattstunden Haushaltsstrom jährlich. Die Photovoltaikanlage soll auf dem Süddach montiert werden. Im Keller ist neben dem Hausanschlusskasten ausreichend Platz für den Wechselrichter. Das Dach ist unverschattet und hat eine Neigung von 45 Grad. Die Süddachfläche beträgt 66 Quadratmeter. Die Varianten finden Sie in der **interaktiven Tabelle 2** im Internet.

30 % 4 % **Variante 1a:** Die 4-Kilowatt-Peak-Anlage kostet so 8.000 Euro schlüsselfertig. Sie benötigt knapp 27 Quadratmeter Dachfläche, produziert 3.600 Kilowattstunden Solarstrom jährlich, kann so 30 Prozent des Haushaltsstroms liefern und erbringt als Reinerlös circa 560 Euro jährlich. Die Betriebskosten für Strom sinken dadurch auf 1.210 Euro pro Jahr. Die Amortisationszeit beträgt gut 14 Jahre und es verbleibt eine Kosteneinsparung. Die Umwelt wird nur noch mit 0,2 Tonnen CO_2 jährlich belastet.

35 % 5 % **Variante 1b:** Die 8-Kilowatt-Peak-Anlage kostet circa 13.300 Euro. Dabei wird berücksichtigt, dass größere Anlagen pro Kilowatt-Peak günstiger zu haben sind. Sie benötigt gut 53 Quadratmeter Dachfläche. Sie produziert 7.200 Kilowattstunden Solarstrom jährlich, kann etwa 35 Prozent des Haushaltsstroms liefern und erbringt als Reinerlös circa 900 Euro jährlich. Die Betriebskosten für Strom sinken dadurch auf 870 Euro pro Jahr. Die Amortisationszeit be-

trägt knapp 15 Jahre und es verbleibt eine größere Kosteneinsparung. Die Umwelt wird von 1,8 Tonnen CO_2 jährlich entlastet durch die Verdrängung von Kohlestrom.

43 % 6 %

Variante 1c: Das Haus der A's hat ein Ost- und ein West-Dach. Bei der Ost-West-Anlage mit 8 Kilowatt-Peak wird mit 6.120 Kilowattstunden pro Jahr etwas weniger Strom produziert als bei der Süd-Anlage, dafür beträgt die Deckung des Strombedarfs nun 43 Prozent. Der Reinerlös steigt auf circa 920 Euro jährlich. Die Betriebskosten für Strom sinken dadurch auf 850 Euro pro Jahr. Die Amortisationszeit beträgt gut 14 Jahre und es verbleibt eine etwas größere Kosteneinsparung. Die Umwelt wird nur von 1,2 Tonnen CO_2 jährlich entlastet, da die Anlage weniger Strom produziert.

0 % 0 %

Variante 2: Um einen Anreiz zu schaffen, möglichst große Anlagen zu bauen, gibt es im EEG (→ Seite 41) die Möglichkeit der Volleinspeiseanlage. Haushalt A erzielt damit allerdings keinerlei Autarkie. Das Dach wird ganz mit einer 10 Kilowatt-Peak-Anlage für circa 15.000 Euro belegt, die circa 9.000 Kilowattstunden pro Jahr produziert. Dafür erhält Haushalt A die höhere Einspeisevergütung von 13 Cent pro Kilowattstunde. Der Reinerlös steigt auf circa 970 Euro, die Betriebskosten für Strom sinken auf 800 Euro pro Jahr. Die Amortisationszeit steigt auf knapp 16 Jahre und die Kosteneinsparung sinkt. Die Umwelt wird von 2,8 Tonnen CO_2 jährlich entlastet, da die Anlage wesentlich mehr Strom liefert.

Fazit: Die Wirtschaftlichkeit aller Varianten ist vergleichbar und die Anlagen sind alle zu empfehlen. Wenn das Haus ein Ost- und West-Dach hat, erzielt eine Ost-West-Anlage (Variante 1c) die höchste Kosteneinsparung. Die größeren Anlagen sind wirtschaftlicher und auch aus Gründen des Umweltschutzes sinnvoll. Übers Jahr wird ein Autarkiegrad zwischen 30 und gut 40 Prozent erreicht. Dies deckt sich mit Literaturangaben von im Durchschnitt 30 Prozent. Auch eine Volleinspeiseanlage (Variante 2) ist für Haushalt A zu empfehlen. Bei steigendem Stromverbrauch, zum Beispiel durch eine Wärmepumpe, kann Eigennutzung gewählt werden (→ Seite 41).

Haushalt B und Haushalt C

Die Haushalte B und C benötigen jeweils 3.000 Kilowattstunden Haushaltsstrom jährlich. Die Gegebenheiten entsprechen denen von Haushalt A. Alle Varianten beziehen sich auf eine Süd-Ausrichtung des Hausdachs.

30 % 5 %
Haushalt B
30 % 11 %
Haushalt C

Variante 1a: Die 3-Kilowatt-Peak-Anlage kostet circa 6.300 Euro schlüsselfertig. Sie benötigt etwa 20 Quadratmeter Dachfläche, produziert circa 2.700 Kilowattstunden Solarstrom jährlich, kann etwa 30 Prozent des Haushaltsstroms liefern, mit einem Reinerlös von circa 380 Euro jährlich. Die Betriebskosten für Strom sinken auf 950 Euro pro Jahr. Die Amortisationszeit beträgt knapp 17 Jahre und es verbleibt eine kleine Kosteneinsparung. Die Umwelt wird nur noch mit 0,2 Tonnen CO_2 jährlich belastet.

33 % 6 %
Haushalt B
33 % 12 %
Haushalt C

Variante 1b: Die 6-Kilowatt-Peak-Anlage kostet circa 11.000 Euro. Sie benötigt etwa 40 Quadratmeter Dachfläche, produziert circa 5.400 Kilowattstunden Solarstrom jährlich, kann etwa 33 Prozent des Haushaltsstroms liefern und erbringt einen Reinerlös von circa 620 Euro jährlich. Die Betriebskosten für Strom sinken dadurch auf 710 Euro pro Jahr. Die Amortisationszeit beträgt knapp 18 Jahre und es verbleibt eine vergleichbare Kosteneinsparung. Die Umwelt wird von 1,3 Tonnen CO_2 jährlich entlastet durch Verdrängung von Kohlestrom.

0 % 0 %
Haushalt B
0 % 0 %
Haushalt C

Variante 2: Auch die Haushalte B und C verzichten auf Autarkie und wählen die Volleinspeisung. Sie machen das Dach voll mit einer 10 Kilowatt-Peak-Anlage für circa 15.000 Euro, die circa 9.000 Kilowattstunden pro Jahr produziert. Dafür erhalten Sie die höhere Einspeisevergütung. Der Reinerlös steigt auf circa 970 Euro, die Betriebskosten für Strom sinken auf 360 Euro pro Jahr. Die Amortisationszeit sinkt auf gut 15 Jahre und die Kosteneinsparung steigt auf den höchsten Wert aller Varianten. Die Umwelt wird von 3,4 Tonnen CO_2 jährlich entlastet, da die Anlage wesentlich mehr Strom liefert und der Stromverbrauch von Haushalt B und C geringer ist als der von Haushalt A.

Fazit: Auch hier ist die Wirtschaftlichkeit aller Varianten ähnlich und die Anlagen sind alle zu empfehlen. Eine Überlegung wert ist auch die Volleinspeisung (Variante 2). Damit besteht bei höchster Kosteneinsparung die Möglichkeit, eine große Anlage zu installieren und später bei gestiegenem Strombedarf auf Eigenstromnutzung zu wechseln.

So passen Sie die Beispiele an Ihren Stromverbrauch und Ihre Globalstrahlung an

Angenommen, Sie leben in Freiburg in einem Einfamilienhaus und haben einen jährlichen Stromverbrauch von 2.500 Kilowattstunden. Dann passt Haushalt B zu Ihnen. Es interessiert Sie dabei die zweite Variante mit der größeren Anlage. Falls Sie nicht die **interaktive Tabelle 2** unter (Download → Seite 7) nutzen möchten, verfahren Sie so:

Erster Schritt: Anpassung an die Globalstrahlung

Aus der Karte des Deutschen Wetterdienstes (→ Seite 37) entnehmen Sie für Freiburg eine Globalstrahlung von 1.140 Kilowattstunden pro Quadratmeter jährlich. Alle Varianten

wurden für die Globalstrahlung in Dortmund mit 1.000 Kilowattstunden pro Quadratmeter jährlich berechnet.
Der erste Korrekturfaktor ist demnach 1.140 kWh ÷ 1.000 kWh = 1,14.

Mit diesem Faktor multiplizieren Sie die Ergebnisse von Haushalt B in der Variante 1b: Anlagengröße und Kosten bleiben wie im Fallbeispiel. Der Ertrag pro Kilowatt-Peak und die solare Erzeugung erhöhen sich um diesen Faktor: in Freiburg auf jeweils 1.026 Kilowattstunden pro Kilowatt-Peak und 6.156 Kilowattstunden pro Jahr.

Der **Jahresreinerlös** wird als Zwischenergebnis nicht umgerechnet, wohl aber die **Amortisationszeit.** Da es einen höheren Ertrag gibt, amortisiert sich die Anlage schneller. Teilen Sie die Amortisationszeit des Fallbeispiels durch den Faktor, erhalten Sie als neuen Wert 15,5 Jahre. Sollte Ihre Anlage keine Süd-Anlage mit 40 bis 50 Prozent Neigung sein, können Sie mit den Werten aus Abb. 3 den Anlagenertrag und die Amortisationszeit korrigieren oder pauschal eine Verschattung berücksichtigen.

Zweiter Schritt: Anpassung an Ihren Stromverbrauch

Um den zweiten Korrekturfaktor zu erhalten, teilen Sie Ihren Stromverbrauch einfach durch den des Beispielhaushalts.
Der zweite Korrekturfaktor beträgt 2.500 kWh ÷ 3.000 kWh = 0,833.

Mit diesem Faktor multiplizieren Sie die Photovoltaikleistung und den auf die Globalstrahlung korrigierten Anlagenertrag, der spezifische Ertrag wurde bereits korrigiert.

Sie erhalten 5 Kilowatt-Peak als Anlagengröße und einen jährlichen Ertrag von 6.156 kWh × 0,833 = 5.127 kWh. Auch der Anlagenpreis wird um den Faktor geringer: 9.200 Euro.

Die Amortisationszeit ist von der Anlagengröße unabhängig. Sie wurde bereits im ersten Schritt auf die bessere Einstrahlung korrigiert und bleibt bei 15,5 Jahren. In der **interaktiven Tabelle 2** wird zusätzlich berücksichtigt, dass sich nun der Eigenstromanteil geringfügig ändert, als Amortisationszeit erhalten Sie damit 16,1 Jahre.

Da **Reinerlös** = Investitionssumme durch Amortisationszeit, ergibt sich:
9.200 Euro ÷ 15,5 Jahre = 590 Euro pro Jahr.

In der interaktiven Tabelle 2 ergeben sich 570 Euro pro Jahr. Also ist auch die händische Korrektur genügend aussagefähig.

Solarstromanlagen mieten

Photovoltaikanlagen werden auch vermietet. Der Vorteil ist, dass Sie sich um nichts kümmern müssen, kein Risiko eingehen und trotz Strompreissteigerung einen gleichbleibenden Mietpreis zahlen. Der Nachteil sind meist zu hohe Kosten. Vergleichen Sie die Kosten einer Anlage mit dem jährlichen Mietpreis (Beispiel → Seite 51).

VORTEILE UND NACHTEILE

⊕ Photovoltaikanlage

- In jedem Gebäude einsetzbar
- Eigenstromproduktion
- Stromproduktion über Tag mit speziellem Wechselrichter auch bei Netzausfall möglich
- Hohe Stromproduktion im Sommer
- Geringe, mit Batteriespeicher mittlere bis hohe Autarkie Strom
- Förderung für Batteriespeicher möglich
- Feste Einspeisevergütung für 20 Jahre
- Niedrige Betriebskosten
- Mittlere Wartungskosten
- Meistens wirtschaftlicher Betrieb möglich
- Bei guter Planung und Ausführung hohe Effizienz
- Klimaentlastung durch Verdrängung von Kohlestrom
- Wichtig für regeneratives Versorgungssystem

⊖ Photovoltaikanlage

- Ausrichtung zur Sonne und Verschattung beachten
- Dach muss für Photovoltaikanlage geeignet sein
- Keine Stromproduktion in der Nacht
- Nicht automatisch als Notstromaggregat nutzbar
- Wenig Stromproduktion im Winter
- Abhängigkeit von Stromlieferanten
- Tarife können geändert werden – es kann Preissteigerungen geben.
- Bundesförderung nur noch durch Einspeisevergütung und eventuell günstigen Kredit
- Höherer Grundpreis wegen geringer Stromabnahme möglich
- Investitionskosten stark von der Nachfrage abhängig
- Lange Amortisationszeiten verlangen eine hohe Qualität der Anlage
- Überhöhte Investitionskosten machen Anlagen unwirtschaftlich

CHECKLISTE

Photovoltaikanlagen

- ☐ Es gibt die Möglichkeit, Ihre Planung durch eine Energieberatung online, vor Ort oder in den Beratungsstellen der Verbraucherzentralen überprüfen zu lassen: **www.verbraucherzentrale-energieberatung.de**
- ☐ Position der Module möglichst verschattungsfrei
- ☐ Einsatz von elektronischen Solaroptimierern zur Verringerung des Einflusses von Verschattung?
- ☐ Ausrichtung der Module zwischen Südost und Südwest bei Neigung zwischen 20 und 50 Grad? Oder Ost-West-Anlage?
- ☐ Bei flacher Neigung rahmenlose Module
- ☐ Unterschiedliche Ausrichtung der Module? Dann mehrere Strings und mehrere Wechselrichter oder Wechselrichtereingänge
- ☐ Wachstum von Bäumen und spätere Nachbarbebauung beachten („Schattengefahr“)
- ☐ Zustand des Daches, Wärmedämmung und Statik des Daches berücksichtigen
- ☐ Der Wechselrichter sollte möglichst in kühler Umgebung und zugänglich montiert werden.
- ☐ Ertragskontrolle durch Zähler im Wechselrichter oder separaten Zähler?
- ☐ Entspricht der Zählerkasten dem Stand der Technik? Bestandsschutz entfällt bei neuer Anlage
- ☐ Möglichst große Anlage
- ☐ Optimierung des Eigenstromverbrauchs durch Verlagerung? Beispielsweise: Waschen bei Sonne
- ☐ Optimierung des Eigenstromverbrauchs durch Energiemanagementsystem? Dieses kann im Wechselrichter integriert sein.
- ☐ Steuerliche Behandlung der Anlage ist ab 2023 meist nicht mehr nötig.
- ☐ Mehrere Angebote einholen und vergleichen
- ☐ Netzbetreiber über die Planung informieren
- ☐ Voranfrage beim Bauamt – im Allgemeinen ist keine Genehmigung erforderlich
- ☐ Gegebenenfalls Förderantrag stellen – manche Gemeinden geben Zuschüsse und über die KfW ist ein relativ günstiger Kredit zu erhalten (**www.kfw.de/270**). Förderbedingungen beachten
- ☐ Anlage versichern über Spezialversicherung oder in die Gebäudeversicherung einbeziehen
- ☐ Wer meldet beim Finanzamt, Netzbetreiber und Bundesnetzagentur an?
- ☐ Regelmäßige Erfolgskontrolle der Anlage und Vergleich mit Anlagenerträgen beispielsweise auf **www.sfv.de**
  In den ersten zwei Jahren gilt die gesetzliche Gewährleistung, danach die – meistens schwer durchsetzbaren – Garantiebedingungen: **www.verbraucherzentrale.nrw/solarstrom**
- ☐ Qualitätssicherung der Anlage durch RAL-Solar? Weitere Informationen unter: **www.gg-solar.de**
- ☐ Liegen Zertifikate für Module und Wechselrichter vor?
- ☐ Blitzschutz, Überspannungsschutz, Schneefang und Brandschutz sind geklärt?

BEISPIEL

Photovoltaik mieten?

Sie mieten eine 5-Kilowatt-Peak-Anlage für 69 Euro monatlich. Das sind 948 Euro pro Jahr, auf 20 Jahre gerechnet ergeben sich Mietkosten von 19.000 Euro. Die Anlagenkosten schlüsselfertig betragen höchstens 10.000 bis 12.000 Euro plus etwa 170 Euro Betriebskosten pro Jahr. Eine eigene Anlage würde höchstens 14.000 bis 16.000 Euro gesamt kosten.

Fazit: Mit einer eigenen Anlage sparen Sie gegenüber der Mietvariante 3.000 bis 5.000 Euro.

Kleinwindanlagen

Sie haben ein zugiges Grundstück? Haben Sie schon daran gedacht, die Windenergie zu nutzen? Für sogenannte Kleinwindanlagen, also Anlagen zur unmittelbaren Versorgung einzelner Häuser, gibt es viele mehr oder weniger seriöse Angebote.

Für ein Ein- und Zweifamilienhaus kommen **Mikrowindenergieanlagen** infrage. Das sind Anlagen mit einer Nennleistung unter 5 Kilowatt. Da wird es schon spannend: Was heißt **Nennleistung?** Für welche Windgeschwindigkeit ist diese Leistung angegeben?

Die Leistung einer Windenergieanlage hängt in der dritten Potenz mit der Windgeschwindigkeit zusammen, das heißt, eine Verdoppelung der Windgeschwindigkeit ergibt die achtfache Leistung. Deshalb ist es ein enormer Unterschied, ob eine Anlage die Nennleistung von beispielsweise 3 Kilowatt bei 10 oder 12 Metern pro Sekunde (m/s) Windgeschwindigkeit erreicht. Die Anlage mit der höheren Nennwindgeschwindigkeit hat bei Wind mit nur 10 Metern pro Sekunde lediglich eine Leistung von gut 1,7 Kilowatt und liefert nur gut die Hälfte des jährlichen Stromertrags.

Windanlagen werden nach ihrer Bauform unterschieden. Großwindanlagen haben immer eine horizontale Achse. Im Bereich der Kleinwindanlagen werden auch zahlreiche Modelle mit vertikaler Achse oder Sonderbauformen mit Gehäuse angeboten. Die Hersteller werben mit den tollsten Eigenschaften, können diese jedoch oft nicht mit unabhängigen Daten belegen.

→ **TIPP**

Auf dem Markt gibt es einige wenige Kleinwindanlagen-Modelle mit Zertifizierung, damit gehen Sie auf Nummer sicher: www.klein-windkraftanlagen.com/technik/test-von-kleinwindanlagen

Im Allgemeinen sind Anlagen mit horizontaler Achse leichter und effizienter. Allerdings müssen sie dem Wind nachgeführt werden, benötigen einen Mast und eine Sturmsicherung. Vertikalachser haben Vorteile bei starken Windverwirbelungen und schnellen Windrichtungswechseln. Leider sind Erschütterungen dabei unvermeidbar, weil ein Teil des Rotors immer gegen den Wind anlaufen muss.

→ TIPP

Ein Hausdach ist an sich ein guter Standort für eine Kleinwindanlage, da sie dort über den Hindernissen der Umgebung liegt und frei angeströmt werden kann. Bei einer solchen Aufstellung ist allerdings eine sorgfältige Entkoppelung zwischen Windanlage und Haus nötig.
Andernfalls werden Sie die Schwingung bei bestimmten Resonanzdrehzahlen nicht aushalten, oder die Windanlage muss das Dach wieder verlassen. Am besten stellen Sie die Windanlage in der Nähe des Hauses auf einem Mast auf. In jedem Fall benötigen Sie eine Baugenehmigung, und auch die Nachbarn sollten zustimmen.

Messung des Windangebots

Vor jeder weiteren Überlegung muss eine Untersuchung des Windangebots auf Ihrem Grundstück erfolgen. Am besten wäre die Messung von Windgeschwindigkeit und Windrichtung über ein Jahr. Es gibt Ingenieurbüros, die solche Messungen mit Messmasten anbieten – das ist jedoch bei Kleinanlagen oft zu aufwendig. Sie können auch selbst aktiv werden und eine eigene Wetterstation dort auf einem Mast anbringen, wo später die Windanlage platziert werden soll. Es gibt solche Messsysteme im Fachhandel für einige Hundert Euro.

→ TIPP Windmessung

Ausführliche Hinweise zum Thema Windmessung finden Sie unter www.klein-windkraftanlagen.com/basisinfo/windmessung

Auf den Karten des Deutschen Wetterdienstes können Sie die Windgeschwindigkeiten in 10 Metern Höhe ablesen. Damit können Sie das Windangebot an Ihrem Ort grob einschätzen (www.dwd.de, Suchwort: Windkarten, dann das Bundesland auswählen).

Windstärken können sich sehr kleinräumig ändern, das kann die Karte nicht darstellen. Eine erste Einschätzung für Ihr Grundstück können Sie durch eigene Beobachtung erhalten. Hier hilft die Beaufort-Skala. Sie wurde vom englischen Admiral Sir Francis

Beaufort-Skala: Windgeschwindigkeiten

BEZEICHNUNG	ERSCHEINUNG	WINDSTÄRKE	WINDGESCHWINDIGKEIT M/S
Windstille, Flaute	Rauch steigt gerade empor	0	0,0 – <0,3
Leiser Zug	Windfahne zeigt nichts an, aber Rauch	1	0,3 – <1,6
Leichte Brise	Säuseln von Blättern, Windfahne bewegt sich	2	1,6 – <3,4
Schwache Brise	dünne Zweige bewegen sich bereits	3	3,4 – <5,5
Mäßige Brise	Zweige, dünnere Äste bewegen sich, Papier und Staub wird gehoben	4	5,5 – <8,0
Frische Brise	kleinere Laubbäume schwanken	5	8,0 – <10,8
Starker Wind	dicke Äste bewegen sich, Regenschirme kaum zu benutzen	6	10,8 – <13,9
Steifer Wind	Bäume in Bewegung, beim Gehen Widerstand stark merkbar	7	13,9 – <17,2
Stürmischer Wind	Zweige brechen	8	17,2 – <20,8
Sturm	kleine Schäden an Häusern	9	20,8 – <24,5
Schwerer Sturm	Bäume werden entwurzelt, größere Schäden an Häusern	10	24,5 – <28,5
Orkanartiger Sturm	verbreitet Sturmschäden	11	28,5 – <32,7
Orkan	schwerste Verwüstungen	12	≥ 32,7

Beaufort (1774–1857) entwickelt. Mit dieser Skala wird es möglich, die Windstärke aufgrund von Naturbeobachtung ohne Hilfsmittel zu bestimmen. Die Windgeschwindigkeit in den Wetterkarten wird in Beaufort angegeben (beispielsweise „Windstärke 3"). Für die Ertragsermittlung ist die mittlere Windgeschwindigkeit in Meter pro Sekunde nötig. Diese ist in den Windkarten und auch in der Beaufort-Skala angegeben.

Zeigt Ihre Beobachtung, dass öfter Windstärken über 3 auftreten, so lohnt sich vermutlich eine Messung, die zwar etwas kostet, Ihnen aber eine Fehlinvestition erspart.

Einen günstigen Platz auf dem Grundstück können Sie mithilfe eines Windtests finden, für den Sie einen Drachen oder eine lange Stange benötigen. Befestigen Sie an der Drachenschnur (beziehungsweise an der Stange) im Abstand von jeweils einem Meter gut sichtbare Bänder (zum Beispiel Baustellenbänder von circa 2 Metern Länge) und lassen Sie bei gutem Wind den Drachen steigen oder stellen Sie die Stange auf. Die Bänder zeigen Ihnen dann Verwirbelungen. Gehen Sie mit dem Drachen oder der Stange über Ihr Grundstück. Dort, wo die obersten Bänder glatt im Wind liegen, ist ein guter Platz für Ihre künftige Windanlage. So erfahren Sie ebenfalls, wie hoch der Mast sein sollte.

Wahl der Anlage

Nun haben Sie die Qual der Wahl unter den zahlreichen Typen. Einen guten Marktüberblick bieten die Publikationen des Bundes-

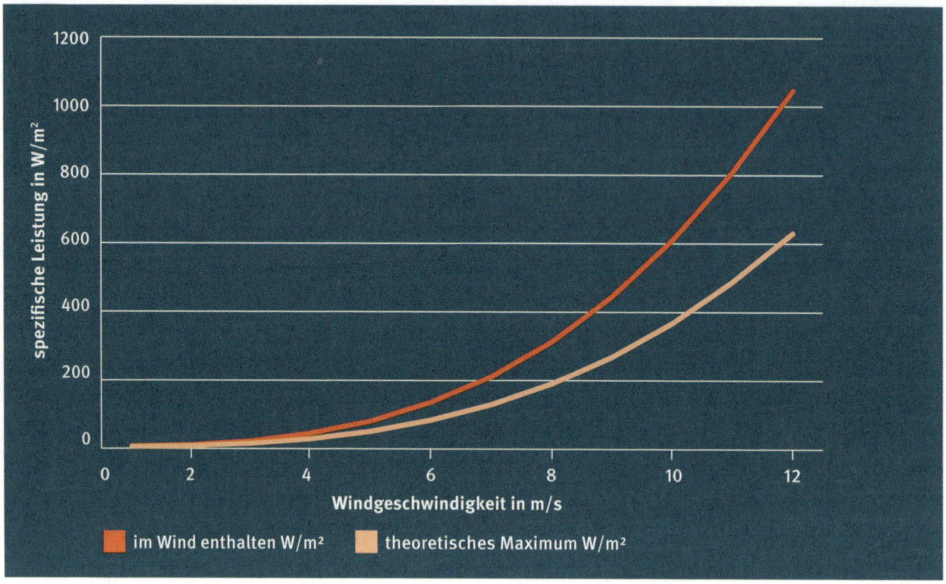

Abb. 7: Spezifische Leistung einer Windanlage in Abhängigkeit von der Windgeschwindigkeit

verbands Windenergie (www.wind-energie.de/shop) und der „Kleinwind-Marktreport" (www.klein-windkraftanlagen.com). Ob die vom Hersteller angegebenen Leistungsdaten realistisch sind, können Sie mithilfe von Abb. 7 überprüfen: Hier ist die spezifische Windleistung in Abhängigkeit von der Windgeschwindigkeit dargestellt. Die obere Kurve gibt an, welche spezifische Leistung im Wind enthalten, und die untere, welche Leistung maximal aus dem Wind gewinnbar ist.

Unterschieden wird zwischen Schwachwindanlagen mit einer spezifischen Leistung zwischen 100 bis 200 Watt pro Quadratmeter und Starkwindanlagen mit bis 500 Watt pro Quadratmeter und mehr. Schwachwindanlagen erreichen Ihre Nennleistung dank großer Rotoren schon bei geringerer Windgeschwindigkeit und sind daher für Standorte mit mäßigem Windangebot geeignet. Starkwindanlagen dagegen benötigen Standorte mit sehr hohen Windgeschwindigkeiten (→ Abb. 8, Seite 56).

Abbildung 8 zeigt die spezifischen Leistungen von am Markt verfügbaren Anlagen. Die Punkte oberhalb von 600 Watt pro Quadratmeter stammen von Sonderbauformen, die den Wind konzentrieren sollen und vermutlich unrealistische Leistungen versprechen.

Kleinwindanlagen enthalten meistens einen einfach gebauten Drehstromgenerator. Der erzeugte Strom wird dann gleichgerichtet und wie bei einer Photovoltaikanlage auf Netzwechselspannung gebracht – allerdings mit einem speziell für Windanlagen geeigneten Wechselrichter. Kleinwindanlagen sind auf die Leistung bezogen weit teurer als große Windanlagen. Rechnen Sie mit mindestens 4.000 bis 6.000 Euro pro Kilowatt Nennleis-

BEISPIELE

Horizontal- und Vertikalachser

1. Eine Windanlage mit horizontaler Achse soll bei einer Windgeschwindigkeit von 10 Metern pro Sekunde eine Nennleistung von 2 Kilowatt erreichen. Der Rotor hat einen Durchmesser von 3 Metern.
Zunächst errechnen Sie die Rotorfläche; denn die Windenergie wird aus dem gesamten vom Rotor überstrichenen Bereich gewonnen.
Fläche = π × (Durchmesser ÷ 2)², in diesem Fall Rotorfläche = 3,142 × 3² ÷ 4 m² = 7,1 m².
Dann teilen Sie die Leistung in Watt durch die Rotorfläche: spezifische Leistung = Leistung/Fläche, hier spezifische Leistung = 2.000 W ÷ 7,1 m² = 283 W/m².
Bei einer Windgeschwindigkeit von 10 Metern pro Sekunde ergibt sich beim Blick auf Abb. 7 ein theoretisches Maximum von 350 Watt pro Quadratmeter, was über dem ermittelten Wert von 283 Watt pro Quadratmeter liegt. Die angegebenen Daten sind demnach realistisch.

2. Sie interessieren sich für einen Vertikalachser mit 2 Metern Durchmesser und einer Höhe von 2 Metern. Er soll laut Hersteller bei 8 Metern pro Sekunde eine Nennleistung von 2 Kilowatt erreichen.
Die Fläche im Wind ist hier die Rechteckfläche, die sich so berechnen lässt:
2 m × 2 m = 4 m².
Die spezifische Leistung ergibt sich dann zu 2.000 W ÷ 4 m² = 500 W/m². Die Grafik zeigt bei angenommenen 8 Metern pro Sekunde ein theoretisches Maximum des Vertikalachsers von unter 200 Watt pro Quadratmeter (W/m²). Die Herstellerangabe ist daher unrealistisch.

tung. Die Stromerzeugung ist entscheidend vom Windangebot abhängig.

Die jährliche Erzeugung wird mithilfe von sogenannten **Volllaststunden** errechnet:
Stromertrag =
Nennleistung × Volllaststunden.

Die Volllaststunden hängen mit der Verteilung der Windgeschwindigkeiten übers Jahr zusammen und in erster Näherung mit der mittleren Windgeschwindigkeit. Außerdem wird die Windgeschwindigkeit mitberücksichtigt, bei der die Anlage die Nennleistung erreicht. Die **interaktive Tabelle 2** ermittelt daraus die Volllaststunden.

Das EEG unterscheidet bei Windanlagen nicht nach der Anlagengröße. Weil die Einspeisevergütung niedrig ist, sollte eine Kleinwindkraftanlage keinen Strom ins Netz einspeisen und klein dimensioniert werden. Abbildung 9 zeigt die Leistungskurve und Stromerzeugung einer 2-Kilowatt-Anlage, die ihre Nennleistung bei einer Windgeschwindigkeit von 12 Metern pro Sekunde erzielt, und an einem Standort mit mäßiger mittlerer Windgeschwindigkeit 500 Volllaststunden erreicht. Bei vorherrschenden Windgeschwindigkeiten von unter 6 Metern pro Sekunde liegt zwar ihre Leistungsabgabe unter

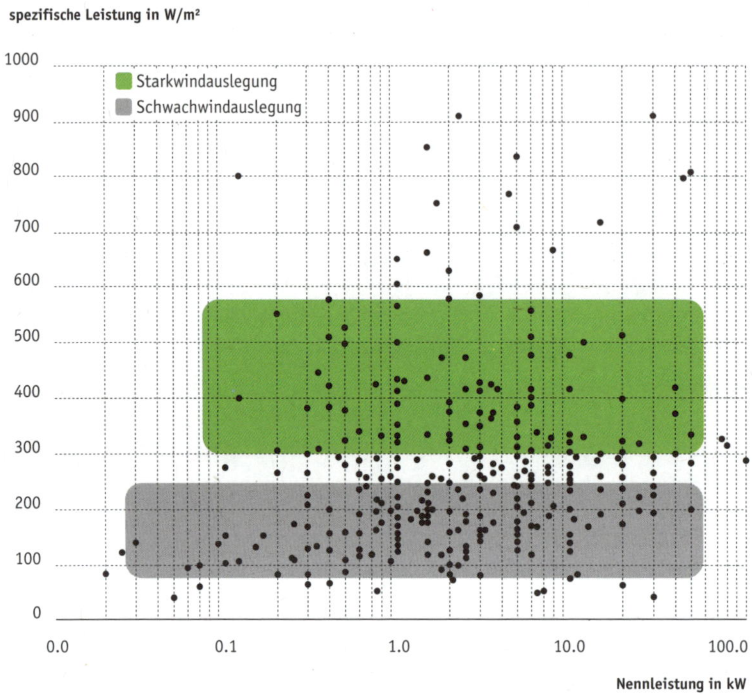

Abb. 8: Spezifische Leistungen von am Markt verfügbaren Windanlagen

BEISPIEL

Eine Anlage mit 2 Kilowatt Nennleistung bei 12 Metern pro Sekunde produziert demnach bei 500 Volllaststunden 1.000 Kilowattstunden im Jahr. 500 Volllaststunden werden bei einer mittleren Windgeschwindigkeit von gut 4,6 Metern pro Sekunde in Höhe der Windanlage erreicht. Bei 6 Metern pro Sekunde sind es knapp 1.100 Volllaststunden. Höhere Werte sind bei Masthöhen unter 30 Metern kaum zu erwarten, es sei denn, Ihr Haus steht in Küstennähe oder auf einem hohen Berg.

250 Watt, aber im Bereich der Grundlast, die immer abgenommen werden kann. An wenigen windreichen Tagen kann der erzeugte Strom nicht vollständig im Hausnetz eingesetzt werden. Diese Tage tragen überproportional zum Gesamtjahresertrag bei.

→ **TIPP Wirtschaftlichkeitsabschätzung**

Mithilfe der **interaktiven Tabelle 2** (Download → Seite 7) können Sie Ertrag und Wirtschaftlichkeit einer Kleinwindanlage abschätzen, abhängig von Ihrer Grundlast (→ Seite 35) und der mittleren Windgeschwindigkeit. Bei einer Nennleistung von 12 Metern pro Sekunde wird der Windanlagenstrom zu circa 80 Prozent in Ihrem Hausnetz genutzt.

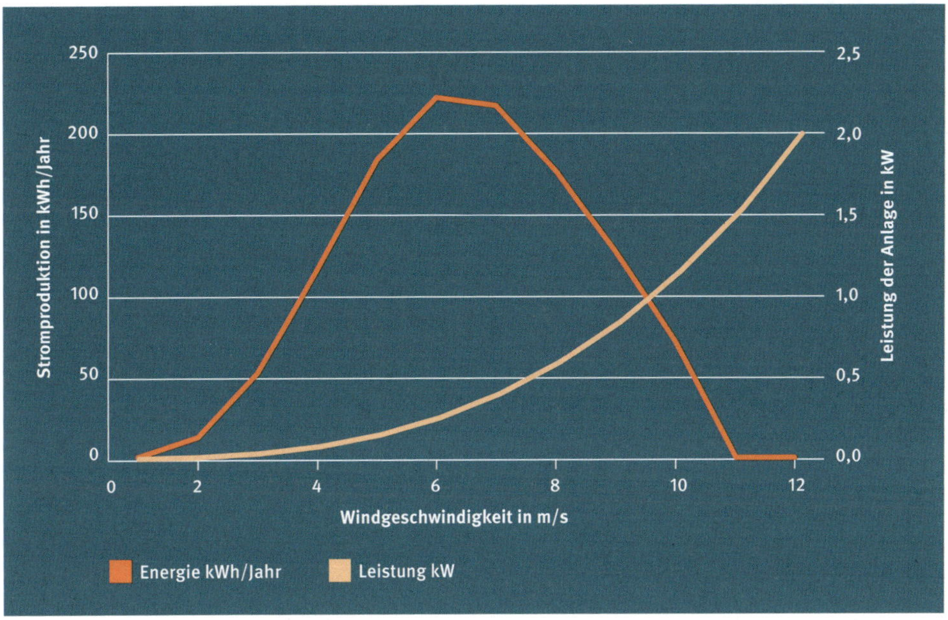

Abb. 9: Leistung und Energie einer 2-Kilowatt-Windanlage in mäßiger Windlage

Beispielvarianten

Schauen wir nun, wie unsere drei Beispielhaushalte Kleinwindkraftanlagen einsetzen können. In Tabelle 2 im Internet finden Sie die Ergebnisse. Grundlage sind dabei zwei mittlere Windgeschwindigkeiten.

Variante 4a: Bei niedriger mittlerer Windgeschwindigkeit führt das zu 324 Volllaststunden.

Variante 4b: Bei besserem Windangebot kommen 1.095 Volllaststunden zustande.

Die Kosten betragen 4.000 bis 6.000 Euro, im Durchschnitt 5.000 Euro pro Kilowatt. Das sind übliche Werte, Stand 2023, einschließlich Mehrwertsteuer. Vergleichen Sie diese Beträge mit Ihrem konkreten Angebot, dem Anlagenpreis einschließlich aller Zusatzkosten und Montage. Abweichungen von mehreren Tausend Euro sind durchaus zu erwarten. Sie können das Beispiel mithilfe der **interaktiven Tabelle 2** oder per Hand anpassen:

Amortisationszeit mit Angebotspreis = Amortisationszeit des Beispiels × Kosten des Angebots ÷ Kosten des Beispiels

Es wird in allen Fällen mit Betriebs- und Versicherungskosten von insgesamt 120 Euro jährlich gerechnet. Der Strompreis wird mit 40 Cent pro Kilowattstunde (entsprechend der Strompreisbremse 2023) und Strompreissteigerung (1 Prozent jährlich über den Betrachtungszeitraum von 20 Jahren) angenommen.

VORTEILE UND NACHTEILE

+ Kleinwindanlage:

- In wenig besonnten Lagen nutzbar
- Stromproduktion in Zeiten ohne gute Sonneneinstrahlung, auch in der Nacht
- Hohe Stromproduktion im Winter
- Ergänzung zur Photovoltaikanlage für sonnenschwache Zeiten
- Stromproduktion bei Wind mit speziellem Wechselrichter auch bei Netzausfall möglich
- In windstarken Gegenden wirtschaftlicher Betrieb möglich
- Zertifikat gibt Sicherheit
- Anlagen mit Langzeiterfahrung erhältlich
- Klimaentlastung durch Verdrängung von Kohlestrom
- Passt ins regenerative Versorgungssystem

− Kleinwindanlage:

- Gutes Windangebot nötig
- Merkliche Stromproduktion nur bei hohen Windstärken
- Wenig Stromproduktion im Sommer
- Nicht automatisch als Notstromaggregat nutzbar
- Bei Kombination mit Photovoltaikanlage mehrere Zähler erforderlich
- mittlere Investitionskosten
- Förderung nur durch Einspeisevergütung und eventuell günstigen Kredit
- Wirtschaftlichkeit ist nur durch hohe Eigenbedarfsdeckung zu erzielen.
- Lange Amortisationszeiten verlangen eine hohe Qualität der Anlage.
- Nur wenige zertifizierte Anlagen auf dem Markt
- Schwarze Schafe tummeln sich auf dem Markt.

Haushalt A, Haushalt B und Haushalt C

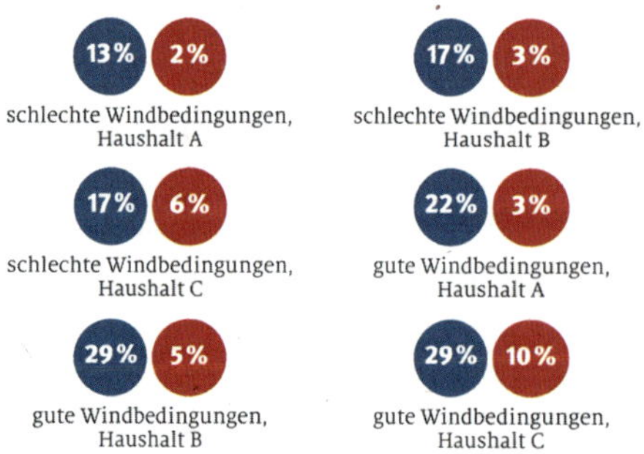

Die Haushalte möchten den ums Haus wehenden Wind nutzen und planen die Errichtung einer Kleinwindanlage.

Bei schlechteren Windbedingungen passt für alle Haushalte eine Anlage mit 2 Kilowatt Nennleistung **(Variante 4a)**. Sie erbringt bei 324 Volllaststunden einen jährlichen Ertrag von 650 Kilowattstunden. Bei guten Windbedingungen ist diese Anlage zu groß und speist zu viel Strom ins Netz ein, besser ist dann die Wahl einer Ein-Kilowatt-Anlage, die bei 1.095 Volllaststunden 1.100 Kilowattstunden jährlich erzeugt **(Variante 4b)**. Beide

CHECKLISTE

Kleinwindanlagen

- ☐ Überprüfen Sie das Windangebot. Gibt es Hindernisse in der Hauptwindrichtung? Falls Sie den Standort als günstig einschätzen, lassen Sie zunächst eine Langzeitmessung durchführen.
- ☐ Standort mit möglichst wenig Verwirbelung wählen
- ☐ Planen Sie eine Anlage auf dem Hausdach? Sehr sorgfältige Entkopplung vom Gebäude ist notwendig! Statik des Daches beachten!
- ☐ Kann ein Mast errichtet werden?
- ☐ Ein höherer Mast sorgt für höheren Ertrag.
- ☐ Machen Sie eine Bauvoranfrage
- ☐ Ist Ihr Eigenstromverbrauch ausreichend hoch?
- ☐ Optimierung des Eigenstromverbrauchs durch Energiemanagementsystem? Dieses kann im Wechselrichter integriert sein.
- ☐ Für Windanlage geeigneter Wechselrichter
- ☐ Wechselrichter sollte möglichst in kühler Umgebung und zugänglich montiert werden.
- ☐ Windanlage so klein dimensionieren, dass möglichst wenig ins Netz eingespeist wird
- ☐ Bei Kleinanlage auf EEG-Vergütung und entsprechende Anmeldung verzichten, dafür Verbrauchszähler mit Rücklaufsperre installieren lassen
- ☐ Verschaffen Sie sich einen Marktüberblick
- ☐ Ist die Anlage zertifiziert?
- ☐ Ist die spezifische Leistung plausibel?
- ☐ Meist ist eine Anlage mit horizontaler Achse vorzuziehen.
- ☐ Gibt es Referenzen des Anbieters und Installateurs?
- ☐ Gibt es eine Wirtschaftlichkeitsberechnung eines unabhängigen Energieberaters?
- ☐ Wachstum von Bäumen und spätere Nachbarbebauung insbesondere in der Hauptwindrichtung beachten
- ☐ Ertragskontrolle durch separaten Zähler
- ☐ Entspricht der Zählerkasten dem Stand der Technik? Bestandsschutz entfällt bei neuer Anlage
- ☐ Steuerliche Behandlung der Anlage? Umsatzsteuerabzug?
- ☐ Mehrere Angebote einholen und vergleichen
- ☐ Netzbetreiber von der Planung informieren
- ☐ Gegebenenfalls Förderantrag stellen – manche Länder und Gemeinden geben Zuschüsse. Förderbedingungen beachten
- ☐ Anlage versichern über Spezialversicherung oder in die Gebäudeversicherung einbeziehen
- ☐ Wer meldet beim Finanzamt, Netzbetreiber und Bundesnetzagentur an?
- ☐ Regelmäßige Erfolgskontrolle der Anlage

Siehe auch:
www.klein-windkraftanlagen.com

Nennleistungen beziehen sich auf eine Nennwindgeschwindigkeit von 12 Metern pro Sekunde. Bei schlechten Windbedingungen kann der Reinerlös von 110 Euro pro Jahr den Anlagenpreis in annehmbarer Zeit nicht erwirtschaften und es verbleibt über 20 Jahre ein erheblicher Verlust. Bei guten Windbedingungen gibt es einen Reinerlös von 270 Euro pro Jahr. Da die kleinere Anlage preisgünstiger ist, reicht das für eine Amortisationszeit von knapp 19 Jahren und einen kleinen Gewinn. Die Umweltbelastung sinkt bei Haushalt A auf 1,9 beziehungsweise 1,6 Tonnen CO_2 pro Jahr und bei den Haushalten B und C auf 1,3 beziehungsweise 1,1 Tonnen CO_2 pro Jahr. Bei schlechten Windbedingungen werden 520 Kilowattstunden im Hausnetz verbraucht und 130 Kilowattstunden ins öffentliche Netz eingespeist. Bei guten Windbedingungen sind es 880 Kilowattstunden im eigenen Netz und es werden 220 Kilowattstunden eingespeist.

Die Einspeisevergütung liegt in jedem Fall unter 20 Euro jährlich, sodass sich der Aufwand für einen Zweirichtungszähler und die Abrechnung mit dem Versorger nicht lohnt. Sie benötigen jedoch einen Verbrauchszähler mit Rücklaufsperre. Haushalt A kann mit einer solchen Windanlage 13 beziehungsweise 22 Prozent ihres Strombedarfs abdecken. Bei den Haushalten B und C sind es dank des geringeren Stromverbrauchs 17 beziehungsweise 29 Prozent.

Fazit: Eine Windanlage ist in allen Fällen nur bei gutem Windangebot sinnvoll (Variante 4b). Doch selbst diese 1-Kilowatt-Anlage spielt nur mühsam die Investitionskosten während der Lebensdauer ein.

→ TIPP Bürgerenergieanlage

Wenn Sie kein für Photovoltaik oder Windanlage geeignetes Grundstück besitzen, so können Sie sich an einer Bürgerenergieanlage beteiligen und zur erneuerbaren Stromproduktion beitragen. Eine Bürgerenergieanlage ist eine gemeinsam betriebene Photovoltaik- oder Windanlage. Oft wird dafür ein Dach oder Grundstück angemietet.
Wenn sich viele Mitglieder zusammenschließen, ist eine größere Investition möglich. Größere Anlagen sind meistens wirtschaftlicher als Kleinanlagen, es muss allerdings der Eigenverbrauch oder Stromverkauf bedacht werden. Als Mitglied einer Bürgerenergieanlage zahlen Sie einen Beitrag, haben je nach Beteiligungsform ein Stimmrecht und erhalten einen Anteil am Gewinn.
de.wikipedia.org/wiki/Bürgerenergiegesellschaft

GUT ZU WISSEN

Wirtschaftlichkeit

Prinzipiell ergänzen sich Wind und Sonne: Im Winter mit wenig Sonne bläst der Wind kräftiger und umgekehrt. Da liegt es nahe, zur Stromeigenversorgung eine Photovoltaik- mit einer Kleinwindkraftanlage zu kombinieren. Allerdings ist bis auf wenige Ausnahmefälle eine Kleinwindanlage meist nur gerade so wirtschaftlich: Zur korrekten Abrechnung sind weitere Zähler erforderlich, was die Kosten unwirtschaftlich in die Höhe treibt.

GUT ZU WISSEN

Physikalische Einheiten

Physikalische Einheiten werden mit Vorsilben und entsprechenden Buchstaben versehen, um Tausenderschritte leichter darstellen zu können:
Beispiel: Grundeinheit Wattstunde (Wh)
1 **Kilo**wattstunde (**k**Wh) = 1.000 Wh
1 **Mega**wattstunde (**M**Wh) = 1.000 kWh = 1.000.000 Wh
1 **Giga**wattstunde (**G**Wh) = 1.000 MWh = 1.000.000 kWh = 1.000.000.000 Wh
1 **Tera**wattstunde (**T**Wh) = 1.000 GWh = 1.000.000 MWh = 1.000.000.000 kWh

Stromspeicher

Eine Photovoltaikanlage erzeugt in der Nacht keinen Strom. Eine Windkraftanlage erzeugt nur Strom, wenn der Wind kräftig weht. Sie brauchen aber zu Hause Strom rund um die Uhr, beispielsweise für Ihre Kühlgeräte. Ein Blockheizkraftwerk (BHKW) (→ Seite 78) kann Tag und Nacht Strom erzeugen, allerdings nur mit **Wärmespeicher.** Eine Photovoltaik- oder Windanlage benötigt dagegen einen **Stromspeicher,** wenn Sie jederzeit Strom aus einer solchen Anlage gewinnen wollen. Wärme zu speichern ist nicht sehr aufwendig. Es genügt ein gut wärmegedämmter Wasserspeicher. Er hat eine Haltbarkeit von weit über 10 Jahren. Die Speicherkapazität kostet etwa 50 bis 100 Euro pro Kilowattstunde. Wie sieht es nun mit Stromspeichern aus? Da gibt es einen ganzen Zoo, wie die folgende Abbildung 10 zeigt. Die Speicher sind hier eingeteilt nach der Speicherfähigkeit (Speicherkapazität) und der Zeit, während der die Energie gespeichert bleiben kann (Entladedauer).

Elektrizität wird zur Speicherung meistens in eine andere Energieform umgewandelt. Nur Spulen und Kondensatoren benö-

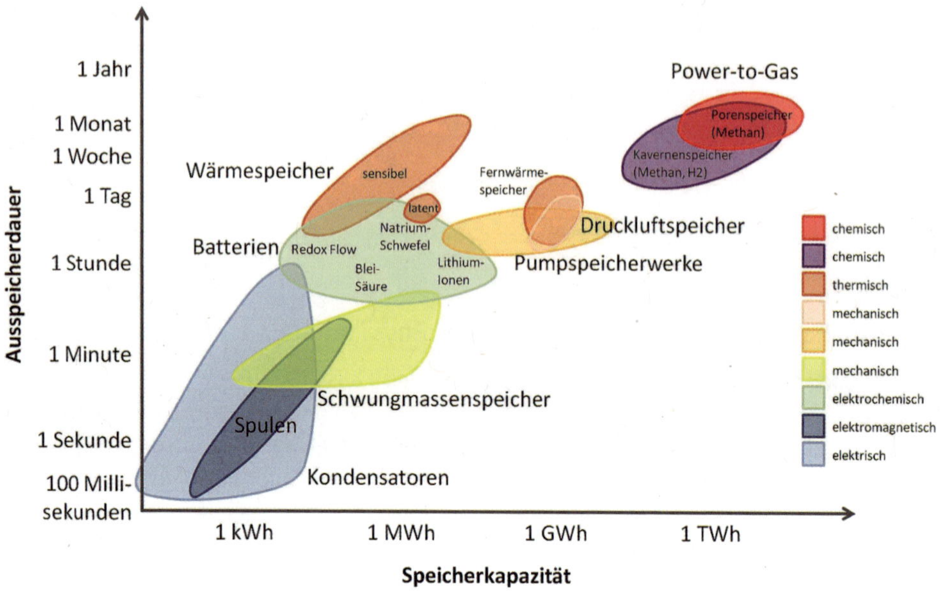

Abb. 10: Speicherkapazität und Ausspeicherdauer verschiedener Speichertechnologien im Überblick. Die Ausspeicherdauer gibt an, wie lange ein Speicher Energie liefern kann.

tigen keine Umwandlung. Sie sind in zahlreichen Geräten eingebaut. Für die Überbrückung langer Zeiträume sind sie jedoch ungeeignet. **Schwungmassenspeicher** sind ebenfalls nur als Kurzzeitspeicher nutzbar, technisch sehr aufwendig und für den Hausgebrauch ungeeignet. Für die Hausversorgung sind insbesondere Blei- und Lithium-Ionen-Batterien einsetzbar, wobei mit Batterien hier wiederaufladbare Batterien gemeint sind, die Ihnen eher als Akkumulatoren (Akkus) aus dem Auto und zahlreichen netzunabhängigen Geräten (beispielsweise Akkuschrauber, Laptop, Smartphones) bekannt sein werden. Es gibt mit Salzwasserspeichern oder Nickel-Eisen-Batterien weitere Entwicklungen, die geringere Umweltauswirkungen haben, allerdings nur von wenigen Anbietern. Alle Speicher mit Kapazitäten jenseits von 50 bis 100 Kilowattstunden sind für ein Ein- und Zweifamilienhaus viel zu groß und aufwendig.

Kurzzeitspeicher – Batterien

In einer Batterie wird die elektrische Energie als elektrochemische Energie gespeichert: Beim Laden bilden sich stabile chemische Verbindungen, die beim Entladen wiederum in andere Verbindungen umgewandelt werden. Eine **Batterie** besteht aus mehreren in Reihe geschalteten Zellen, weil die Spannung, die eine einzelne Zelle liefert, zu klein ist. In einer Autobatterie sind beispielsweise sechs Zellen zu je 2 Volt zu einer Ausgangsspannung von 12 Volt verbunden. Jede Zelle enthält zwei Elektroden (außen die Pole der Zelle), zwischen denen eine mehr oder weniger eingedickte Flüssigkeit – der Elekt-

Bleispeicher	Eigenschaften	Lithium-Ionen-Speicher
70% – 85%	Wirkungsgrad	93% – 98%
ca. 1.200 – 1.500	Zyklenzahl	ca. 4.200 – 7.000
Erforderlich	Wartung	Nicht erforderlich
ca. 10 Jahre	Lebensdauer	ca. 20 Jahre
50 – 60%	Entladetiefe	70 – 100%
Raumbelüftung muss sichergestellt sein (Gasaustritt)	Sicherheit	Gutes Energiemanagement notwendig (Schutz vor Überladung)

Abb. 11: Speichertechnologien im Vergleich

rolyt – für den Stromtransport und die elektrochemischen Vorgänge in der Zelle sorgt. Die Batterien können offen betrieben werden oder sie sind vollständig gekapselt. Offene Batterien geben während des Betriebs brennbare Gase ab und müssen belüftet aufgestellt werden. Außerdem ist eine regelmäßige Kontrolle des Elektrolyten erforderlich.

Für die Hausstromversorgung haben sich zwei Batterietypen durchgesetzt: Die vom Auto bekannte Bleibatterie und die in vielen Kleingeräten, Elektrofahrrädern und Elektroautos enthaltenen Lithium-Ionen-Batterien (→ Abb. 11). Bleispeicher sind eine altbewährte, kostengünstige Technik. Lithium-Ionen-Batterien haben viele technische Vorteile, sind allerdings noch teurer. Trotzdem haben sich Lithium-Ionen Batterien durchgesetzt, sodass die Beispiele nur damit gerechnet werden. Die hohe Energiedichte der Lithium-Ionen-Batterie macht diese brandgefährlich. Mit einem guten Batteriemanagementsystem ist das aber in den Griff zu bekommen. Außerdem gibt es spezielle Elektrodenmaterialien, die ungefährlicher sind.

Fachbegriffe zur Batterie

Der **Wirkungsgrad** einer Batterie gibt an, wie viel der eingespeicherten Energie bei der Entladung zur Verfügung steht. Hier sind die Verluste der Bleibatterie erheblich größer.

Ein **Zyklus** besteht aus Laden und Entladen zwischen Entladetiefe und Vollladen. Wird eine Batterie zusammen mit einer Photovoltaikanlage betrieben, so kommen pro Jahr etwa 250 Zyklen zustande. Eine Bleibatterie übersteht demnach etwa 5 bis 6 Jahre, wenn es hochkommt, 10 Jahre. Bei einer Lithium-Ionen-Batterie wird das Ende erst nach 16 bis 28 Jahren erreicht. Auch ohne Laden und Entladen hält eine Batterie nicht ewig. Die **Lebensdauer,** oft auch kalendarische Lebensdauer genannt, bezieht sich auf das Ende eines Batterielebens nur durch bloßes Rumstehen. Eine Lithium-Ionen-Batterie hält demnach mindestens doppelt so lange wie eine Bleibatterie. Eine Batterie wird sehr schnell zerstört, wenn sie tiefer entladen wird als die vorgeschriebene **Entladetiefe** (angegeben als Verhältnis der keinesfalls zu unterschreitenden Ladung zur Vollladung). Eine Bleibatterie darf demnach nur etwa zur Hälfte entladen werden.

Angegeben wird die **Speicherfähigkeit (Kapazität)** einer Batterie in Kilowattstunden elektrischer Energie. Von der Autobatterie her kennen Sie die Einheit Amperestunden (Ah). Diese lässt sich in Kilowattstunden umrechnen. Dazu ein Beispiel: Eine typische Autobatterie hat 70 Ah bei 12 Volt Spannung. Die nominale Kapazität beträgt dann 12 * 70 VAh = 840 Wh = 0,84 kWh. Hier müssen Sie unterscheiden zwischen der **nominalen** und der **effektiven** Kapazität. Nominal heißt die Speicherfähigkeit zwischen vollgeladen und vollständig entladen. Diese ist jedoch nicht nutzbar, da die Batterie nie tiefer entladen werden darf als die Entladetiefe. Die effektive Kapazität ist die tatsächlich nutzbare. Eine Bleibatterie von 4 Kilowattstunden nominaler Kapazität hat demnach nur etwa 2 Kilowattstunden effektive Kapazität. Die Lithium-Ionen-Batterie von 4 Kilowattstunden nominaler Kapazität ist jedoch ein Speicher für 3,2 Kilowattstunden elektrischer Energie.

Beziehen Sie sich bei Anfragen und Angeboten immer auf die effektive Kapazität!

So funktioniert eine Batterie

Eine Batterie liefert Gleichstrom, wogegen im Hausnetz Wechsel- beziehungsweise Drehstrom vorliegt. Sie benötigen deswegen eine Elektronik, die Gleichstrom in Wechselstrom und umgekehrt verwandelt und dafür sorgt, dass die Batterie gut geladen, nicht überladen und nicht zu tief entladen wird. Dies macht der Batteriewechselrichter (im Bild Batterie mit Wechselrichter), der direkt ans Hausnetz angeschlossen wird (Abb. 12, rechts). So kann die Batterie bei bestehender Photovoltaikanlage nachgerüstet werden (**AC-Kopplung** wegen AC englisch für Wechselstrom). Die Photovoltaikanlage liefert Gleichstrom. Deswegen kann die Batterie mit ihrem Laderegler vor dem eigentlichen Wechselrichter angeschlossen werden. Diese Variante ist möglich bei Neuanlagen, beim Austausch des Wechselrichters und wenn der Wechselrichter für den Anschluss einer Batterie vorbereitet ist (**DC-Kopplung** wegen DC englisch für Gleichstrom). So erreicht die Anlage einen besseren Wirkungsgrad und ist kostengünstiger. Es gibt auf dem Markt Batterien (Hybridbatterien), die in AC- oder DC-Kopplung betrieben werden können, und Hochvolt-Batterien, die direkt hin-

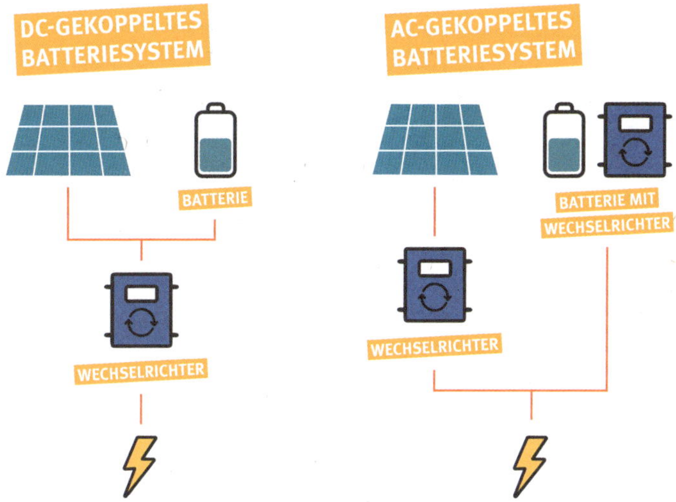

Abb. 12: Photovoltaik- und Batteriesystem mit AC-Kopplung (rechts), DC-Kopplung (links)

ter den Modulen auch bei bestehenden Anlagen anzuschließen sind. Bei AC- und DC-Kopplung sorgt ein Batterie- und Energiemanagementsystem dafür, dass die Verbraucher im Haus möglichst wenig Strom aus dem Netz beziehen müssen. Oft werden Funksteckdosen vom Managementsystem angesteuert, das zum Beispiel Haushaltsgroßgeräte nur einschaltet, wenn genügend Strom direkt von der Sonne oder aus der Batterie zur Verfügung steht.

Einphasige Batteriespeicher sollten an derselben Phase angeschlossen werden wie die Photovoltaikanlage, um deren Überschüsse aufzunehmen. Die Eigenstromdeckung wird messtechnisch und rechnerisch auch bei Geräten erzielt, die an den anderen Phasen angeschlossen sind. Bei Stromausfall allerdings können bei entsprechend vorbereiteten Anlagen Photovoltaik und Batterie nur noch Geräte an derselben Phase betreiben. Dreiphasige Batteriespeicher können prinzipiell den gesamten Haushalt mit Notstrom versorgen – bis zur maximal möglichen Leistung der Anlage, wenn die Notstromfunktion dies so vorsieht. Bei jeder Notstromanlage wird bei Netzausfall der Haushalt durch die Speicherelektronik vom allgemeinen Stromnetz getrennt und ein Inselnetz aufgebaut. Wenn dies in Sekundenbruchteilen erfolgt, handelt es sich um eine unterbrechungsfreie Stromversorgung (USV).

Der Speicher wird in **herkömmlicher** Weise geladen, sobald die Photovoltaikanlage mehr Strom liefert, als der Haushalt momentan verbraucht. An einem sonnigen Tag ist irgendwann am Morgen der Speicher voll und die weiter steigende Produktion der Solaranlage geht ins Netz (→ Abb. 15). Nach Sonnenuntergang kann dann der Haushalt aus dem Speicher versorgt werden, bis dieser seine Entladetiefe (→ Seite 64) erreicht. Durch diese Betriebsweise werden die mittäglichen Leistungsspitzen in voller Höhe

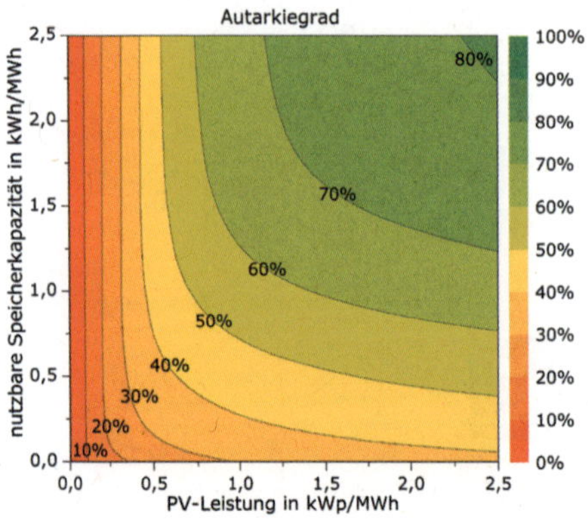

Abb. 13: Autarkiegrad von Photovoltaik-Batteriespeichersystemen

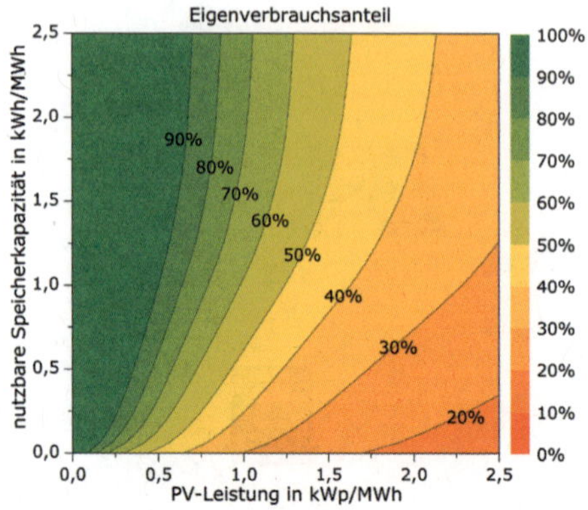

Abb. 14: Eigenverbrauchsanteil von Photovoltaik-Batteriespeichersystemen

ins Netz gegeben – es gibt keine Entlastung des öffentlichen Netzes. Sie können jedoch auch **netzoptimiert** speichern (→ Abb. 16). Einige Batteriespeicher verfügen über eine Prognosefunktion, sodass aufgrund der vorhersehbaren Sonneneinstrahlung der Punkt ausgesucht wird, ab dem der Speicher geladen und so die Kappung der Spitze und die Ladung der Batterie optimiert wird. An einem so entlasteten Netz können ohne teure Netzverstärkung mehr Erzeugungsanlagen angeschlossen werden.

→ TIPP Förderprogramme

Batteriespeicher allein oder in Zusammenhang mit netzgekoppelten Photovoltaikanlagen werden eventuell gefördert. Fragen Sie bei Ihrer Kommune nach oder schauen Sie für Bundes- und Landesförderprogramme ins Internet: www.foerderdatenbank.de

Bestimmung der Batteriegröße

Wie groß sollte eine Batterie sein? Zahlreiche Messungen an realen Anlagen und Simulationsrechnungen haben zu den Werten geführt, die Sie in Abb. 13 und 14 ablesen können. Mit diesen beiden Grafiken können Sie unabhängig von Ihrer Anlagengröße und Ihrem Stromverbrauch Eigenverbrauchsanteil und Autarkiegrad bestimmen. Es wurden auf den Stromverbrauch bezogene Größen angesetzt.

In den beiden Grafiken sehen Sie jeweils waagerecht die Werte für das Verhältnis Ihrer Anlagengröße (in Kilowatt-Peak (kWp)) zu Ihrem jährlichen Stromverbrauch (in Megawattstunden (MWh)). Ergibt sich zum Beispiel bei Ihnen der Wert „Eins", so entspricht die Leistung Ihrer Anlage Ihrem Stromverbrauch, bei „Zwei" ist sie doppelt so groß.

Auf der senkrechten Achse ist das Verhältnis Ihres Batteriespeichers (effektive Kapazität in Kilowattstunden (kWh)) zu Ihrem jährlichen Stromverbrauch (in Megawattstunden

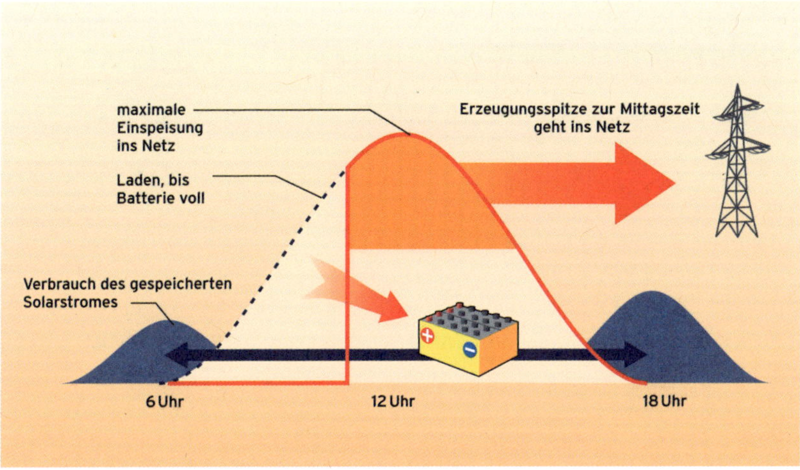

Abb. 15: Tagesverlauf von Erzeugung und Verbrauch bei Speicherung in herkömmlicher Weise

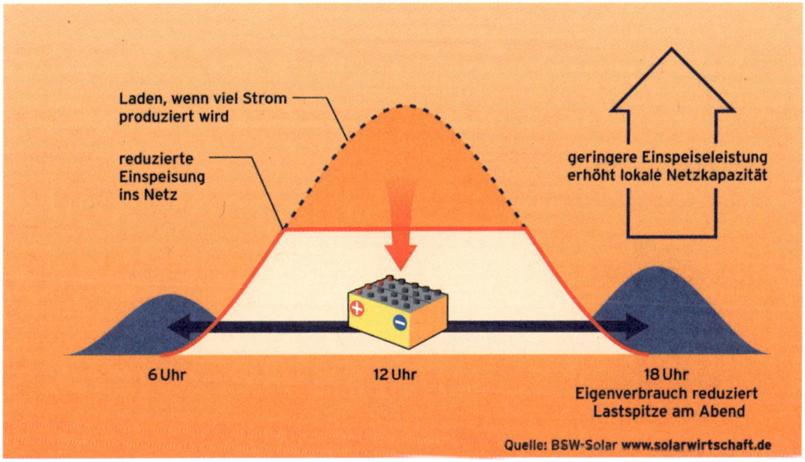

Abb. 16: Tagesverlauf von Erzeugung und Verbrauch bei netzoptimierter Speicherung

(MWh)) abzulesen. Weitere Erläuterungen dazu finden Sie im folgenden Beispiel.

An den Grenzkurven zwischen den farbigen Bereichen können Sie in Abb. 14 den prozentualen Wert für den Eigenverbrauchsanteil, in Abb. 13 denjenigen für den Autarkiegrad ablesen. Sie sehen, dass hohe **Eigenverbrauchsanteile** nur mit kleinen Photovoltaikanlagen zu erzielen sind. Wollen Sie einen hohen **Autarkiegrad** erreichen, so brauchen Sie eine große Photovoltaikanlage mit großem Speicher. Sie sehen in Abb. 13 ebenfalls, dass bei einer vorgegebenen Anlagengröße eine Vergrößerung des Batteriespeichers über „1" den Autarkiegrad nur bei großen Photovoltaikanlagen wesentlich erhöht.

Beispielvarianten

Die Haushalte A, B und C haben einen unterschiedlich hohen Jahresstromverbrauch.

Wir schlagen den Haushalten drei Anlagenvarianten vor (→ Tabelle 2 im Internet):
Variante 3a: Die Anlage hat die gleiche Leistung in Kilowatt-Peak, wie der Verbrauch des Hauses in Megawattstunden beträgt. Die effektive Speicherkapazität in Kilowattstunden ist ebenso groß wie die Photovoltaikleistung in Kilowatt-Peak.

Verbraucht Haushalt A 4.000 Kilowattstunden (= 4 Megawattstunden) jährlich, sind es 4 Kilowatt-Peak Photovoltaik und 4 Kilowattstunden effektive Kapazität.

Variante 3b: Die Anlagengröße bleibt, aber der Speicher wird doppelt so groß.

Variante 3c: Die Haushalte nutzen mit einer 10-Kilowatt-Peak-Anlage die gesamte Dachfläche bei einer Speichergröße von 8 Kilowattstunden.

Die angegebenen Kosten sind übliche Werte, Stand 2023. Vermutlich fallen die Speicherpreise weiter. Vergleichen Sie mit Ihrem konkreten Angebot. Abweichungen von mehreren Tausend Euro sind zu erwarten. Sie können Ihre Werte in die **interaktive Tabelle 2** (Download → Seite 7) eingeben oder das Beispiel von Hand anpassen:
Amortisationszeit mit Angebotspreis = Amortisationszeit des Beispiels × Kosten des Angebots ÷ Kosten des Beispiels.

Es wird nur mit Lithium-Ionen-Batterie gerechnet.

Die Ausgangsdaten der Photovoltaikanlage entsprechen denjenigen im Abschnitt „Photovoltaik" (→ Seite 43). Auch die Anpassung auf Ihre Gegebenheiten ist dort beschrieben, falls Sie nicht die interaktive Tabelle 2 nutzen. Zusätzlich zur Anpassung der Photovoltaikleistung wird bei der Rechnung von Hand auch die Speichergröße mit dem-

GUT ZU WISSEN

Eigenverbrauch und Autarkiegrad

Der **Eigenverbrauch** ist der Anteil des im eigenen Haushalt genutzten Stroms in Bezug auf die Gesamterzeugung der Anlage. Liegt der Eigenverbrauch bei 25 Prozent, wird folglich ein Viertel vom erzeugten Strom im eigenen Haushalt genutzt.
Der **Autarkiegrad** zeigt, zu welchem Anteil der selbst erzeugte Strom den Bedarf des Haushalts decken kann. Ein Autarkiegrad von 25 Prozent bedeutet, dass ein Viertel des Haushaltsstrombedarfs durch die Anlage gedeckt wird.

BEISPIEL

Autarkiegrad steigern

Haushalt A, mit einem Stromverbrauch von 4.000 Kilowattstunden (= 4 Megawattstunden) pro Jahr, hat eine Photovoltaikanlage mit 4 Kilowatt-Peak Leistung installiert. Die A's möchten mit einem Batteriespeicher ihren Autarkiegrad auf 60 Prozent steigern, das heißt, 60 Prozent ihres Haushaltsstromverbrauchs wollen sie durch ihr Solaranlagen-Speichersystem decken. Wie groß muss die Batterie gewählt werden?

Abbildung 13 zeigt Ihnen diesen Autarkiegrad: Zunächst errechnen Sie den Wert für die waagerechte Achse: 4 kWp ÷ 4 MWh ergibt „1". Nun gehen Sie bei der 1 senkrecht nach oben bis zur Kurve 60 Prozent und lesen den zugehörigen Wert auf der senkrechten Achse ab – hier knapp 1,3 kWh/MWh. Zum Schluss errechnen Sie die benötigte effektive Batteriekapazität: 1,3 kWh/MWh × 4 MWh ergibt 5,2 Kilowattstunden. Haushalt A benötigt demnach bei einer Bleibatterie eine nominale Kapazität von 10,4 Kilowattstunden oder eine Lithium-Ionen-Batterie mit 6,5 Kilowattstunden, um 2.400 Kilowattstunden jährlich an Eigenstrom nutzen zu können. Wie groß ist dann der Eigenverbrauchsanteil, das heißt das Verhältnis von im Hausnetz genutztem Strom zur Stromproduktion der Photovoltaikanlage? Abb. 14 zeigt die Lösung: Sie gehen von der 1 auf der waagerechten Achse senkrecht nach oben und von der 1,3 auf der senkrechten Achse waagerecht nach rechts. Der Schnittpunkt liegt im gelbgrünen Bereich in der Mitte zwischen der Kurve mit „60 Prozent" und derjenigen mit „70 Prozent", also bei 65 Prozent. Im Hausnetz werden wie oben berechnet 2.400 Kilowattstunden genutzt. Dies entspricht 65 Prozent der Produktion der Photovoltaikanlage, die nun 2.400 kWh ÷ 0,65 = 3.692 kWh beträgt. Dieser Wert passt gut zu einer 4-Kilowatt-Peak-Photovoltaikanlage.

selben Faktor wie die Anlagengröße multipliziert. Die Werte für Eigenverbrauchsanteil und Autarkiegrad bleiben dann erhalten. Der jährliche Reinerlös ist die Summe von Stromeinsparung und Vergütung für Stromeinspeisung (Speicherverluste werden berücksichtigt), abzüglich der Betriebskosten (insbesondere Rücklage für Reparaturen und Versicherungskosten) und einer Rücklage für Batterieersatz. Es muss davon ausgegan-

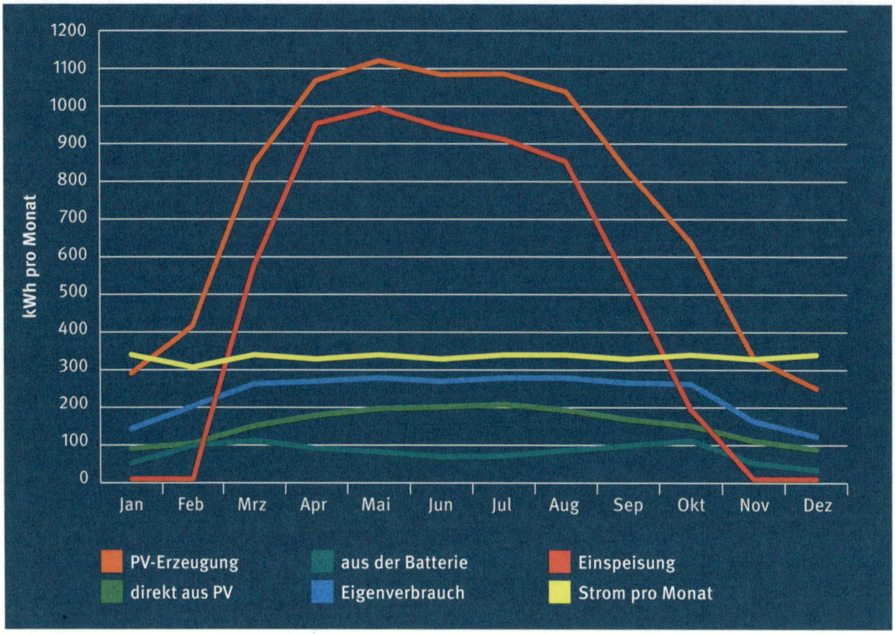

Abb. 17: Jahresverlauf von Erzeugung und Verbrauch bei Haushalt A, Variante 3c (10 kWp Photovoltaik, 8 kWh Speicher)

gen werden, dass die Batterie während der 20 Jahre ersetzt werden muss. Die Verrechnung des jährlichen Reinerlöses mit den Investitionskosten ergibt die Amortisationszeit, das heißt, die Zeit, nachdem die Anlage die Anschaffungskosten wieder eingespielt hat. Die Abschätzung vernachlässigt Inflation und Kapitalkosten. Sie geht davon aus, dass der Haushaltsstromverbrauch übers Jahr gleich bleibt. Eine eventuelle Speicherförderung wurde bei der Berechnung nicht berücksichtigt.

Haushalt A

Die A's möchten ihren Autarkiegrad durch den Einsatz eines Stromspeichers verbessern.

53 % 7 % **Variante 3a:** Die 4-Kilowatt-Peak-Anlage mit einem Speicher von 4 Kilowattstunden erreicht im Sommer einen recht hohen Autarkiegrad. Der Eigenstrom stammt zu etwa gleichen Teilen direkt aus der Photovoltaik und aus dem Speicher. Die effektive Speicherkapazität wird dabei voll ausgenutzt. Ein großer Teil des erzeugten Stroms kann eingespeist werden. Im Winter reicht die Anlagenleistung nicht mehr zum vollständigen Laden des Speichers. Mit einem Eigenverbrauchsanteil von 58 Prozent und dem Autarkiegrad von 53 Prozent sinkt die Umweltbelastung auf 0,4 Tonnen CO_2 pro Jahr. Dieser Wert ist höher als bei der Anlage ohne Speicher, da die Batterie Verluste hat.

Die Gesamtanlage kostet circa 13.600 Euro und amortisiert sich in knapp 19 Jahren bei einer geringen Kosteneinsparung.

VORTEILE UND NACHTEILE

+ Stromspeicher	– Stromspeicher
– In jedem Gebäude einsetzbar – Eigenstromproduktion kann jederzeit erfolgen – Notstromfunktion mit speziellem Wechselrichter bei Netzausfall möglich – Hohe Stromproduktion im Sommer – Förderung durch Einspeisevergütung und eventuell Speicherförderung sowie günstigen Kredit – Unter günstigen Umständen ist ein wirtschaftlicher Betrieb möglich.	– Aufstellraum muss geeignet sein – Weniger Stromproduktion im Winter – Batterie wird im Winter nicht vollgeladen – Die Batterie darf nie zu stark entladen werden – Mittlere bis hohe Investitionskosten – Oft verschlechtert sich die Wirtschaftlichkeit der Photovoltaikanlage. – Lange Amortisationszeiten verlangen eine hohe Qualität der Anlage. – Problematische Umwelt- und Sozialbilanz – Quartiersspeicher sind der bessere Weg.

58 % 8 % **Variante 3b:** Die Anlagenleistung bleibt bei 4 Kilowatt-Peak, der Speicher wird auf 8 Kilowattstunden effektiv verdoppelt. Übers Jahr erreicht der Eigenverbrauchsanteil 64 Prozent und der Autarkiegrad 58 Prozent. Die Umweltbelastung bleibt bei 0,4 Tonnen CO_2 pro Jahr.

Die Gesamtanlage kostet circa 16.800 Euro, ist unwirtschaftlich und verursacht ein Minus.

70 % 10 % **Variante 3c:** Die Anlagenleistung steigt auf 10 Kilowatt-Peak. Die Speichergröße bleibt bei 8 Kilowattstunden effektiv. Abb. 17 zeigt den Jahresverlauf. Im Sommer verhilft die größere Batterie zu hoher Stromautarkie. Der Überschuss wird ins öffentliche Netz eingespeist.

In den Wintermonaten reicht die Sonneneinstrahlung nicht aus. Übers Jahr erreicht der Eigenverbrauchsanteil 31 Prozent und der Autarkiegrad 70 Prozent. Die Umweltentlas-

CHECKLISTE

Stromspeicher

- ☐ Es gibt die Möglichkeit, Ihre Planung durch eine Energieberatung vor Ort oder in den Beratungsstellen der Verbraucherzentralen überprüfen zu lassen. **www.verbraucherzentrale-energieberatung.de**
- ☐ Beachten Sie alle Punkte der Checklisten „Photovoltaikanlagen“ (→ Seite 50) und eventuell auch „Kleinwindanlagen“ (→ Seite 59).
- ☐ Legen Sie den Batteriespeicher passend zur Höhe des Stromverbrauchs und zur Größe der Photovoltaikanlage aus.
- ☐ AC- oder DC-Kopplung (→ Seite 64)? Hochvoltspeicher? Hybridspeicher?
- ☐ Ein- oder dreiphasig?
- ☐ Notstromfunktion? Unterbrechungsfreie Notstromversorgung?
- ☐ Blei- oder Lithium-Ionen-Speicher?
- ☐ Herstellergarantiebedingungen für Lebensdauer und Zyklenzahl?
- ☐ Aufstellraum belüftbar?
- ☐ Brandschutz? Es gibt einen Sicherheitsleitfaden für den Lithium-Ionen-Hausspeicher. **www.bves.de › Aktuelles › Publikationen › Leitfaden**
- ☐ Passt der Speicher durch die Tür?
- ☐ Ist eine Speicherförderung vorgesehen?
- ☐ Batterieladestrategie möglichst netzoptimiert und nach Prognose
- ☐ BSW-Speicherpass?

tung durch starke Verdrängung von Kohlestrom beträgt 2,6 Tonnen pro Jahr CO_2.

Die Gesamtanlage kostet circa 23.800 Euro, amortisiert sich in gut 18 Jahren und erbringt die größte Kosteneinsparung.

Haushalt B, Haushalt C

Die Haushalte B und C haben einen geringeren Stromverbrauch von 3.000 Kilowattstunden jährlich. Dementsprechend benötigen sie eine kleinere Anlage.

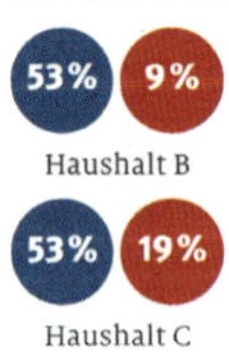

Variante 3a: Es wird eine 3-Kilowatt-Peak-Anlage mit einem Speicher von 3 Kilowattstunden effektiv betrieben. Übers Jahr erreicht der Eigenverbrauchsanteil

59 Prozent und der Autarkiegrad 53 Prozent. Die Umweltbelastung sinkt durch Verdrängung von Kohlestrom auf 0,3 Tonnen CO_2 pro Jahr.

Die Gesamtanlage kostet circa 10.800 Euro, ist unwirtschaftlich und macht ein kleines Minus.

57 % 9 %
Haushalt B
53 % 20 %
Haushalt C

Variante 3b: Die Anlagenleistung bleibt bei 3 Kilowatt-Peak, der Speicher wird auf 6 Kilowattstunden effektiv verdoppelt. Übers Jahr erreicht der Eigenverbrauchsanteil 63 Prozent und der Autarkiegrad 57 Prozent. Die Umweltbelastung bleibt bei 0,3 Tonnen CO_2 pro Jahr.

Die Gesamtanlage kostet circa 13.500 Euro, ist unwirtschaftlich und verursacht das größte Minus aller Varianten.

77 % 13 %
Haushalt B
77 % 27 %
Haushalt C

Variante 3c: Die Anlagenleistung steigt auf 10 Kilowatt-Peak. Die Speichergröße steigt auf 8 Kilowattstunden effektiv. Übers Jahr erreicht der Eigenverbrauchsanteil 26 Prozent und der Autarkiegrad 77 Prozent. Die Umweltentlastung durch starke Verdrängung von Kohlestrom beträgt 3,2 Tonnen CO_2 pro Jahr. Die Gesamtanlage kostet circa 23.800 Euro, ist unwirtschaftlich und verursacht ein kleineres Minus.

Fazit: Der zusätzliche Einbau einer Batterie bringt die Haushalte dem Ziel eines stromautarken Hauses erheblich näher. Wirtschaftlich sind nur die Varianten 3a und 3c bei Haushalt A. Entscheidend ist ein günstiger Anlagenpreis. Ihr Haus soll möglichst unabhängig vom Stromnetz sein und es kommt nicht auf optimale Wirtschaftlichkeit an? Dann entscheiden Sie sich für Variante 3c mit größerer PV-Anlage und großem Speicher.

Smarthome

Mit Batterie- und Energiemanagementsystem ist Ihr Haus bereits smarter geworden. Die Einbindung in Smart-Home-Systeme ist möglich. Sie können dann sogar mit Ihrem Smartphone aus der Ferne die Abläufe in Ihrem Haus steuern. Es gibt zahlreiche Sensoren (Messfühler) beispielsweise für Temperatur, Lichtstärke, Windgeschwindigkeit, die der Hauselektronik Informationen zur Steuerung der Abläufe geben. Mit Aktoren (Schaltern, Stellmotoren) werden dann beispielsweise Hausgeräte und Beleuchtung geschaltet, Rollläden geschlossen, die Batterie geladen. Sie können die Abläufe programmieren und auch jederzeit von außen eingreifen.

Meistens gibt es im Wohnbereich ein Display, das anschaulich Messwerte und Eingriffsmöglichkeiten darstellt. Ein solches System ist stufenweise erweiterbar. Es gibt Systeme, die eine spezielle Verkabelung erfordern, aber auch Funksysteme speziell zur Nachrüstung bei Altbauten. Lassen Sie sich

Angebote geben, um festzustellen, wie hoch die Zusatzkosten gegenüber einem reinen Batterie- und Energiemanagementsystem sind.

→ **TIPP Smarthome**
Weitergehende Informationen finden Sie auch unter www.verbraucherzentrale.de, Suchwort: Smarthome.

Langzeitspeicher – die Sommersonne speichern

Im Sommer gibt es Überschüsse und im Winter reicht die Stromproduktion nicht. Da liegt es nahe, eine Speicherung des Sommerüberschusses für „schlechte Tage" zu versuchen.

Bei Haushalt A fehlen zum Beispiel im Januar etwa 150 Kilowattstunden, die die Photovoltaikanlage nicht liefern kann. Der Überschuss im Sommer ist erheblich größer und könnte in einen großen Batteriespeicher eingelagert werden. Dieser müsste demnach eine effektive Kapazität von mindestens 150 Kilowattstunden besitzen. Ein so großer Speicher aus Bleibatterien wird vermutlich für 300 Euro pro Kilowattstunde effektiv zu bekommen sein – er kostet dann aber immerhin noch etwa 45.000 Euro und hat eine Amortisationszeit, die weit jenseits seiner Lebensdauer liegt.

Ein solcher Speicher könnte jedoch möglicherweise Geld einbringen, wenn Haushalt A ihn dem örtlichen Stromversorger zur Verfügung stellt, um dort kurzzeitige Spitzen unterzubringen, wie sie beispielsweise bei großen Windanlagen auftreten können. Der Stromversorger könnte so mit dem Speicher von Haushalt A einen Netzausbau und/oder die Abregelung der Windanlagen vermeiden und einen wirtschaftlichen Vorteil erzielen – davon erhält Haushalt A einen Anteil. Es gibt bereits erfolgreiche Modellversuche. Dabei werden mehrere Speicher übers Internet vernetzt, in der Art des „Cloud Computing". Ob allerdings die Speichermiete die enormen Speicherkosten aufwiegen kann, müssen die A's vor Ort erfragen.

Eine weitere Möglichkeit zur Langzeitspeicherung ist die **Umwandlung des überschüssigen Stroms in Wasserstoff** (Abb. 18). Der ansonsten ins Netz eingespeiste Solarstrom wird im Elektrolyseur zur Spaltung von Wasser eingesetzt. Der dabei produzierte Wasserstoff wird gespeichert und der Sauerstoff geht in die Atmosphäre. Wasserstoff ist ein sehr leichtes, flüchtiges und brennbares Gas. Eine sichere Speicherung geschieht in Tanks, die mit Metallhydridpulver gefüllt sind. Dieses Pulver kann unter Wärmeentwicklung recht große Mengen an Wasserstoff binden, der dann bei Erwärmung wieder aus

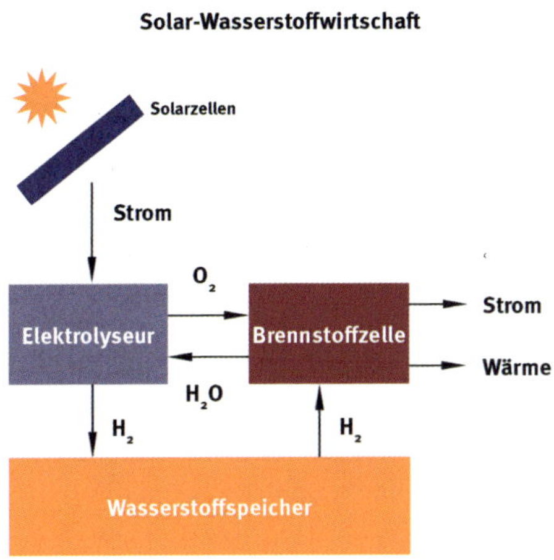

Abb. 18: Solar-Wasserstoffsystem

dem Speicher entnommen wird und in einer Brennstoffzelle (→ Seite 79) Strom erzeugt. Es gibt Metallhydridspeicher auf dem Markt, die bei Zimmertemperatur arbeiten können. Leider sind sie in Bezug auf die Speicherkapazität noch teurer als Lithium-Ionen-Batterien. Außerdem benötigen Sie zusätzlich einen Elektrolyseur, der auch mit einigen Tausend Euro zu Buche schlägt, und das Brennstoffzellen-BHKW, Variante 5c aus dem Abschnitt „BHKW" (→ Seite 85). Es gibt ein Wasserstoffsystem auf dem Markt, allerdings für knapp 100.000 Euro. Eine solche Anlage für ein Ein- oder Zweifamilienhaus ist unrentabel. Zur Langzeitspeicherung ist außerdem eine **Redox-Flow-Batterie** geeignet (Abb. 19). Bei einer Redox-Flow-Batterie werden zwei Flüssigkeiten beim Ladevorgang chemisch verändert und nicht die Elektroden wie bei herkömmlichen Batterien. Diese Flüssigkeiten werden nun in Tanks gelagert. Wird Strom benötigt, so werden sie in die Batterie gepumpt und die Veränderung wird rückgängig gemacht. Die getrennten Flüssigkeiten bleiben stabil und die Batterie kann sich nicht selbst entladen. Die Kapazität ist durch die Größe der Tanks gegeben und deswegen ist dieser Batterietyp bei großen Kapazitäten wesentlich preisgünstiger. All diese Eigenschaften sind für die Langzeitspeicherung günstig.

→ TIPP Redox-Flow-Batterie

Einen Überblick über die Möglichkeiten der Redox-Flow-Batterie finden Sie unter www.energie-experten.org › Ratgeber › Erneuerbare Energien › Photovoltaik › Stromspeicher, weit unten auf der Seite finden Sie einen weiterführenden Link zu „Redox-Flow-Batterie".

Sie können die Langzeitspeicherung jedoch umgehen, wenn Sie die Winterlücke durch zusätzliche Erzeugung schließen.

Um auch im Winter ausreichend Strom zur Verfügung zu haben, bietet sich die Vergrößerung der Photovoltaikanlage an. Nun gibt es allerdings Probleme: Eine PV-Anlage, die auch in der dunkelsten Winterzeit den Strombedarf decken kann, ist wesentlich

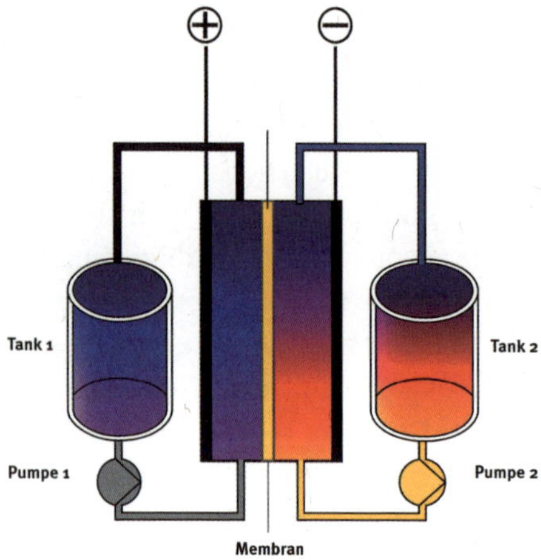

Abb. 19: Prinzip einer Redox-Flow-Batterie

größer als die bisher besprochenen. Sie können die Anlage steiler aufstellen und erhalten so im Winter bei tief stehender Sonne eine bessere Ausbeute. Trotzdem produziert sie im Sommer erhebliche Stromüberschüsse. Diese können Sie einspeisen und dafür eine Vergütung erhalten. Allerdings liegt die benötigte Anlagengröße bei weit über 10 Kilowatt-Peak – und dann wird es auf dem Dach eng.

Zur besseren Flächenausnutzung können Sie möglichst kleinformatige Module wählen oder Sie wählen besonders effiziente Module aus. Sie könnten auf die EEG-Vergütung verzichten, den überschüssigen Strom in Wärme verwandeln oder abregeln. Beide Vorgehensweisen verschlechtern jedoch die Wirtschaftlichkeit.

→ **TIPP Autarkie im Winter**

Wenn Sie auch im Winter einen hohen Autarkiegrad erreichen wollen, so können Sie bei gutem Windangebot eine Kleinwindanlage zur Speicherladung hinzuziehen (→ Seite 51).
Wie im Abschnitt „Blockheizkraftwerk“ beschrieben (→ Seite 78), kann bei hohem Gebäudewärmebedarf ein Blockheizkraftwerk im Winter die Stromproduktion übernehmen. In Zusammenarbeit mit einem Speicher kann die elektrische Leistung des Blockheizkraftwerks niedriger ausgelegt werden; denn der Speicher übernimmt nun die Lastspitzen. Fragen Sie den Hersteller des Speichers, ob weitere Stromerzeuger angeschlossen werden können.

Beispielvarianten

Haushalt A

Haushalt A möchte seinen Autarkiegrad stark erhöhen. Die A's möchten auch im Winter viel Strom erzeugen und eine größere Anlage einbauen.

75 % 10 % **Variante 3d:** Sie wählen die 10-Kilowatt-Peak-Anlage der Variante 3c und verdoppeln den Speicher auf 16 Kilowattstunden effektiv. Die Gesamtanlage kostet 31.000 Euro und ist unwirtschaftlich. Die nur um 5 Prozent höhere Autarkie

kostet Haushalt A über 7.000 Euro im Betrachtungszeitraum von 20 Jahren. Diese Anlage entlastet die Umwelt wie bei Variante 3c von 2,6 Tonnen CO_2 jährlich.

90 % 12 %

Variante 3e: Die A's möchten ihre Stromautarkie maximal steigern. Da auf ihrem Grundstück noch einige Schuppen stehen, schaffen sie es mit hocheffizienten Modulen, eine 30-Kilowatt-Peak-Anlage zu realisieren. Auch der Speicher wird mit 30 Kilowattstunden effektiv erheblich größer. Die Gesamtanlage kostet 54.000 Euro und ist unwirtschaftlich. Die recht hohe Autarkie kostet Haushalt A circa 6.000 Euro im Betrachtungszeitraum von 20 Jahren. Diese große Anlage entlastet die Umwelt um 12,6 Tonnen CO_2 jährlich.

Haushalt B, Haushalt C

Auch die Haushalte B und C möchten vom Stromversorger unabhängig werden.

Sie wählen die Anlagen wie Haushalt A und erzielen wegen ihres geringeren Stromverbrauchs eine höhere Autarkie.

83 % 14 %
Haushalt B
83 % 29 %
Haushalt C

Variante 3d: Anlagengröße und Kosten wie bei Haushalt A und ebenfalls unwirtschaftlich. Die nur um 5 Prozent höhere Autarkie kostet die Haushalte B und C knapp 11.000 Euro im Betrachtungszeitraum von 20 Jahren. Diese Anlage entlastet die Umwelt wie bei Variante 3c von 3,2 Tonnen CO_2 jährlich.

93 % 16 %
Haushalt B
93 % 33 %
Haushalt C

Variante 3e: Anlagengröße und Kosten wie bei Haushalt A und ebenfalls unwirtschaftlich. Die recht hohe Autarkie kostet die Haushalte fast 12.000 Euro im Betrachtungszeitraum von 20 Jahren. Diese große Anlage entlastet die Umwelt um 13,2 Tonnen CO_2 jährlich.

Fazit: Einhundertprozentige Stromautonomie kann auch mit großen Photovoltaikanlagen und Speichern nicht erzielt werden, da die Batterien keine Langzeitspeicher sind, im Winter an einigen Tagen nicht vollständig geladen werden können und Speicherverluste aufweisen. Wirtschaftlich sinnvoll ist diese Steigerung der Autarkie in keinem Fall. Zur Verlustminimierung ist es nötig, weiterhin am Netz angeschlossen zu bleiben, um die EEG-Vergütung zu erhalten. Für Stromautonomie ist vermutlich eine Anlagenvergrößerung sinnvoller als der Versuch, die Sommersonne in den Winter zu retten. Das kann sich ändern, wenn Langzeitspeichersysteme kostengünstiger angeboten werden. Überlegenswert ist auch, sich mit Nachbarn zusammenzuschließen oder eine Lösung auf Quartiersebene zu finden.

Mikro- und Nano-Blockheizkraftwerke – die stromerzeugende Heizung

Ein Blockheizkraftwerk (BHKW) ist zunächst ein Kraftwerk zur Stromerzeugung, vergleichbar einem Notstromaggregat: Ein Motor treibt einen Drehstromgenerator zur Stromerzeugung an. Im Gegensatz zum Notstromaggregat wird hier jedoch die im Motor entstehende Abwärme von Kühlkreislauf und Abgasen gesammelt und über Wärmetauscher dem Heizsystem oder der Warmwasserbereitung zur Verfügung gestellt: Dies ist der entscheidende Effizienzvorteil eines Blockheizkraftwerks gegenüber einem konventionellen Kraftwerk (Abb. 20).

In der Abbildung wird der Energiefluss verglichen: Auf der linken Seite sehen Sie die herkömmliche Versorgung mit Großkraftwerk für die Stromversorgung und Heizkessel für die Wärme. Insbesondere im Großkraftwerk treten Verluste auf, da hier die zwangsläufig entstehende Wärme ungenutzt über Kühltürme an die Umwelt abgegeben wird (hier 51 Einheiten Energie). Zusammen mit den 6 Einheiten Energie an Verlusten durch den Heizkessel führt dies im Ergebnis dazu, dass 147 Einheiten Energie benötigt werden, um 34 Einheiten Energie an Strom und 56 Einheiten Energie an Wärme zu gewinnen. Auf der rechten Seite sind die Verhältnisse in einem Blockheizkraftwerk dargestellt: Hier werden gleichzeitig Strom und Wärme erzeugt und es treten so lediglich 10 Einheiten Energie an Verlusten auf. Im Gesamtsystem betrachtet, benötigt demnach das Blockheizkraftwerk gegenüber dem herkömmlichen System etwa 32 Prozent weniger Energie, um dieselbe Menge an Strom und Wärme bereitzustellen.

Blockheizkraftwerke gibt es seit vielen Jahren im Bereich größerer Objekte: bei Mehrfamilienhäusern, Krankenhäusern, Schulgebäuden etc. haben sie sich bewährt. Seit einigen Jahren werden sie auch im kleineren Leistungsbereich angeboten und ihr Einsatz im Ein- und Zweifamilienhaus beworben.

Fachbegriffe zum Blockheizkraftwerk

Die Bezeichnung der Blockheizkraftwerke ist nicht starr festgelegt. Das BHKW-Forum e.V. (www.bhkw-infothek.de) schlägt folgende Aufteilung vor:

Mini-BHKW haben elektrische Leistungen von 20 bis 50 Kilowatt und sind für das Ein- und Zweifamilienhaus viel zu groß.

Mikro-BHKW liegen im Leistungsbereich von 2,5 bis zu 20 Kilowatt elektrisch.

Nano-BHKW haben elektrische Leistungen unter 2,5 Kilowatt.

Die Blockheizkraftwerke im größeren Leistungsbereich werden durch **Verbrennungsmotoren** angetrieben – meist auf Gasbetrieb umgerüstete Benzinmotoren oder für Ölbetrieb geeignete Dieselmotoren.

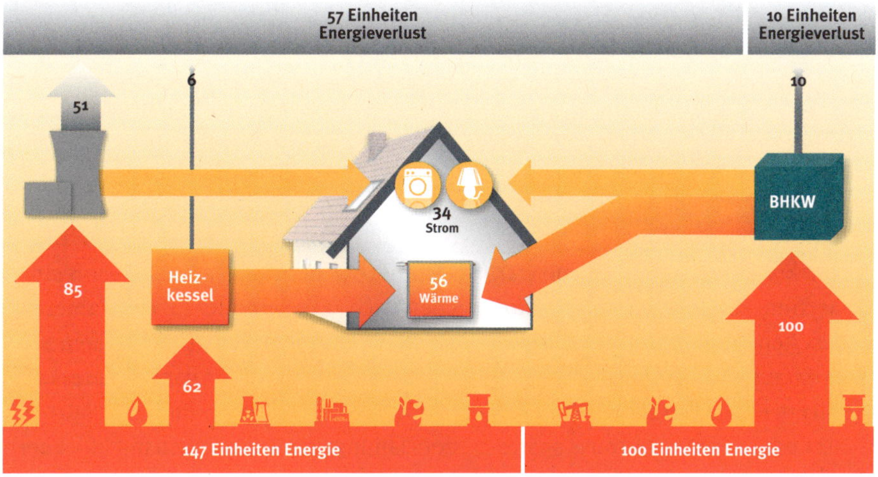

Abb. 20: Vergleich der Energieflüsse von herkömmlicher Erzeugung und in einem Blockheizkraftwerk

Im kleineren Leistungsbereich kommen oft **Stirlingmaschinen** zum Einsatz. Dies sind hermetisch gekapselte Einheiten mit außenliegendem Brenner. Blockheizkraftwerke, die durch Pellets befeuert werden, sind nach umfangreichen Feldtests jetzt wieder erhältlich. Frühere Modelle sind wegen zahlreicher Probleme vom Markt verschwunden.

Zunehmend kommen im kleinen Leistungsbereich **Brennstoffzellen** auf den Markt. Bei einer Brennstoffzelle bewegt sich nichts. Der Brennstoff – Wasserstoff, meist aus Gas abgespalten – wird in die Brennstoffzelle geleitet und dort entsteht bei der Umwandlung in Wasser direkt elektrischer Strom.

Ein Blockheizkraftwerk wird charakterisiert durch die **elektrische Leistung,** die der Generator zur Verfügung stellen kann, und die **thermische Leistung,** die ins Heizsystem abgegeben wird. Für eine Einschätzung der Wirtschaftlichkeit ist es außerdem nötig, einen Wert für den **Wirkungsgrad** beziehungsweise die benötigte **Anschlussleistung** zu erhalten, um die benötigte Brennstoffmenge einzuschätzen. Typische Wirkungsgrade liegen zwischen 85 und 95 Prozent, das heißt, es treten Verluste zwischen 5 und 15 Prozent auf.

Wärmegeführte Betriebsweise: Das Blockheizkraftwerk wird so gesteuert, dass es anspringt, sobald Wärme benötigt wird, unabhängig vom Strombedarf des Hauses.

Stromgeführte Betriebsweise: Das Blockheizkraftwerk läuft an, sobald es im Haushalt einen Strombedarf gibt. Allerdings muss auch die Wärme abgenommen werden können.

Zur Entkoppelung von Strom- und Wärmebedarf ist ein **Pufferspeicher** nötig.

Ein **modulierendes Blockheizkraftwerk** kann seine Leistungsabgabe dem Bedarf anpassen und erzielt damit eine bessere Abdeckung des Strombedarfs.

So funktioniert ein Blockheizkraftwerk

Das Blockheizkraftwerk ist immer eine Wärmekraftmaschine, das heißt, ein Brennstoff (meist Gas, seltener Öl oder Holz) wird eingesetzt, um daraus Strom und Wärme zu gewinnen. Soll ein neues BHKW den Vorgaben des GEG 2024 entsprechen, so muss spätestens ab 2029 ein Anteil des Gases oder Öls aus erneuerbaren Quellen stammen (→ Seite 217).

Das Ziel „Energieautarkie" ist durch ein Blockheizkraftwerk nur teilweise erreichbar, da ja der Brennstoff von außen kommen muss. Es kann jedoch zur „Stromautarkie" beitragen und als Notstromaggregat bei Netzausfall dienen.

Der Einsatz eines Stromspeichers ist bei einem Blockheizkraftwerk nicht sinnvoll, da ja der Brennstoff selber als Energiespeicher dient und somit das Kraftwerk bei Bedarf in Betrieb gehen kann. Für Zeiten, wo das Haus zwar Strombedarf, aber keinen Wärmebedarf hat, kann der Pufferspeicher die überschüssige Wärme aufnehmen. Das gilt allerdings nur für kurze Zeiträume. Wenn das Haus mehrere Tage lang keinen oder nur geringen Wärmebedarf hat, etwa im Sommer nur die Warmwasserbereitung anfällt, so passt die überschüssige Wärme nicht in den Speicher, das Blockheizkraftwerk muss Pausen einlegen und die Stromproduktion stoppt. Für diesen Fall ist die Kombination mit einer Photovoltaikanlage mit und ohne Speicher (→ Seiten 37 und 61) überlegenswert. Dieses komplexe System kann allerdings mit einfachen Excel-Tabellen nicht mehr dargestellt werden und wird deswegen in diesem Buch nicht behandelt. Falls Sie daran Interesse haben, beauftragen Sie ein Ingenieurbüro mit der Planung, das Erfahrungen mit Blockheizkraftwerken und Photovoltaik hat.

Wie im Lastgang des Haushalts E zu sehen ist (→ Abbildung 1, Seite 36), wird im Tagesverlauf eine Leistung von bis zu 4 Kilowatt benötigt. Diese muss das Blockheizkraftwerk liefern können. Ein weitverbreitetes Blockheizkraftwerk hat zum Beispiel 5,5 Kilowatt elektrische Leistung. Dieses liefert gleichzeitig 12,8 Kilowatt Wärme. Der Beispielhaushalt E benötigt jedoch nur ausnahmsweise gleichzeitig mit dem Einschalten des Elektroherds auch Heizungs- oder Warmwasserwärme. Um die Stromproduktion aufrechtzuerhalten, wenn nicht gleichzeitig die Wärme abgenommen wird, kommt ein Wärmespeicher zum Einsatz. Ein mit Heizungswasser gefüllter, gut gedämmter Tank dient als **Pufferspeicher.** Wird dieser mit 60 Liter pro Kilowatt thermischer Blockheizkraftwerk-Leistung ausgeführt, (diese Auslegung verlangte das Förderprogramm des BAFA → Seite 83) – hier also 768 Liter Speichervolumen – kann er die Wärme von 1 bis 2 Stunden BHKW-Betrieb zwischenspeichern und so den Strom- und Wärmebedarf entkoppeln.

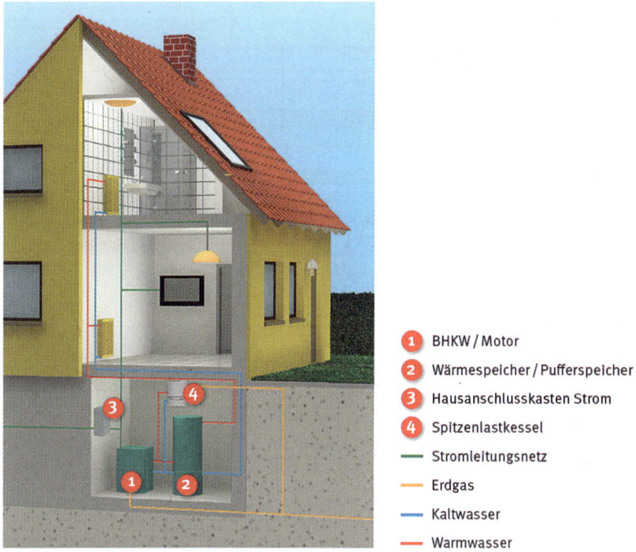

Abb. 21: Schematische Darstellung der wichtigen Komponenten einer BHKW-Anlage

Zu einer BHKW-Anlage (Abb. 21) gehört meistens noch ein Spitzenlastkessel, der für die wenigen Stunden im Winter mit maximaler Heizleistung einspringen kann. Das Blockheizkraftwerk kann dann etwas kleiner dimensioniert werden. In Nano-BHKW (stromerzeugende Heizungen → Seite 78) ist der Spitzenkessel oft bereits eingebaut. Im Haus des Haushalts E ist ein Blockheizkraftwerk mit 5,5 Kilowatt elektrischer Leistung mit Pufferspeicher installiert. Dieses Modell kann nur mit Volllast oder gar nicht laufen. Es wird so gesteuert, dass es anläuft, sobald im Haushalt ein größerer Strombedarf anfällt – hat demnach eine stromgeführte Betriebsweise. Die dabei gleichzeitig entstehende Wärme geht in den Pufferspeicher oder direkt in die Heizung oder Warmwasserbereitung. Allerdings muss im Lauf des Tages diese Wärme dann auch benötigt werden, um den Speicher für den nächsten Tag wieder zu entladen. Im Haushalt E läuft an diesem Beispieltag (→ Seite 36) das Blockheizkraftwerk, wenn Staubsauger und Herd eingeschaltet werden (Abb. 22). Diese werden dann von ihm versorgt. Allerdings produziert es dafür zu viel Strom. Der Stromüberschuss wird nach außen ins Netz abgegeben. Andererseits kann Haushalt E einen Teil des zwischen den Einschaltvorgängen des Blockheizkraftwerks liegenden Strombedarfs nicht decken und benötigt dafür Strom aus dem Netz. Das Blockheizkraftwerk bleibt so lange in Betrieb, wie das Haus die produzierte Wärme abnehmen kann. Das ist von Monat zu Monat unterschiedlich, denn im Winter wird viel mehr Wärme benötigt als im Sommer, wenn die Wärme hauptsächlich zur Warmwasserbereitung gebraucht wird. Dann muss das Blockheizkraftwerk Pausen einlegen und die Deckung des eigenen Strombedarfs nimmt ab.

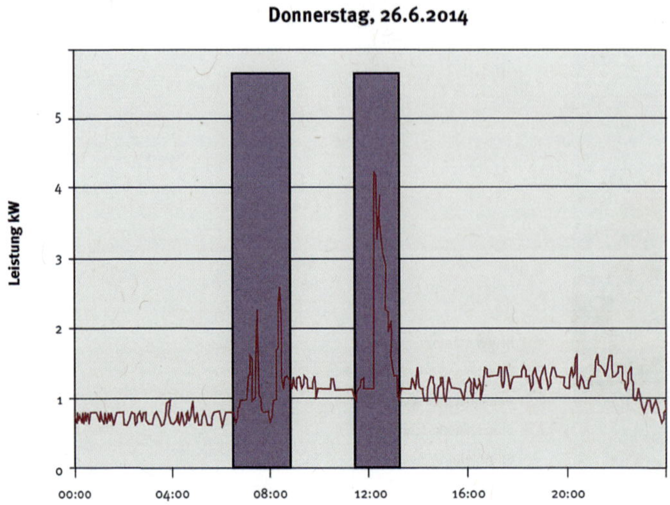

Abb. 22: Stromerzeugung durch ein nicht modulierendes Blockheizkraftwerk (lila Flächen) an einem Junitag im Vergleich zum Strom-Lastgang (rote Kurve) des Haushalts E an diesem Tag.

Die folgenden Abschätzungen für unsere drei Beispielhaushalte und auch das Berechnungsverfahren in der **interaktiven Tabelle 3** (Download → Seite 7) gehen davon aus, dass sich der Strombedarf zu gleichen Teilen auf Grundlast und Spitzenbedarf aufteilt. Zahlreiche Lastgangmessungen bei Ein- und Zweifamilienhäusern legen diese Annahme nahe. Die Deckung des Strombedarfs hängt dann zu gleichen Teilen ab vom Verhältnis der elektrischen Leistung des Blockheizkraftwerks zur benötigten Spitzenlast – hier 4 Kilowatt – und von der Laufzeit pro Tag. Vereinfacht wird angenommen, dass sich der Wärmebedarf und damit die Laufzeiten während eines Monats nicht ändern. Die monatlichen Unterschiede im Heizwärmebedarf ergeben sich durch Faktoren – die Gradtagszahlen nach DIN –, wie sie auch Heizkostenabrechnungen zugrunde liegen.

Es gibt Blockheizkraftwerke, die Ihre Leistungsabgabe an den Bedarf anpassen können – sie modulieren. Eine solche Maschine produziert weniger Überschussstrom und deckt auch den Stromverbrauch zwischen den Spitzenzeiten. Allerdings ist auch bei einem modulierenden Blockheizkraftwerk die Stromproduktion beendet, wenn seine Wärme nicht mehr im Haus abgenommen werden kann.

Im Winter ist der Wärmebedarf hoch. Dann kann das Blockheizkraftwerk rund um die Uhr laufen und den Strombedarf vollständig decken, falls seine elektrische Leistung ausreicht, um alle Geräte zu versorgen. Allerdings reicht möglicherweise die thermische Leistung nicht aus, sodass der Spitzenlastkessel in Betrieb gehen muss.

Im Sommer legt es Pausen ein und der Strombedarf kann dann nur noch teilweise gedeckt werden. Ein modulierendes Blockheizkraftwerk wird am wirtschaftlichsten betrieben, wenn möglichst keine Netzeinspeisung erfolgt. Bei den Abschätzungen in Tabelle 3 im Internet für das modulierende Blockheizkraftwerk mit Motor und für die Brennstoffzelle wird davon ausgegangen, dass die Anlage wärme- und stromgeführt so betrieben wird, dass die gesamte Stromproduktion im eigenen Netz genutzt wird.

Für den ins Netz eingespeisten Strom gibt es nach KWKG 2023 (Kraft-Wärme-Kopplungs-Gesetz) eine am Börsenstrompreis orientierte Vergütung. Sie schwankt und liegt im Durchschnitt des Jahres 2023 bei circa 14 Cent pro Kilowattstunde, aber der am Preisdeckel 2023 orientierte Strompreis für aus dem Netz bezogenen Strom ist mit 40 Cent pro Kilowattstunde erheblich höher. Zusätzlich gibt es nach KWKG eine Vergütung in Höhe von 16 Cent für jede ins Netz eingespeiste Kilowattstunde und von 8 Cent für jede im eigenen Haushalt genutzte Kilowattstunde. Demgegenüber stehen Kosten für das eingesetzte Gas von zurzeit 12 Cent (Preisdeckel), den notwendigen Wartungsvertrag 4 Cent pro Kilowattstunde produziertem Strom und zur Deckung von Verlusten. Mit diesen Werten (Mittelwert 2023) wird bei den drei Beispielhaushalten gerechnet. In der **interaktiven Tabelle 3** können Sie aktuelle Werte eingeben.

→ **TIPP Blockheizkraftwerk planen**
Die Wirtschaftlichkeit eines BHKWs hängt sehr von den Bedingungen in Ihrem Haus ab. Holen Sie stets mehrere Angebote von BHKW-erfahrenen Planern und Heizungsbauern ein und beauftragen Sie auch nur solche.
Einen Heizsystemvergleich bietet die Verbraucherzentrale NRW: www.verbraucherzentrale.nrw/heizsystemvergleich.
Einen Marktüberblick finden Sie unter www.bhkw-infothek.de › Modelle und Anbieter, eine Liste hocheffizienter Blockheizkraftwerke unter www.bafa.de › Energie › Energieeffizienz › Kraft-Wärme-Kopplung › KWK-Anlagen, scrollen bis Typenliste.

Das wird gefördert

Blockheizkraftwerke wurden bis 31.12.2020 vom BAFA gefördert. Einige Bundesländer fördern weiterhin (www.foerderdatenbank.de > Förderrecherche > Suche). Für Effizienzhäuser (→ Seite 20) gibt es die Bundesförderung für effiziente Gebäude (BEG) mit günstigem Kredit und im Altbau einen Tilgungszuschuss (www.kfw.de/beg), aber nicht für mit Erdgas oder Heizöl betriebene Anlagen.

Die Vergütung nach Kraft-Wärme-Kopplungsgesetz (KWKG) wird mit elektronischem Vordruck des BAFA beim Netzbetreiber beantragt: www.bafa.de > Energie > Energieeffizienz > Kraft-Wärme-Kopplung > Zulassung von KWK-Anlagen.

Besonders hoch werden zurzeit Blockheizkraftwerke mit Brennstoffzelle gefördert (BEG → Seite 215). Dann ist jedoch eine KWKG-Förderung ausgeschlossen.

Sonst wird nur für 30.000 Volllaststunden gezahlt: 16 Cent pro Kilowattstunde für ins Netz eingespeisten Strom und 8 Cent pro Kilowattstunde für den selbst verbrauchten. Bei Anlagen bis zu 2 Kilowatt elektrischer Leistung können Sie sich die gesamte Vergütung pauschal direkt auszahlen lassen, 2.400 Euro pro Kilowatt elektrischer Leistung (kWel). Wenn Sie über 50 Prozent des erzeugten Stroms selbst verbrauchen, ist die pauschale Vergütung sinnvoller. Eine Volllaststunde ergibt sich aus der produzierten Strommenge, geteilt durch die maximale elektrische Leistung des Blockheizkraftwerks.

Außerdem gibt es auf Antrag eine Erstattung der Energiesteuer (www.zoll.de), dort im Suchfeld „KWK“ eingeben, runterscrollen. Dieser Vorteil wird in den folgenden Berechnungen und auch in der **interaktiven Tabelle 3** (Download → Seite 7) vernachlässigt. Die Wirtschaftlichkeit ist dadurch etwas zu schlecht dargestellt.

Steuerliche und wirtschaftliche Aspekte werden auf den Seiten der ASUE dargelegt (www.asue.de). Die ASUE bietet seit Kurzem auch einen umfangreichen KWK-Service an.

BEISPIEL

BHKW

Ein Blockheizkraftwerk mit Brennstoffzelle mit 0,7 Kilowatt elektrischer Leistung kann bei 5.000 Volllaststunden im Jahr 3.500 Kilowattstunden Strom erzeugen. Viel davon kann selbst verbraucht werden.

Beispielvarianten

Welche Einsatzmöglichkeiten stünden nun unseren drei Beispielhaushalten für ein Blockheizkraftwerk zur Verfügung? Bei Haushalt A, B und C wird jeweils das gleiche Blockheizkraftwerk eingebaut. Die Varianten unterscheiden sich nur im gewählten BHKW-Modell. Abgeschätzt werden der Aufwand und der Nutzen der Haushalte pro Variante. Die angegebenen Kosten sind übliche Werte, Stand 2023.

Vergleichen Sie sie mit Ihrem konkret eingeholten Angebot. Abweichungen von mehreren Tausend Euro sind zu erwarten. Sie können die Werte in die **interaktive Tabelle 3** eingeben oder das Beispiel von Hand so anpassen:

Amortisationszeit mit Angebotspreis = Amortisationszeit des Beispiels × Mehrkosten des Angebots ÷ Mehrkosten des Beispiels

Variante 5a: Blockheizkraftwerk mit Verbrennungsmotor, nicht modulierend, 5,5 Kilowatt elektrisch, 12,8 Kilowatt thermisch, Wirkungsgrad 90 Prozent. Kein Spitzenkessel notwendig, da die thermische Leistung für alle Haushalte auch im kältesten Winter ausreicht. Investitionskosten einschließlich aller Nebenkosten etwa 39.500 Euro. Davon abgezogen wird ein Instandhaltungsanteil je nach vorhandener Heiztechnik (→ Glossar, Seite 260). Bei Haushalt A kommen die Kosten für den Gasanschluss dazu.

Variante 5b: Blockheizkraftwerk mit Verbrennungsmotor, modulierend, 3 Kilowatt elektrisch, 8 Kilowatt thermisch, Wirkungsgrad 90 Prozent. Spitzenkessel notwendig. Investitionskosten einschließlich aller Nebenkosten ebenfalls etwa 39.500 Euro. Auch hier Abzug des Instandhaltungsanteils und bei Haushalt A zusätzlich der Gasanschluss.

Variante 5c: Blockheizkraftwerk mit Brennstoffzelle, modulierend, 0,7 Kilowatt elektrisch, ein Kilowatt thermisch, Wirkungsgrad 85 Prozent. Spitzenkessel notwendig. Investitionskosten einschließlich aller Nebenkosten etwa 46.500 Euro. Zu Instandhaltungsanteil und Gasanschluss → oben. Bei der Altbausanierung können Brennstoffzellen als Einzelmaßnahme im Rahmen der Bundesförderung für effiziente Gebäude (→ Seite 215) einen Zuschuss in Höhe von höchstens 70 Prozent der förderfähigen Kosten (höchstens 30.000 Euro) erhalten. Die Haushalte bekommen die Grundförderung und alle Boni bis zum Höchstsatz. Voraussetzung ist der Betrieb der Anlage mit Biogas oder grünem oder blauem Wasserstoff.

In der **interaktiven Tabelle 3** können Sie feststellen, wie sich unterschiedliche Eingabedaten auf das Ergebnis auswirken. Die Kosteneinsparung ist die Summe von Brennstoffmehrverbrauch oder auch Brennstoffeinsparung, Stromeinsparung, Vergütung für Stromeinspeisung, KWKG-Vergütung (→ Seite 83) und Wartungskosten. Die KWKG-Vergütung wird nur für 30.000 Volllaststunden gezahlt. Es ergeben sich in allen Beispielfällen so wenig Volllaststunden, dass die anfängliche Kosteneinsparung über die gesamte Lebensdauer bestehen bleibt. Die verbleibenden Investitionskosten, geteilt durch die jährlichen Kosteneinsparungen, ergeben die Amortisationszeit, das heißt, die Zeit, in der das Blockheizkraftwerk seine Kosten wieder eingespielt hat.

Die Abschätzung vernachlässigt Inflation und Kreditkosten. Sie geht davon aus, dass der Haushaltsstromverbrauch übers Jahr gleich bleibt. Bei Blockheizkraftwerken ist es wenig sinnvoll, einen Wert für die Gesamtautarkie anzugeben, da der Brennstoff zum Betrieb der Anlage von außen zugeführt wird. Sie finden lediglich eine Angabe für die Stromautarkie.

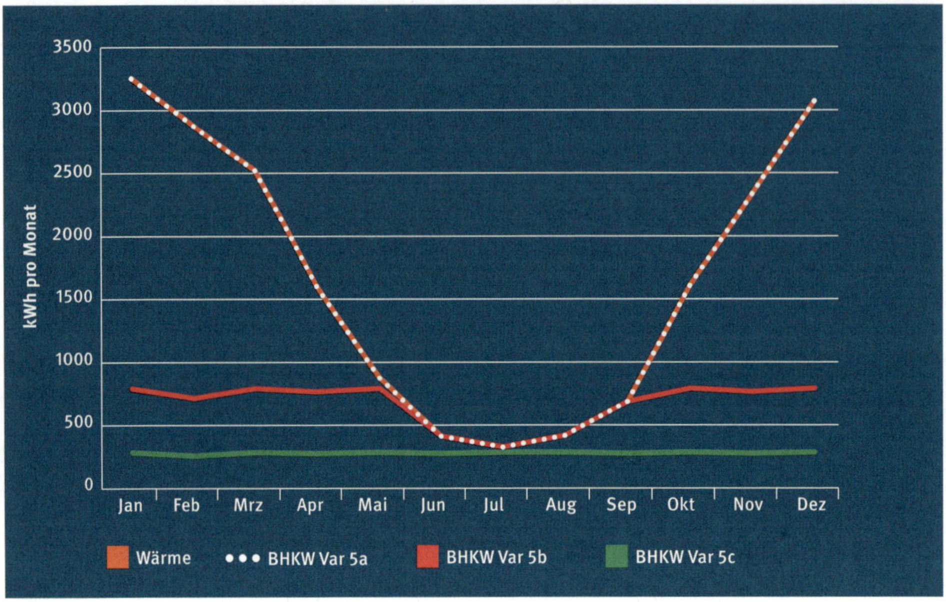

Abb. 23: Jahresverlauf des Wärmebedarfs und dessen Deckung durch die BHKW-Varianten bei Haushalt A

Haushalt A

Im Haus befindet sich ein alter Ölkessel mit 80 Prozent Wirkungsgrad und verlustreicher Warmwasserbereitung, sodass sich eine Nutzwärme von 19.120 Kilowattstunden ergibt – 17.520 Kilowattstunden für die Heizung und 1.600 Kilowattstunden für die Warmwasserbereitung.

Haushalt A will gleichzeitig mit der Heizungserneuerung auf Gas umstellen, in der Hoffnung, dass in Zukunft im Gasnetz erneuerbares Gas fließt – ein Gasanschluss befindet sich allerdings noch nicht im Haus. Als Instandhaltungsanteil werden zwei Drittel der Kosten für die Neuinstallation eines Öl-Brennwertkessels angesetzt. Für den Gasanschluss werden 2.000 Euro angenommen.

Abbildung 23 zeigt den Verlauf des Wärmebedarfs übers Jahr, Abbildung 24 den monatlichen Strombedarf des Haushalts. Beide Abbildungen stellen dar, wie Wärme und Strom durch die drei folgenden Varianten mit einem Blockheizkraftwerk bereitgestellt werden können.

73 % **Variante 5a:** Das nicht modulierende Blockheizkraftwerk folgt genau dem Wärmebedarf – hier ist kein Spitzenkessel notwendig. Wegen der hohen elektrischen Leistung wird viel mehr Strom produziert, als der Haushalt benötigt. Die Deckung des Strombedarfs durch das Blockheizkraftwerk ist groß, da es zwar im Sommer oft ausgeschaltet ist, dafür aber im Winter aufgrund seiner hohen elektrischen Leistung den Strombedarf vollständig decken kann.

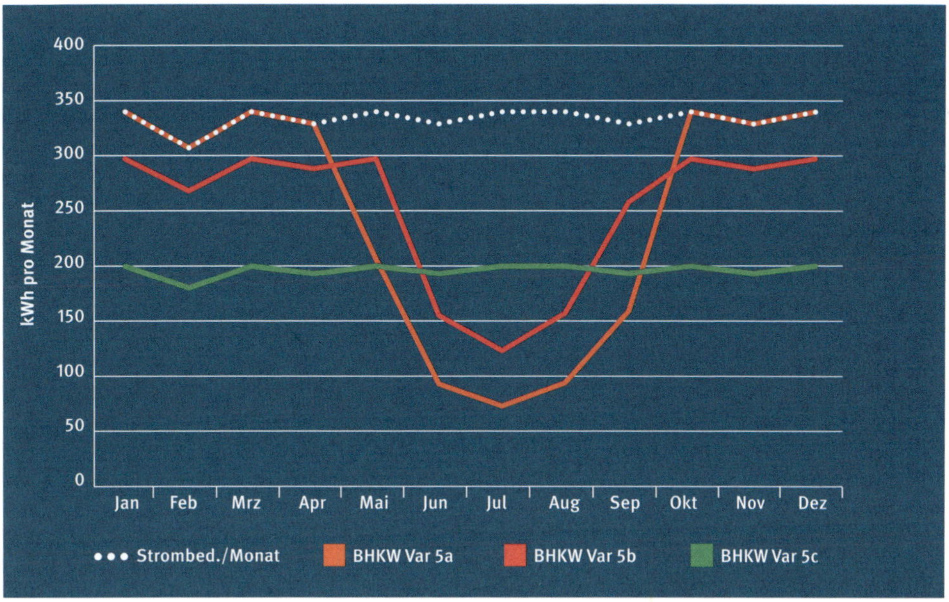

Abb. 24: Jahresverlauf des Strombedarfs und dessen Deckung durch die BHKW-Varianten bei Haushalt A

- Eigenverbrauch 36 Prozent, Autarkiegrad 73 Prozent
- Stromproduktion etwa 8.220 Kilowattstunden, Eigenverbrauch etwa 2.920 Kilowattstunden, Netzeinspeisung etwa 5.300 Kilowattstunden
- Brennstoff-Mehrverbrauch gegenüber dem Ist-Zustand etwa 3.870 Kilowattstunden
- Kosteneinsparung: 2.720 Euro pro Jahr
- Amortisationszeit knapp 12 Jahre
- Treibhausgaseinsparung etwa 5,6 Tonnen CO_2 jährlich

75 % **Variante 5b:** Das modulierende Blockheizkraftwerk wird so gesteuert, dass keine Einspeisung erfolgt. Auch im Winter wird nur die der Stromproduktion entsprechende Wärme erzeugt. Nun ist ein Spitzenkessel notwendig. Die Deckung des Strombedarfs durch das Blockheizkraftwerk ist hoch. Im Sommer ist es etwas weniger oft ausgeschaltet als Variante 5a, allerdings reicht die elektrische Leistung nicht zur Deckung aller Spitzen.

- Eigenverbrauch 100 Prozent, Autarkiegrad 75 Prozent
- Stromproduktion und Eigenverbrauch circa 2.990 Kilowattstunden, keine Netzeinspeisung
- Brennstoffeinsparung gegenüber dem Ist-Zustand circa 4.510 Kilowattstunden
- Kosteneinsparung: circa 2.380 Euro pro Jahr
- Amortisationszeit gut 13 Jahre
- Treibhausgaseinsparung etwa 4,7 Tonnen CO_2 jährlich

59 % **Variante 5c:** Brennstoffzellen werden gefördert, wenn Sie nicht mit Erdgas betrieben werden. Haushalt A entscheidet sich für Biogas. Die modulierende Brennstoffzelle wird so gesteuert, dass keine Einspeisung erfolgt. Die Brennstoffzelle hat nur eine kleine thermische Leistung, sodass ein Spitzenkessel notwendig ist. Die Deckung des Strombedarfs durch das BHKW ist geringer, weil die kleine elektrische Leistung keine Spitzen decken kann. Bei dieser Variante wird die Laufzeit nicht durch den Wärmebedarf der Haushalt A beschränkt, sondern durch den Strombedarf – dieses Blockheizkraftwerk läuft unabhängig von der Jahreszeit.

- → Eigenverbrauch 100 Prozent, Autarkiegrad 59 Prozent
- → Stromproduktion und Eigenverbrauch circa 2.350 Kilowattstunden, keine Netzeinspeisung
- → Brennstoffeinsparung gegenüber dem Ist-Zustand circa 5.410 Kilowattstunden
- → Kosteneinsparung: circa 2.020 Euro pro Jahr
- → Amortisationszeit circa 9 Jahre dank guter Förderung
- → Treibhausgaseinsparung circa 6,4 Tonnen CO_2 jährlich wegen Biogas

Fazit: Der unsanierte Altbau mit veraltetem Kessel ist für den Einsatz eines Blockheizkraftwerks geeignet. Die Amortisationszeiten sind erheblich kürzer als die Lebensdauer. Das modulierende BHKW der Variante 5b ergibt zwar den höchsten Autarkiegrad, aber die schlechteste Wirtschaftlichkeit. Wegen der recht hohen Vergütung für den eingespeisten Strom ist das nicht modulierende Blockheizkraftwerk sehr wirtschaftlich. Die höchste Umweltentlastung gibt es bei der mit Biogas betriebenen Brennstoffzelle bei bester Wirtschaftlichkeit.

Haushalt B

Die Abschätzung der Energieberaterin ergab für den alten Brennwertkessel mit circa 90 Prozent Wirkungsgrad, bezogen auf den Brennwert und eine bereits günstige Warmwasserbereitung eine Nutzwärme von 13.100 Kilowattstunden. Diese teilt sich auf in 9.900 Kilowattstunden für die Heizung und 3.200 Kilowattstunden für die Warmwasserbereitung. Als Instandhaltungsanteil werden zwei Drittel der Kosten für die Neuinstallation eines Gas-Brennwertkessels angesetzt. Kosten für den Gasanschluss entfallen.

76 % **Variante 5a:** Das nicht modulierende Blockheizkraftwerk folgt genau dem Wärmebedarf – hier ist kein Spitzenkessel notwendig. Wegen der hohen elektrischen Leistung wird viel mehr Strom produziert, als der Haushalt benötigt. Die Deckung des Strombedarfs durch das Blockheizkraftwerk ist groß, da es zwar im Sommer oft ausgeschaltet ist, dafür aber im Winter aufgrund

VORTEILE UND NACHTEILE

+ Blockheizkraftwerk

- Guter Primärenergiefaktor
- Meistens mit Gas betrieben, darum kein Brennstofflager nötig
- Blockheizkraftwerke können auch mit anderen Brennstoffen betrieben werden, dann ist kein Gasanschluss nötig.
- Hohe Energiekosten werden durch hohen Stromerlös zum großen Teil aufgehoben.
- Niedrige Betriebskosten, wenn der erzeugte Strom zum großen Teil im eigenen Haushalt genutzt wird
- Hohe Förderung bei BHKW mit Brennstoffzelle, wenn mit Biogas oder erneuerbar erzeugtem (grünem) oder blauem Wasserstoff betrieben
- Bei guter Planung und Ausführung hohe Effizienz
- Passt ins regenerative Versorgungssystem, wenn im Gasnetz zunehmend Bio-, Wind- und Sonnengas transportiert wird.
- Geringe Klimabelastung wegen gleichzeitiger Stromerzeugung
- Normale Heizkörper einsetzbar wegen hoher Vorlauftemperatur
- Autarkie Strom teilweise erreichbar
- Entlastung des Stromnetzes im Winter
- Eventuell als Notstromaggregat einsetzbar
- Stromproduktion auch in der Nacht

− Blockheizkraftwerk

- Bei geringem Wärmebedarf des Hauses nur mäßige Stromproduktion
- Stromproduktion nur möglich, wenn die Wärme abgenommen oder zwischengespeichert werden kann
- Wenig Stromproduktion im Sommer
- Höherer Aufwand für gute Planung und Ausführung
- Bei BHKW mit Brennstoffzelle noch wenig Langzeiterfahrung
- Meistens Gasanschluss nötig
- Schornstein oder Abgasleitung nötig
- Hohe Investitionskosten
- Hohe Wartungs- und Schornsteinfegerkosten
- Wegen Stromerzeugung und Beantragung von Förderung höherer Verwaltungsaufwand
- Die Gaspreise können steigen
- Nur zukunftsfähig mit Gas oder anderen Brennstoffen aus erneuerbaren Quellen, wie Biogas, Wind- und Sonnengas, flüssige oder feste Biomasse.
- Erneuerbar gewonnenes Gas kann sehr teuer sein.
- Fossiles Gas kommt zum großen Teil aus unsicheren Quellen.
- Die Gaspreisentwicklung ist schwer vorherzusehen.

seiner hohen elektrischen Leistung den Strombedarf vollständig decken kann.

- Eigenverbrauch 41 Prozent, Autarkiegrad 76 Prozent
- Stromproduktion circa 5.630 Kilowattstunden, Eigenverbrauch circa 2.290 Kilowattstunden, Netzeinspeisung circa 3.340 Kilowattstunden
- Brennstoff-Mehrverbrauch gegenüber dem Ist-Zustand circa 5.810 Kilowattstunden
- Kosteneinsparung: circa 1.320 Euro pro Jahr
- Amortisationszeit über 20 Jahre, das ist länger als die Lebensdauer – diese Variante ist unwirtschaftlich.
- Treibhausgaseinsparung circa 1,8 Tonnen CO_2 jährlich

80 % **Variante 5b:** Das modulierende Blockheizkraftwerk wird so gesteuert, dass keine Einspeisung erfolgt. Auch im Winter wird nur die der Stromproduktion entsprechende Wärme erzeugt. Nun ist ein Spitzenkessel notwendig. Die Deckung des Strombedarfs durch das Blockheizkraftwerk ist hoch, allerdings reicht die elektrische Leistung nicht immer aus.

- Eigenverbrauch 100 Prozent, Autarkiegrad 80 Prozent
- Stromproduktion und Eigenverbrauch circa 2.410 Kilowattstunden, keine Netzeinspeisung
- Brennstoff-Mehrverbrauch gegenüber dem Ist-Zustand circa 520 Kilowattstunden
- Kosteneinsparung: circa 1.120 Euro pro Jahr
- Amortisationszeit weit über 20 Jahre, das ist wesentlich länger als die Lebensdauer – diese Variante ist noch unwirtschaftlicher.
- Treibhausgaseinsparung circa 1,2 Tonnen CO_2 jährlich

59 % **Variante 5c:** Die modulierende Brennstoffzelle wird so gesteuert, dass keine Einspeisung erfolgt. Die Brennstoffzelle hat nur eine kleine thermische Leistung, sodass ein Spitzenkessel notwendig ist. Die Deckung des Strombedarfs durch das Blockheizkraftwerk ist geringer, weil die kleine elektrische Leistung keine Spitzen decken kann. Auch die B's entscheiden sich für Biogas.

- Eigenverbrauch 100 Prozent, Autarkiegrad 59 Prozent
- Stromproduktion und Eigenverbrauch circa 1.760 Kilowattstunden, keine Netzeinspeisung
- Brennstoffeinsparung gegenüber dem Ist-Zustand circa 140 Kilowattstunden
- Kosteneinsparung: circa 800 Euro pro Jahr
- Amortisationszeit trotz Förderung über 20 Jahre, das ist länger als die Lebens-

dauer – auch diese Variante ist unwirtschaftlich.

- Treibhausgaseinsparung circa 2,3 Tonnen CO_2 jährlich wegen Biogas

Fazit: Variante 5b ergibt den höchsten Autarkiegrad. In allen Fällen ist die Amortisationszeit wesentlich länger als die Lebensdauer. Für das sanierte Haus ist demnach ein Blockheizkraftwerk nicht zu empfehlen.

Haushalt C

Die Berechnung des Architekten ergibt 1.800 Kilowattstunden Wärme für die Heizung und 3.700 Kilowattstunden für die Warmwasserbereitung. Werden die recht geringen Verluste abgezogen, so bleibt als Nutzwärme für Warmwasser 3.200 Kilowattstunden, wie bei Haushalt B. Wegen des geringen Wärmebedarfs ergeben sich im Vergleich zum vorigen Fall noch ungünstigere Werte, sodass die Amortisationszeiten weitaus länger als die Lebensdauer der Blockheizkraftwerke sind. Eine genauere Beschreibung der Varianten erfolgt deswegen nicht, Sie finden die Werte aber in der **interaktiven Tabelle 3.**

Fazit: Variante 5b ergibt mit 63 Prozent den höchsten Autarkiegrad. Jedoch ist die Amortisationszeit in allen Fällen wesentlich länger als die Lebensdauer. Auch für das Passivhaus ist daher ein Blockheizkraftwerk nicht zu empfehlen.

Fernwärme und Nahwärme

Fernwärme wird in einem großen Heizwerk oder Heizkraftwerk erzeugt und über lange Fernwärmeleitungen in die angeschlossenen Häuser geleitet. Im Haus befindet sich dann ein Wärmetauscher – eine Übergabestation. Die Wärmelieferung wird beim Versorger – oft einem Stadtwerk – bezahlt.

Nahwärme wird in unmittelbarer Nähe zum versorgten Haus erzeugt. So kann beispielsweise ein Blockheizkraftwerk eine Reihenhauszeile versorgen. Die Wärmeleitungen können dann von Keller zu Keller verlegt werden. Das Blockheizkraftwerk kann der Gemeinschaft der Hauseigentümer gehören. Es kann aber auch von einem Dritten (etwa einem Stadtwerk) zur Verfügung gestellt werden. Meistens wird an den Versorger – wie bei der Fernwärme – ein Preis für die entnommene Wärme (Arbeitspreis) und ein Grundpreis abhängig von der bestellten Wärmeleistung gezahlt. Da der Versorger eine Gewinnspanne einkalkuliert, sind die Kosten meistens erheblich höher, als wenn Sie mit Ihren Nachbarn selbst die Versorgung in Eigenregie organisieren und übernehmen.

Eine Nahwärmeversorgung mehrerer Objekte kann für den Einsatz eines Blockheizkraftwerks vorteilhafter sein als die Einzelversorgung der Häuser. Dies sollten Sie durch ein Ingenieurbüro überprüfen lassen.

CHECKLISTE

Blockheizkraftwerke

- ☐ Sorgfältig planen und berechnen lassen. Es ist nicht möglich, ohne die Bestimmung von Lastgängen und genauere Berechnungen einen verlässlichen Wert für die Eigenstromnutzung anzugeben.
- ☐ Wirtschaftlichkeitsprogose und Vergleichsangebote einholen und mit **interaktiver Tabelle 3** (Download → Seite 7) prüfen
- ☐ Ist der Wärmeverbrauch für ein BHKW ausreichend hoch?
- ☐ Zentrale Warmwasserversorgung vorhanden?
- ☐ Möglichst nicht BHKW und Solarwärme kombinieren – dies vermindert die Stromproduktion im Sommer.
- ☐ Ändert sich der Wärmeverbrauch durch Wärmedämmung oder weniger Personen künftig nennenswert? Dann würde das BHKW unwirtschaftlicher.
- ☐ Thermische Leistung des BHKW auf den Wärmeverbrauch des Gebäudes abstimmen, gegebenenfalls Wärmebedarfsberechnung durchführen lassen.
- ☐ Ist ein Spitzenkessel nötig? Ist dieser bereits im BHKW eingebaut?
- ☐ Ist der Stromverbrauch für ein BHKW ausreichend hoch?
- ☐ Gibt es die Möglichkeit zur Nutzung von Bio-, Wind- oder Sonnengas?
- ☐ Wird die Anlage vor Inkrafttreten eines kommunalen Wärmeplans errichtet, so muss sie ab 2029 in zunehmendem Maße erneuerbares Gas nutzen und ab 2045 ist fossiles Gas nicht mehr zulässig. Bei späterer Errichtung muss die Anlage mindestens 65 Prozent erneuerbare Energien nutzen.
- ☐ Soll das BHKW vor allem als Kraftwerk dienen und ist die Wärmeerzeugung nebensächlich? Dann könnte ein BHKW mit Brennstoffzelle als Beistellgerät infrage kommen.
- ☐ Soll erzeugter Strom an Mieter oder Wohnungseigentümer verkauft werden?
- ☐ Wer wird die jährlichen Abrechnungen erstellen: Stromrechnungen an die Nutzer, Energiesteuererstattung beim Zollamt, Heizkostenabrechnung?
- ☐ Für die Eigenstromdeckung sind modulierende Blockheizkraftwerke vorteilhaft. Der Modulationsbereich

sollte eine möglichst niedrige untere Grenze haben.

- ☐ Ist ein geeigneter Platz zum Aufstellen von BHKW, Pufferspeicher, gegebenenfalls Spitzenkessel vorhanden?
- ☐ Kann das BHKW durch die Türen transportiert werden?
- ☐ Ist der Schallschutz geklärt? Es kann insbesondere zu Problemen kommen, wenn ein Schlafbereich an den Aufstellraum angrenzt. Blockheizkraftwerke mit Brennstoffzelle sind leise.
- ☐ Hocheffiziente Pumpe einbauen (Energielabel A)
- ☐ Rohre und Armaturen im unbeheizten Bereich sorgfältig dämmen lassen
- ☐ Ausreichend dimensionierten Pufferspeicher einbauen (mindestens 60 Liter pro Kilowatt thermisch)
- ☐ Inzwischen gibt es nach dem KWKG und der Marktstammdaten-Verordnung Meldepflichten, denen Sie als Betreiber unbedingt nachkommen müssen. Hier kann der KWK-Service der ASUE **(www.asue.de)** hilfreich sein.
- ☐ Hydraulischen Abgleich durchführen lassen (→ Seite 241)
- ☐ Ist eine Kaminsanierung oder Abgasleitung erforderlich und im Angebot enthalten?
- ☐ Sollen Förderanträge gestellt werden? Werden die Förderbedingungen eingehalten? Antragstellung muss vor Auftragserteilung erfolgen. Informieren Sie sich im Internet über die aktuellen Bedingungen – diese ändern sich häufig. **(www.verbraucherzentrale.nrw/foerderprogramme)**
- ☐ Lassen Sie sich in die Bedienung einweisen und fordern Sie eine gut verständliche Bedienungs- und Wartungsanleitung.
- ☐ Die zentrale Regelung sollte gut zugängig, gut lesbar und verständlich und das BHKW gut erreichbar sein.

Wärme selbst erzeugen

Es gibt einige Wege zur Autarkie bei Heizung und Warmwasserbereitung, sei es mithilfe der langbewährten Solarkollektoranlagen oder über Wärmepumpen, die den möglichst selbst erzeugten Strom weitgehend in Wärme umwandeln. Auch das Heizen mit Holz oder eine intelligente Kopplung der unterschiedlichen Techniken kann sich lohnen.

Überlegungen zur Wirtschaftlichkeit

Im vorigen Kapitel konnten Sie die Wirtschaftlichkeit der Stromerzeugungsvarianten durch Amortisationszeiten einschätzen: Wann erhalte ich das Geld, das ich für die Anschaffung eines Produkts ausgegeben habe, durch Gewinne zurück?

Eine Wirtschaftlichkeitsbeurteilung bei Wärmeerzeugung ist zwar schwieriger, aber Sie finden im folgenden Text und in den zugehörigen Tabellen ebenfalls Amortisationszeiten. Egal ob Sie mit Öl, Gas, Holz oder Strom heizen, Sie können außerdem Ihre Verbrauchswerte in die entsprechenden **interaktiven Tabellen** (Download → Seite 7) eintragen, um die Wirtschaftlichkeit Ihrer Anlage zu prüfen. Auch die Eingabe mehrerer Energieträger, beispielsweise von Öl und Pellets ist möglich. Preissteigerungsraten werden dabei nicht berücksichtigt. Denn – frei nach Karl Valentin – Prognosen sind besonders schwierig, insbesondere, wenn es sich um die Zukunft handelt. Die angegebenen Energiepreise orientieren sich zum Teil an den Preisdeckeln oder sie beruhen auf dem Stand 2023. Informationen zu den aktuellen Energiepreisen erhalten Sie unter www.verbraucherzentrale.nrw/energiepreise.

Sie kaufen eine Anlage, beispielsweise eine Wärmepumpe (→ Seite 129), und haben damit die Möglichkeit, kostenlose Energie aus der Umwelt zu nutzen. Jedoch benötigen Sie dafür Strom, außerdem muss die Anlage ab und zu gewartet werden. Diese Verbrauchs- und Betriebskosten werden in den Beispielrechnungen mit dem Ist-Zustand verglichen und die Investitionskosten abzüglich der Zuschüsse aus Bundesförderprogrammen durch die jährliche Einsparung geteilt. Typische Lebensdauern solcher Anlagen liegen zwischen 20 und 30 Jahren. Die Amortisationszeit sollte natürlich geringer sein.

Für eine Lebensdauer von 20 Jahren wird die in dieser Zeit erwirtschaftete Kosteneinsparung abzüglich der tatsächlichen Investitionskosten als Kosteneinsparung nach 20 Jahren errechnet.

Schließlich können Sie in den Tabellen die jährliche CO_2-Belastung und die erzielten Autarkiewerte für Wärme, Strom und den Gesamtverbrauch ablesen. Bitte beachten Sie, dass in den Beispielrechnungen keine Kapitalkosten (Kreditzinsen) berücksichtigt werden.

Sie fügen bei der Eingabe Ihrer derzeitigen Energieverbräuche in die Tabellen auch einen Faktor für die Effizienz (Wirkungsgrad) Ihrer Anlage ein. Dadurch berücksichtigen Sie, dass beispielsweise ein Brennwertkessel den Brennstoff effizienter nutzt als ein Uralt-Kessel.

Nutzung von Sonnenwärme: Kollektoranlagen

Viele Häuser verfügen mittlerweile über Solaranlagen. Es gibt zwei grundsätzlich unterschiedliche Anlagentypen:

- **Photovoltaik mit Modulen** (→ Seite 37), die **Strom** erzeugen (auch Solarstromanlage genannt → Abb. 1, linke Dachseite) und
- **Solarkollektoranlagen, thermische Solaranlagen** mit **Solarkollektoren,** die aus der Sonnenstrahlung **Wärme** gewinnen (→ Abb. 1, rechte Dachseite).

Während es bei Photovoltaik einen regelrechten Boom gegeben hat, der zu ständig fallenden Preisen führte, dümpelt die Zuwachsrate bei **thermischen Solaranlagen** und die Kosten sind über die Jahre weitgehend konstant geblieben. Es scheint schicker zu sein, eigener Stromproduzent zu werden, als bei der Heizenergie einzusparen. **Dabei ist gerade die Wärmegewinnung aus Sonne ein guter Weg zur Autarkie in Bezug auf den Wärmebedarf des Hauses.**

Das Problem bei der solaren Heizung: Im Winter scheint kaum Sonne und es muss trotzdem geheizt werden. Im Sommer ist reichlich Sonne vorhanden, aber nur ein geringer Wärmebedarf. Es ist denkbar, die Überschusswärme des Sommers mit Großspeichern für den Winter aufzubewahren.

Abb. 1: Photovoltaik- und Solarkollektoranlage

Benötigt werden dann Speicher in der Größe eines Kellerraums. Dieses Konzept liegt sogenannten **Sonnenhäusern** zugrunde (www.sonnenhaus-institut.de). Ein sehr großer Solarkollektor ist mit einem Großspeicher verbunden (→ Seite 166).

Weitverbreitet sind kleine Solaranlagen für die **Brauchwassererwärmung,** denn der Bedarf für Warmwasser ist sommers wie winters annähernd gleich. Die Anlage wird so groß ausgewählt, dass der Bedarf in der Übergangszeit gerade gedeckt wird. Im Sommer gibt es dann einen ungenutzten Überschuss, während im Winter zugeheizt werden muss (Abb. 2). Zentraler Baustein ist auch bei dieser Anlage ein **Warmwasserspeicher;** denn in der Dunkelheit wollen Sie trotzdem duschen. Der Speicher wird von zwei Quellen beheizt: Ein Wärmetauscher ganz unten ist mit den Kollektoren verbunden. Im Solarkreis (Kollektoren mit Wärmetauscher und Verbindungsrohren) befindet sich ein Frostschutzmittel, damit in kalten Winternächten der Kollektor nicht einfriert. Deswegen muss der Solarkreis vom Brauchwasser über einen Wärmetauscher getrennt werden. (Spezielle Anlagetechniken können auf Frostschutzmittel verzichten → Seite 102.)

Bei ausreichender Sonneneinstrahlung schaltet die Regelung die Solarkreispumpe ein und warmes Wasser aus den Kollektoren heizt den Speicher über diesen Wärmetauscher. Das Warmwasser kann direkt oben aus dem Speicher entnommen werden und Kaltwasser strömt unten nach. Ohne ausreichende Sonnenstrahlung kühlt der Speicher ab. Dann springt der Wärmeerzeuger (z.B.

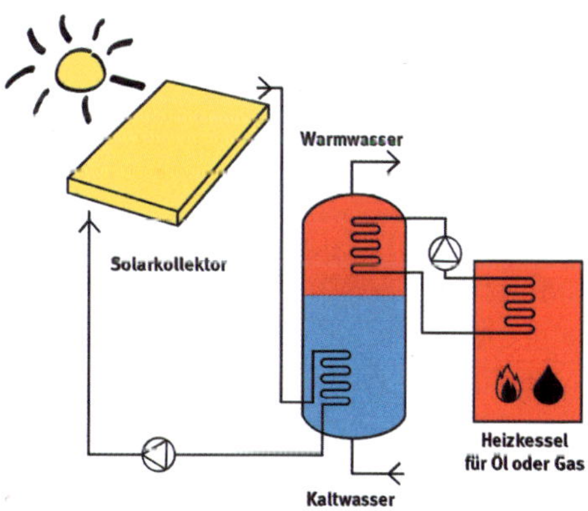

Abb. 2: Schema einer Brauchwassersolaranlage

HINTERGRUND

Speicher

Wenn die Erzeugung und der Verbrauch nicht zeitlich übereinstimmen, dann brauchen Sie einen Speicher. Sonst liefert eine thermische Solaranlage nur dann warmes Wasser, wenn die Sonne scheint. Da auch nach Sonnenuntergang warmes Wasser zum Duschen benötigt wird, ist in einer Brauchwasser-Solaranlage immer ein Speicher eingebaut, in diesem Beispiel ein gut gedämmter, wassergefüllter Behälter mit 300 bis 400 Litern Inhalt.
Wenn Sie das Speicherwasser entnehmen und dabei von beispielsweise 60 auf 40 °C abkühlen, so haben Sie eine gespeicherte Wärmemenge von 7 bis 9,3 Kilowattstunden (kWh) genutzt. Dieser Speicher kostet 1.000 bis 2.000 Euro, demnach 110 bis 290 Euro pro Kilowattstunde gespeicherte Wärme.

ein Heizkessel) an und erwärmt den oberen Teil des Speichers (Bereitschaftsteil). Eine solche Anlage braucht keine großen Kollektoren, für die sich meist ein sonniges Plätzchen findet. Günstig ist eine möglichst unverschattete Ausrichtung nach Süden (→ Photovoltaik → Seite 39). Thermische Solaranlagen reagieren im Gegensatz zur Photovoltaikanlage weniger auf Schatten. So verursacht ein kleiner wandernder Schornsteinschatten keine große Ertragseinbuße. Ausrichtungen zwischen Südost und Südwest mit Neigungen zwischen 30 und 60 Grad haben nahezu denselben Ertrag. Die Größe der Anlage hängt mit Ihrem Warmwasserbedarf zusammen.

→ TIPP **Warmwasserbedarf bestimmen**

Teilen Sie Ihren jährlichen Kaltwasserverbrauch (in Kubikmetern (m^3) pro Jahr) durch 365 Tage und nehmen Sie das Ergebnis mal 1.000. Ihr täglicher Warmwasserverbrauch ist davon annähernd 30 Prozent. Beispiel: Ein Vierpersonenhaushalt verbraucht jährlich 150 Kubikmeter Wasser. Der Kaltwasserverbrauch ist 411 Liter pro Tag (1.000 l/m^3 x 150 m^3 ÷ 365 Tage). Der Warmwasserverbrauch ist 123 Liter pro Tag (411 l/d x 30 ÷ 100), pro Person 31 Liter täglich (123 l/d ÷ 4 Personen). Der Bundesdurchschnitt pro Person liegt täglich zwischen 30 und 50 Litern. Aber auch bis zu 100 Liter sind nicht ungewöhnlich.

Der **Warmwasserspeicher** sollte etwa den doppelten Tages-Warmwasserbedarf decken. Pro 50 Liter Speichervolumen wird dann etwa ein Quadratmeter Kollektorfläche benötigt. Im Beispiel: 250- bis 300-Liter-Speicher mit 5 bis 6 Quadratmetern Kollektorfläche. Genauere Auslegungen hat Ihr Installateur oder Ihre Energieberaterin (www.verbraucherzentrale-energieberatung.de).

Bei **Heizungsunterstützungsanlagen** könnte zwar eine steilere Anstellung der Kollektoren auf dem Dach zur besseren Ausnutzung der Wintersonne dienen, jedoch lohnt sich dieser Aufwand nicht. Solarkollektoranlagen zur Warmwasserbereitung und Raumheizung werden meist recht klein gewählt. Sie können dann in der Übergangszeit zur Heizung beitragen, im Winter liefern sie allerdings kaum einen Nutzen. Auch die Größe dieser Heizungsunterstützungsanlagen orientiert sich am Warmwasserbedarf – die Anlage wird etwa doppelt so groß wie die Brauchwassersolaranlage. Im Beispiel wäre es ein 500- bis 600-Liter-Speicher mit 10 bis 12 Quadratmetern Kollektor. Allerdings ist hier ein anderer Speicher erforderlich. Viele Heizungsunterstützungsanlagen nutzen einen Kombispeicher (Abb. 3).

Im äußeren Speicherbereich befindet sich das Heizungswasser und darin hängt ein nicht wärmegedämmter Brauchwasserspeicher, der über seine Wände vom Heizungswasser erwärmt wird. Der Solarkreis ist wie bei der Brauchwassersolaranlage aufgebaut. Der Heizungswärmeerzeuger nutzt hier allerdings den Speicher als Pufferspeicher ohne Wärmetauscher. Die Heizungsanlage wird aus dem mittleren Speicherbereich mit nicht so hohen Temperaturen versorgt.

GUT ZU WISSEN

Legionellen

Gespeichertes Warmwasser kann durch Legionellen-Bakterien zum Gesundheitsproblem werden. Legionellen sind Krankheitserreger, die sich im warmen Wasser vermehren. Sie treten aber hauptsächlich in Großanlagen auf. Anlagen in Ein- und Zweifamilienhäusern zählen nicht dazu.
Oft wird zur Desinfektion das Wasser in bestimmten Abständen auf mindestens 60 Grad erhitzt und die Keime sterben ab. Nachteil: Bei einer Solaranlage wird der Ertrag dadurch geringer. Thermische Desinfektion ist bei Leitungen unter 3 Litern Volumen nicht nötig, das wäre eine halbzöllige Leitung von knapp 17 Metern Länge. Eine sichere Lösung ohne Ertragseinbuße bietet eine Frischwasserstation. Im Speicher befindet sich nur Heizungswasser. Bei Warmwasserbedarf springt eine Pumpe an, holt heißes Wasser oben aus dem Speicher und pumpt es durch das Plattenpaket im Wärmetauscher. Auf der anderen Seite wird Kaltwasser wie im Durchlauferhitzer erwärmt. Diese Wärmetauscher sind sehr effektiv und klein (Abb. 4).

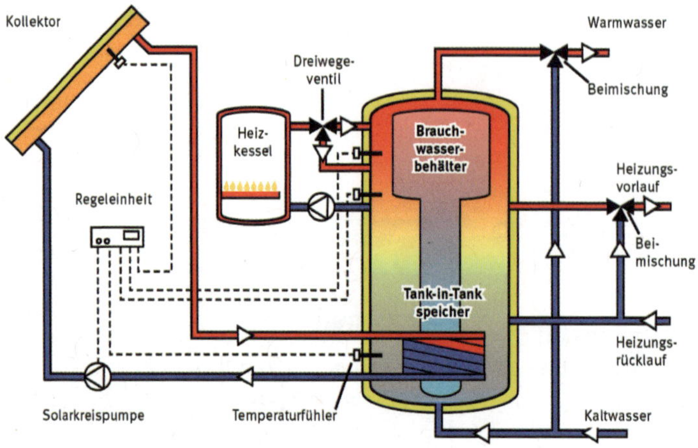

Abb. 3: Schema einer Anlage für Brauchwassererwärmung und Heizungsunterstützung mit Kombispeicher

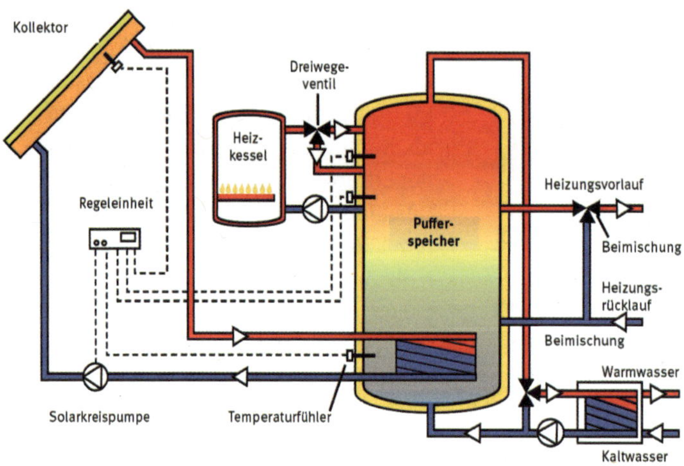

Abb. 4: Schema einer Anlage für Brauchwassererwärmung und Heizungsunterstützung mit Pufferspeicher und Frischwasserstation

Eine Heizungsunterstützungsanlage funktioniert besonders gut mit einem Niedertemperaturheizsystem, beispielsweise mit einer Fußbodenheizung.

Thermische Solaranlagen: Bauweisen

Das wärmegewinnende Element jeder Solaranlage ist der Sonnenkollektor. Zwei Bauarten kommen hier in Betracht – der **Flachkollektor** und der **Röhrenkollektor.**

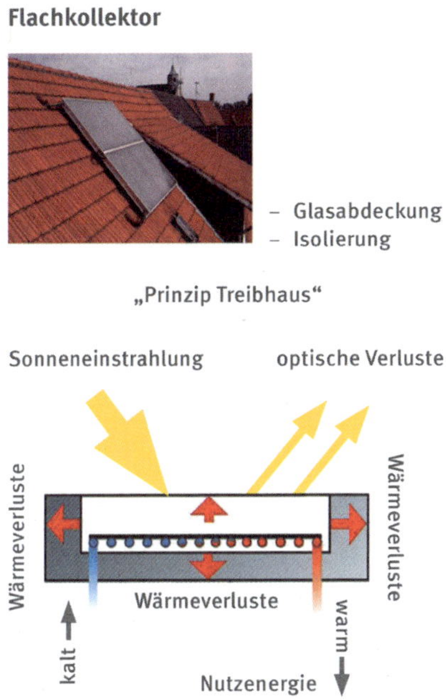

Abb. 5: Bauarten von Solarkollektoren: Flachkollektor

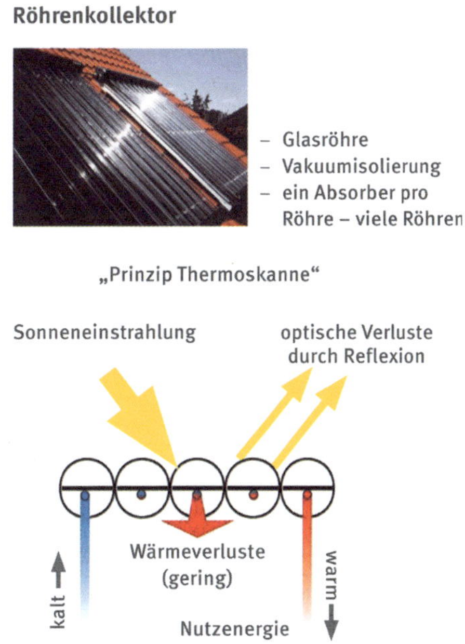

Abb. 6: Bauarten von Solarkollektoren: Röhrenkollektor

Flachkollektor: Er arbeitet nach dem „Prinzip Treibhaus“ (Abb. 5). Sonnenstrahlung fällt durch die Glasabdeckung auf den Absorber und erwärmt diesen. Das Abdeckglas ist für vom Absorber kommende Wärmestrahlung fast undurchlässig. Nach hinten ist der Kollektor gut wärmegedämmt. Der Absorber verliert dadurch wenig Wärme. Zum Abtransport der Wärme wird er von kaltem Wasser durchströmt und heizt dieses auf. An sonnigen Tagen können im Stillstand Absorbertemperaturen von weit über 100 °C entstehen. Der Absorber hat eine spezielle, selektive Beschichtung, sodass möglichst viel Sonnenstrahlung aufgenommen und möglichst wenig Wärmestrahlung abgegeben wird. Flachkollektoren können über 50 Prozent der Sonnenstrahlung in Wärme umsetzen. Sie arbeiten umso effizienter, je kälter das durchströmende Wasser ist und je wärmer die Umgebung. Im Winter können sie nur noch wenig Wärme liefern. Sie können dachintegriert, wie ein Dachflächenfenster, eingebaut werden und einen Teil der Dacheindeckung ersetzen.

Röhrenkollektor: Er arbeitet effizienter als der Flachkollektor (Abb. 6). Wie beim „Prinzip Thermoskanne“ sorgt ein luftleerer Raum (Vakuum) für möglichst geringe Wärmeverluste. Der Absorber befindet sich in einer luftleeren Röhre oder eine doppelwandige luftleere Röhre wird darübergestülpt. Manche Absorber werden direkt vom Wasser durch-

> **WICHTIG**
>
> ## Speicherform
>
> Wählen Sie möglichst hohe, schlanke Speicher, die Vorkehrungen gegen die Verwirbelung durch einströmendes Wasser eingebaut haben.

strömt. Bei anderen gibt es einen inneren Kreislauf mit einer speziellen Flüssigkeit (Heat-Pipe), dann wird die Wärme am Kopf der Röhre abgenommen. Viele Einzelröhren werden zum Kollektor verbunden. Bei CPC-Kollektoren (**C**ompound **P**arabolic **C**oncentrators) sorgt ein unter den Röhren liegender Spiegel für zusätzlichen Strahlungsgewinn. Röhrenkollektoren können auch im Winter beachtliche Solargewinne erzielen. Für die gleiche Wärmeausbeute reicht gegenüber Flachkollektoren eine geringere Fläche. Röhrenkollektoren können um einige Grad Richtung Sonne gedreht werden, sie sind jedoch teurer als Flachkollektoren und deshalb nicht so weit verbreitet wie Anlagen mit Flachkollektoren (→ Beispiel auf Seite 221). Röhrenkollektoren frieren dank der Vakuumdämmung nicht ein, sodass auf ein Frostschutzmittel im Solarkreislauf und einen Wärmetauscher zum Pufferspeicher verzichtet werden kann – dieses effektive System nennt sich Aquasystem.

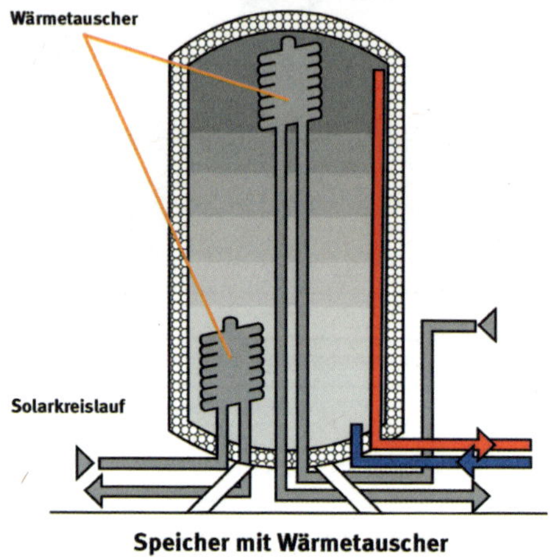

Abb. 7: Schematische Darstellung eines Solarspeichers

Solarspeicher sollen die gewonnene Wärme möglichst komplett speichern. Sie sind deswegen besonders gut wärmegedämmt. Die nötigen Rohrleitungen sollten möglichst von unten kommen – denn Wärme steigt immer nach oben.

Abbildung 7 zeigt einen Solarspeicher für eine Brauchwassersolaranlage. Hier sind zwei Wärmetauscher in Form von gewendelten Rohren eingebaut. Der Sonnenkollektor arbeitet am effizientesten, wenn er von möglichst kaltem Wasser durchströmt wird. Der Wärmetauscher für den Solarkreis liegt deswegen möglichst tief im Speicher. Im Speicher sollte eine stabile Temperaturschichtung vorliegen.

Abb. 8: Solar-Luftkollektor

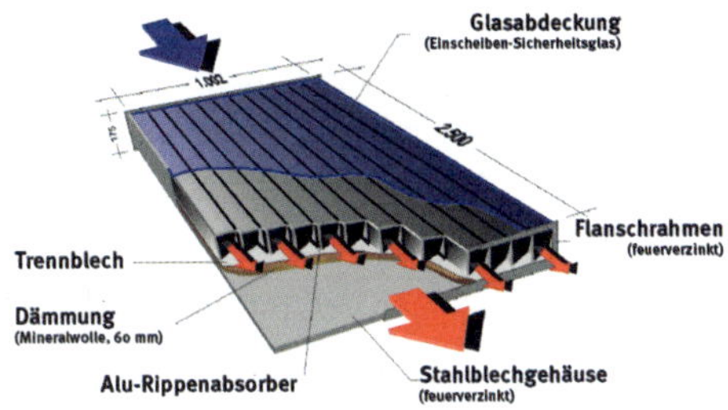

Abb. 9: Arbeitsweise eines Solar-Luftkollektors

Es gibt auch spezielle Schichtenspeicher, die durch Einbauten dafür sorgen, dass die gewonnene Sonnenwärme immer in der richtigen Temperaturschicht eingebracht wird. Der Solarkreistauscher befindet sich somit in kaltem Wasser, sodass der Kollektor schon bei geringer Sonneneinstrahlung Wärme in den Speicher abgeben kann.

Die **Regelung** vergleicht die Temperatur am Kollektorausgang mit der mittleren Speichertemperatur. Liegt die Kollektortemperatur um einen voreingestellten Betrag über der Speichertemperatur, läuft die Solarkreispumpe. Nach oben hin wird im Speicher die Wassertemperatur immer höher, da warmes Wasser nach oben steigt. Das Brauchwarmwasser wird an der höchsten Stelle im Speicher entnommen. Dort befindet sich auch der Wärmetauscher für die Nachheizung über den Wärmeerzeuger. An der tiefsten Stelle fließt Kaltwasser nach, sodass der Solarkreistauscher im Kalten bleibt.

Luftkollektoren

Sonnenwärme kann auch durch Luft ins Gebäude gelangen. (Abb. 8 und 9) Ein **Luftkollektor** ist im Prinzip wie ein Flachkollektor aufgebaut. Luft kann jedoch pro Volumeneinheit wesentlich weniger Wärme als Wasser transportieren. Es müssen also große Luftmengen bewegt werden. Die Luftkanäle sind deswegen erheblich größer als die Absorberrohre im Solarflachkollektor. Die Luft wird mit einem Gebläse durch den Kollektor gepustet und als Warmluft ins Gebäude geleitet. So schlagen Sie zwei Fliegen mit einer Klappe: Sie erhalten eine Lüftungs- und eine Heizungsanlage. Besonders interessant ist das für wenig genutzte Ferienhäuser, um Feuchtigkeit und Schimmel zu vermeiden.

CHECKLISTE

Thermische Solaranlagen

Damit eine thermische Solaranlage **effizient** arbeiten kann, sind eine sorgfältige Planung und Ausführung bis ins Detail das A und O.

- ☐ **Solarkreis:** Wichtig ist eine dauerhafte, lückenlose Dämmung aller Rohre und Armaturen in ausreichender Stärke. Die Dämmung sollte mindestens bis 170 °C beständig sein – die im Heizungsbau üblichen Materialien sind ungeeignet. Die Rohrdämmung im Außenbereich muss vor UV-Strahlung und Tierbissen, etwa von Vögeln, Mäusen oder Mardern, geschützt werden.
- ☐ **Speicheranschluss:** Die Dämmung soll lückenlos bis an den Speicher reichen – blankes Metall darf nicht sichtbar sein. Nachts kann sich ein Speicher über den Kollektor entladen. Wichtig ist deshalb eine Rücklaufverhinderung durch Rücklaufsperren und den Einbau von Siphons (die Leitung verläuft u-förmig nach unten, sodass kein warmes Wasser vom Speicher zum Kollektor strömt). Alle Leitungen sollten unten in den Speicher geführt werden. Keinesfalls dürfen Vorlauf und Rücklauf vertauscht werden.
- ☐ **Warmwasseranschluss:** Auch die Warmwasserleitung wird vollständig gedämmt und gegen Rücklauf gesichert. Sollte es in Ihrem Haus eine Warmwasserzirkulation (ständige Umwälzung des Warmwassers, um schnell Warmwasser zapfen zu können) geben, so ist zu überlegen, ob diese tatsächlich nötig ist. Warmwasserzirkulation zerstört die Temperaturschichtung im Speicher. Mindestens jedoch sollte die Laufzeit der Zirkulationspumpe mit Zeitschaltuhr auf die absolut notwendigen Zeiten beschränkt werden. Achtung: Auch die Zirkulationsleitung muss lückenlos wärmegedämmt sein.
- ☐ **Heizungsanlage:** Bei Anlagen mit Heizungsunterstützung ist es wichtig, dass die Heizungsanlage mit möglichst niedrigen Temperaturen arbeitet. Ein hydraulischer Abgleich des Heizungssystems ist unbedingt erforderlich (→ Seite 241).
- ☐ **Sicherheit der Anlage:** Ein ausreichend großes Ausdehnungsgefäß im Solarkreis ist notwendig, das beim Stillstand den Inhalt der Kollektoren aufnehmen kann. (Stillstand: Die Sonne scheint, es wird keine Wärme abgenommen, der Kollektor beginnt zu kochen und verdrängt das Wasser-Frostschutzmittel-Gemisch.) Trotzdem kann sich das Sicherheitsventil öffnen. Wichtig ist deswegen eine Leitung am Sicherheitsventil, die in ein Auffanggefäß führt, das nicht mal eben weggenommen und zweckentfremdet werden kann. Die Temperaturen im Speicher können recht hoch sein: Ein Verbrühschutz mit thermostatischem Mischer am Speicher ist ein Muss. Alle Fühlerkabel sollten gegen Herausziehen gesichert und die Rohre im Außenbereich mit Ummantelung geschützt

werden. Hat das Haus eine Blitzschutzanlage? Dann die Solaranlage mit all ihren Leitungen einbinden!

- ☐ **Kundeneinweisung:** Lassen Sie sich von Ihrem Anbieter die Anlage und deren Bedienung bis ins Detail erklären und verlangen Sie eine ausführliche schriftliche Dokumentation aller Anlagenteile.
- ☐ **Funktionskontrolle:** Am einfachsten können Sie feststellen, ob die Anlage ordnungsgemäß arbeitet, indem Sie im Sommer den Wärmeerzeuger ausschalten. Wenn Sie dann keine ausreichende Menge Warmwasser erhalten, verlangen Sie eine Nachbesserung.

Als Wärmespeicher kann ein Kiesbett unter dem Haus genutzt werden, durch das die warme Luft geleitet wird. Es gibt auch spezielle Wärmetauscher, die eine Warmwasserbereitung ermöglichen.

Beispielvarianten

Es gibt unterschiedliche Einsatzmöglichkeiten von **thermischen Solaranlagen**. Alle Anlagen sind auf dem Süddach mit 45 Grad Dachneigung montiert. Bei Heizungsunterstützungsanlagen könnte zwar eine steilere Anstellung zur besseren Ausnutzung der Wintersonne dienen, jedoch lohnt es den Aufwand nicht. Jedes Haus hat eine Fußbodenheizung. Bei Haushalt A gibt es zudem eine Abschätzung für eine normale Niedertemperaturheizung mit klassischen Heizkörpern und für eine Heizungsunterstützungsanlage mit Röhrenkollektoren. Es gibt für Haushalt A sieben, für die Haushalte B und C je sechs Varianten. Solange die Anlage nicht erneuert wird, kann der bestehende Öl- bzw. Gaskessel bleiben und weiterhin mit fossilem Brennstoff betrieben werden. Dann entfällt allerdings der Klimageschwindigkeitsbonus in der BEG.

Variante 6a: Brauchwassersolaranlage passend zum Warmwasserbedarf mit Flachkollektor

Variante 6b: Brauchwassersolaranlage, passend zum Warmwasserbedarf mit Röhrenkollektor

Variante 6c: Kleine Heizungsunterstützungsanlage mit Flachkollektor von 12 Quadratmetern Kollektorfläche und einem 1.000-Liter-Pufferspeicher mit Frischwasserstation

Variante 6c-1: Bei Haushalt A Variante 6c mit Heizkörpern und hoher Vorlauftemperatur

Variante 6c-2: Bei Haushalt A Variante 6c mit 9 Quadratmetern Röhrenkollektoren

Variante 6d: Große Solaranlage

Variante 6e: Luftkollektoranlage

Variante 6f: Bei den Haushalten B und C betrachten wir eine Kombination von Variante 6a mit Variante 6e.

Die angegebenen Kosten sind im üblichen Rahmen (Stand 2023), einschließlich Mehrwertsteuer. Es werden mittlere Werte genommen. Vergleichen Sie sie mit Ihrem konkreten Angebot. Abweichungen von mehreren Tausend Euro sind zu erwarten.

GUT ZU WISSEN

Solarer Deckungsgrad

Was bei stromerzeugenden Anlagen als **Autarkiegrad** bezeichnet wird, ist bei thermischen Solaranlagen der **solare Deckungsgrad:** das Verhältnis von solar erzeugter Wärme zum gesamten Wärmebedarf.
Wird ein solarer Deckungsgrad von über 50 Prozent erzielt, so handelt es sich um ein **Sonnenhaus** (→ Seite 219). Bei Neubauten werden ausschließlich Effizienzhäuser gefördert (→ Seite 215).

Von den Investitionskosten werden lediglich Zuschüsse der Bundesförderung abgezogen, Stand 2024. Förderbedingungen ändern sich ständig, schauen Sie ins Internet (www.vz-nrw.de/foerderprogramme). In einigen Bundesländern kann es Geld geben – das verbessert die Wirtschaftlichkeit. Den aktuellen Stand finden Sie unter www.foerderdatenbank.de, weiterklicken zu „Förderrecherche“ und dann im Suchfeld die Begriffe eingeben.

Jahresbetriebskosten fallen für den Strom der Pumpen und für die Anlagenwartung an. Bei größeren Anlagen sind sie höher. Es wird pauschal mit 0,5 Prozent der Investitionskosten gerechnet. Sie sind niedriger als bei Photovoltaikanlagen (denn bei thermischen Solaranlagen sind bis auf die Pumpe alle Bauteile langlebig). Es gibt Untersuchungen an über 20 Jahre alten Solarkollektoranlagen, die zeigen, dass fast alle Anlagen noch in gutem Zustand sind. Sie können bei einer gut gebauten Anlage mit einer Lebensdauer von 20, ja sogar 30 Jahren rechnen. Da es sich nicht um einen Ersatz des alten Wärmeerzeugers handelt, sondern um eine Ergänzung, bleiben die Wartungskosten der Altanlage gleich. In der **interaktiven Tabelle 4** finden Sie Abschätzungen für alle Varianten ohne Inflations- und Kapitalkosten.

Die Anlagenerträge wurden monatsweise mit dem Programm „GetSolar“ für den Standort „Dortmund“ mit einer Globalstrahlung auf die waagerechte Fläche von 1.000 Kilowattstunden pro Quadratmeter jährlich ermittelt. Die Abschätzungen der Luftkollektoren erfolgten aufgrund von Herstellerangaben.

→ **TIPP Anpassung an Ihre Werte**
In der **interaktiven Tabelle 4** (Download → Seite 7) können Sie Ihre eigenen Werte eingeben und erhalten für verschiedene Varianten Ergebnisfelder, die bei günstigen Werten entsprechend eingefärbt sind. Eine Anleitung zur Werteeingabe finden Sie dort ebenfalls.

Haushalt A

Die A's möchten auf ihrem Süddach Kollektoren anbringen.

11% **Variante 6a:** Zunächst geht es um eine Anlage mit **Flachkollektoren zur Brauchwassererwärmung.** Der Warmwasserbedarf von zwei Personen ist niedrig. Sie wählen deswegen eine kleine Anlage mit 3 Quadratmetern Kollektorfläche und einem 300-Liter-Solarspeicher. Diese Anlage kostet brutto etwa 8.000 Euro. Die A's können eine Bundesförderung in Höhe von 4.800 Euro erhalten (Grundförderung und Einkommensbonus). Die hohen Verluste der alten Warmwasseranlage werden zum größten Teil durch die thermische Solaranlage eingespart, da ja das gesamte System einschließlich Speicher erneuert wird. Die Anlage liefert pro Jahr 1.110 Kilowattstunden. Das sind 69 Prozent der Nutzenergie für die Warmwasserbereitung. Allerdings hat auch die neue Anlage noch Verluste. Dafür beträgt der solare Deckungsgrad gut 46 Prozent. Im Vergleich zum Ist-Zustand spart Haushalt A circa 3.310 Kilowattstunden. Die Betriebskosten pro Jahr sind um 400 Euro gesunken. Dadurch können die Investitions- und Wartungskosten (der Ölkessel bleibt ja) gut gedeckt werden, die Anlage rechnet sich in 8 Jahren und es bleibt eine Kosteneinsparung über 20 Jahre von circa 4.800 Euro. Die Umwelt wird von etwa 1,1 Tonnen CO_2 jährlich entlastet, auch durch die erhebliche Verringerung der Verluste.

12% **Variante 6b:** Anlage mit **Röhrenkollektoren zur Brauchwassererwärmung.** Die Kollektorgröße und der Speicher bleiben. Die Röhrenkollektoren sind teurer: Kosten circa 9.000 Euro. Die Bundesförderung steigt auf 5.400 Euro. Die Anlage liefert mit 1.440 Kilowattstunden pro Jahr mehr – circa 90 Prozent der Energie für die Warmwasserbereitung. Die Anmerkungen zum Verlust bleiben und dann beträgt der solare Deckungsgrad circa 60 Prozent. Die Betriebskosten pro Jahr sind um 430 Euro gesunken. Die Wirtschaftlichkeit verschlechtert sich etwas und die Amortisationszeit steigt auf 8,4 Jahre.

Die Umwelt wird um etwa 1,2 Tonnen CO_2 jährlich entlastet.

24% **Variante 6c:** Eine Flachkollektoranlage zur **Heizungsunterstützung** kostet circa 13.000 Euro. Hier kann eine Förderung in Höhe von 7.800 Euro abgezogen werden. Die Anlage liefert pro Jahr 5.040 Kilowattstunden. Das ergibt bei Berücksichtigung verbleibender Verluste einen **solaren Deckungsgrad** von gut 25 Prozent. (Abb. 10) Im Sommer wird die Warmwasserbereitung vollständig übernommen. Ein kleiner Beitrag zur Heizungsunterstützung wird nur in der Übergangszeit geliefert. Die Betriebskosten pro Jahr sind um 890 Euro gesunken. Dadurch können die Investitions- und Wartungskos-

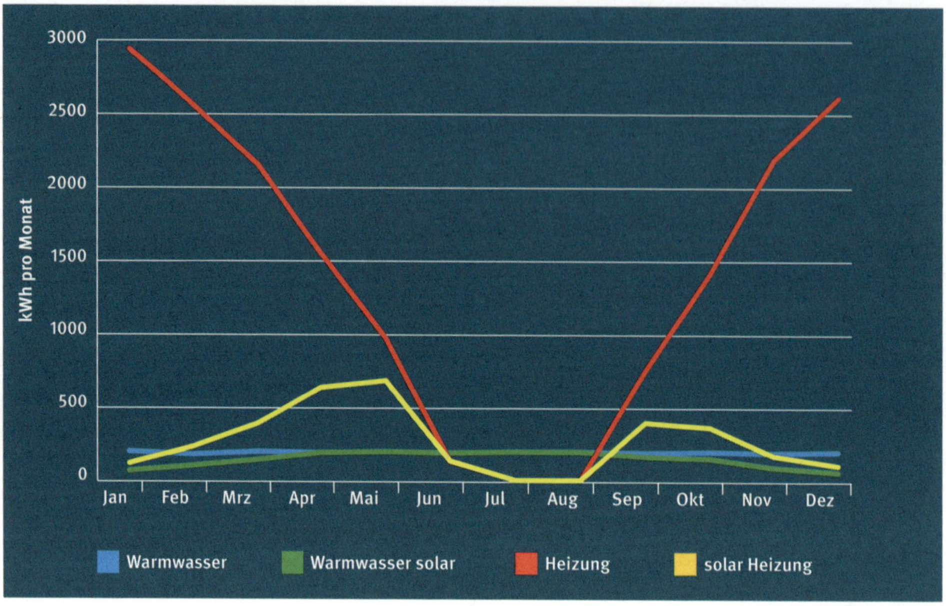

Abb. 10: Jahresgang des Wärmeverbrauchs von Haushalt A und dessen Deckung durch die Solarkollektoranlage Variante 6c

ten gut gedeckt werden. Die Anlage ist mit knapp 6 Jahren Amortisationszeit wirtschaftlich und erbringt eine Kosteneinsparung nach 20 Jahren von knapp 13.000 Euro.

Die Umwelt wird um 2,3 Tonnen CO_2 entlastet im Vergleich zum Ist-Zustand.

22% **Variante 6c-1:** Sollen die Heizkörper nicht durch eine Fußbodenheizung ersetzt werden, so muss der Kollektor höhere Temperaturen erbringen und arbeitet deswegen weniger effizient. Die Anlage liefert dann mit 4.440 Kilowattstunden jährlich deutlich weniger Energie. Entsprechend steigen die Betriebskosten pro Jahr. Die Anlage ist aber mit gut 6 Jahren Amortisationszeit weiterhin wirtschaftlich. Die Umwelt wird nur noch um 2,1 Tonnen CO_2 jährlich entlastet.

22% **Variante 6c-2:** Ein **Röhrenkollektor** ist zwar effizienter, sodass ein Kollektorfeld von 9 Quadratmetern reicht. Röhrenkollektoren sind allerdings teurer. Deswegen wird mit denselben Investitionskosten wie bei der größeren Flachkollektoranlage gerechnet. Der jährliche Ertrag ist mit 4.540 Kilowattstunden etwas schlechter als bei Variante 6c. Betriebskosten pro Jahr sind etwas höher und auch diese Anlage ist mit gut 6 Jahren Amortisationszeit wirtschaftlich.

Die Umweltentlastung beträgt wieder 2,1 Tonnen CO_2 jährlich.

42% **Variante 6d:** Als **große Solaranlage** wird ein Flachkollektor mit 39 Quadratmetern und ein Pufferspeicher von 8.000 Litern gewählt.

Eine solche Anlage kostet etwa 25.000 Euro. Die Förderung steigt auf circa 15.000 Euro. Die Anlage liefert pro Jahr 10.530 Kilowattstunden. Das ergibt unter Berücksichtigung verbleibender Verluste einen solaren Deckungsgrad von knapp 53 Prozent – ein Sonnenhaus (→ Seite 106). Im Sommer und in der Übergangszeit wird die Warmwasserbereitung größtenteils übernommen. Ein merklicher Beitrag zur Heizungsunterstützung wird in der Übergangszeit geliefert. Die Betriebskosten pro Jahr sind um 1.550 Euro gesunken. Dadurch können die hohen Investitions- und Wartungskosten gut gedeckt werden und es bleibt über 20 Jahre ein Überschuss von circa 21.000 Euro. Die Anlage ist mit knapp 7 Jahren Amortisationszeit wirtschaftlich.

Die Umwelt wird um 4 Tonnen CO_2 entlastet im Vergleich zum Ist-Zustand.

16 % **Variante 6e:** Die A's überlegen, ob nicht eine solar unterstützte Lüftungsanlage mit **Luftkollektoren** sinnvoll sein könnte. Die gewählten Kollektoren haben für den Ventilatorbetrieb ein Solarmodul eingebaut. Es ist lediglich noch eine Luft-Leitungsführung ins Haus erforderlich. Für die Wohnfläche von 120 Quadratmetern ist ein Luftkollektor mit 12 Quadratmetern passend. Diese Anlage kostet circa 10.000 Euro. Luftkollektoren werden gefördert, in diesem Fall mit 6.000 Euro. Die Anlage liefert jährlich etwa 4.920 Kilowattstunden. Bezogen auf den Gesamtwärmebedarf einschließlich verbleibender Verluste ist das ein solarer Deckungsgrad von knapp 25 Prozent, nur auf Heizenergie bezogen von 28 Prozent. Der Luftkollektor trägt ausschließlich zur Heizwärme bei. Warmwasserbereitung wird nicht übernommen. Ein merklicher Beitrag zur Heizungsunterstützung wird in der Übergangszeit geliefert. Die Betriebskosten pro Jahr sind um 800 Euro gesunken. Dadurch können die Investitions- und Wartungskosten gut gedeckt werden und es bleibt über 20 Jahre ein Überschuss von circa 8.000 Euro. Die Anlage ist mit knapp 7 Jahren Amortisationszeit wirtschaftlich.

Die Umwelt wird um 1,6 Tonnen CO_2 entlastet im Vergleich zum Ist-Zustand.

Fazit: Trotz des geringen Warmwasserbedarfs ist eine reine Brauchwasseranlage zu empfehlen, da dadurch die Verluste der Warmwasserbereitung erheblich geringer werden. Wirtschaftlicher sind allerdings Anlagen, die auch die Heizung unterstützen. Die A's sollten sich eine Fußbodenheizung einbauen lassen. Es gibt Systeme mit sehr geringer Aufbauhöhe oder Methoden zum Einfräsen in den Estrich für die Nachrüstung im Altbau. Auch eine Wandflächenheizung wäre als weniger aufwendige Variante zu empfehlen (→ Seite 150). Wenn die Finanzen es zulassen, sollte Haushalt A die große Anlage wählen, die erheblich zur Autarkie beiträgt und wirtschaftlich ist. **Sehr zu überlegen ist der Einbau einer Luftkollektoranlage.** Hier ist keine Nachrüstung einer Flächenheizung nötig. Da die A's vor allem Heizwärme ersetzen wollen, ist die solare Lüftungsanlage angeraten. Sie hat eine ähnlich kurze Amortisationszeit wie andere Varianten zur Heizungsunterstützung.

Haushalt B

Haushalt B möchte von der Sonnenwärme profitieren.

15 % **Variante 6a:** Zunächst geht es um eine Anlage zur Brauchwassererwärmung. Für vier Personen wählen sie eine Anlage mit 6 Quadratmetern Kollektorfläche und einem 400-Liter-Solarspeicher. Diese Anlage ist zwar größer als diejenige von Haushalt A. Die Kosten liegen aber ebenfalls bei brutto etwa 8.000 Euro. Förderung wie bei Haushalt A. Die Anlage liefert pro Jahr 2.400 Kilowattstunden. Die Verluste im Warmwassersystem sind erheblich geringer als bei Haushalt A. So ergibt die neue Anlage auch eine geringere zusätzliche Einsparung. Die Sonne liefert gut 65 Prozent der Energie für die Warmwasserbereitung einschließlich verbleibender Verluste. Die Betriebskosten pro Jahr sind um 290 Euro gesunken. Die Investitions- und Wartungskosten (der Gaskessel bleibt) können gut gedeckt werden. Die Anlage ist mit einer Amortisationszeit von 11 Jahren wirtschaftlich.

Die Umwelt wird von etwa 0,7 Tonnen CO_2 jährlich entlastet.

16 % **Variante 6b:** Anlage mit Röhrenkollektoren zur Brauchwassererwärmung. Die Kollektorgröße und der Speicher bleiben. Die Röhrenkollektoren sind teurer: Sie kosten circa 10.000 Euro, die Bundesförderung steigt auf 6.000 Euro. Die Anlage liefert mit 2.583 Kilowattstunden pro Jahr mehr – etwa 70 Prozent der Energie für die Warmwasserbereitung einschließlich Restverluste. Die Betriebskosten pro Jahr sind fast gleich geblieben und diese Anlage ist mit einer Amortisationszeit von gut 13 Jahren unwirtschaftlicher.

Die Umwelt wird wieder von etwa 0,7 Tonnen CO_2 jährlich entlastet.

29 % **Variante 6c:** Anlagenkosten und Förderung wie Haushalt A. Die Anlage liefert pro Jahr 4.920 Kilowattstunden. Das ergibt einen solaren Deckungsgrad von gut 36 Prozent. Die Betriebskosten pro Jahr sind um 560 Euro gesunken. Dadurch können die Investitions- und Wartungskosten gut gedeckt werden. Die Anlage ist mit gut 9 Jahren Amortisationszeit wirtschaftlich.

Die Umwelt wird von 1,3 Tonnen CO_2 entlastet im Vergleich zum Ist-Zustand.

60 % **Variante 6d:** Die große Solaranlage wird wie bei Haushalt A gewählt. Auch die Werte für Kosten und Förderung finden Sie dort. Die Anlage liefert pro Jahr 10.530 Kilowattstunden. Mit einem solaren Deckungsgrad einschließlich Restverlusten von knapp 80 Prozent haben auch die B's ein Sonnen-

haus (→ Seite 106). Die Betriebskosten pro Jahr sind um 1.170 Euro gesunken. Dadurch können die hohen Investitions- und Wartungskosten gut gedeckt werden und es bleibt über 20 Jahre ein Überschuss von gut 13.000 Euro. Die Anlage ist mit knapp 9 Jahren Amortisationszeit wirtschaftlich.

Die Umwelt wird von 2,6 Tonnen CO_2 entlastet im Vergleich zum Ist-Zustand.

25 % **Variante 6e:** Eine solar unterstützte Lüftungsanlage mit Luftkollektoren kann auch bei den B's sinnvoll sein. Größe, Kosten und Förderung wie bei Haushalt A. Die Anlage liefert jährlich etwa 4.440 Kilowattstunden. Bezogen auf den Gesamtwärmebedarf ist das ein solarer Deckungsgrad von knapp 33 Prozent, nur auf Heizenergie bezogen von knapp 45 Prozent. Die Betriebskosten pro Jahr sind um 480 Euro gesunken. Dadurch können die Investitions- und Wartungskosten gut gedeckt werden und es bleibt über 20 Jahre ein Überschuss von knapp 6.000 Euro. Die Anlage ist mit gut 8 Jahren Amortisationszeit wirtschaftlich.

Die Umwelt wird um 1,1 Tonnen CO_2 entlastet im Vergleich zum Ist-Zustand.

Fazit: Trotz des hohen Warmwasserbedarfs ist eine reine Brauchwasseranlage die unwirtschaftlichste Lösung, da nur geringere Verluste des alten Systems wegfallen. Wirtschaftlicher sind alle Heizungsunterstützungsanlagen. Auch Haushalt B sollte sich eine Flächenheizung einbauen lassen. Wenn die Finanzen es zulassen, könnten sie auch die große Anlage wählen, die ihr Haus zum Sonnenhaus macht und wirtschaftlicher zu betreiben ist. Die kürzeste Amortisationszeit hat hier die Luftkollektoranlage.

Eventuell wäre die Kombination der Brauchwassersolaranlage und der Luftkollektoranlage zu überlegen:

40 % **Variante 6f:** Die Kombination beider Anlagen kostet circa 7.200 Euro (Förderung abgezogen). Der Solarertrag von 6.840 Kilowattstunden pro Jahr ergibt einen solaren Deckungsgrad von gut 50 Prozent. Die Betriebskosten pro Jahr sind um 770 Euro gesunken. Dadurch können die mittleren Investitions- und Wartungskosten gut gedeckt werden und es bleibt über 20 Jahre ein Überschuss von gut 8.000 Euro. Die Anlage ist mit gut 9 Jahren Amortisationszeit wirtschaftlich.

Die Umwelt wird von 1,7 Tonnen CO_2 entlastet im Vergleich zum Ist-Zustand.

Diese Anlagenkombination ist zwar etwas weniger wirtschaftlich als die große Heizungsunterstützungsanlage, sie ergibt allerdings bei erheblich geringeren Investitionskosten die zweithöchste Autarkie aller Varianten ohne Arbeiten am Heizsystem.

VORTEILE UND NACHTEILE

⊕ Thermische Solaranlage

- Weit verbreitete Technik
- Guter Primärenergiefaktor
- Mehr Autarkie Wärme dank thermischer Solaranlage
- Niedrige Energiekosten
- Mittlere Wartungskosten
- Bei guter Planung und Ausführung hohe Effizienz
- Passt ins regenerative Versorgungssystem, wenn im Gasnetz zunehmend Bio-, Wind- und Sonnengas transportiert wird, oder bei der Kombination mit Biomasseheizung oder Wärmepumpe
- Möglichkeit zur Langzeitspeicherung von Sommerwärme in den Winter
- Wenn kein Kessel erneuert wird, darf die Anlage bis 2045 weiterhin fossil betrieben werden. Die thermische Solaranlage verringert den Einsatz fossiler Energie.
- Die Kombination mit einer sehr großen Anlage erfüllt die Anforderung an 65 Prozent erneuerbare Energie (→ Seite 217).

⊖ Thermische Solaranlage

- Zweiter Wärmeerzeuger nötig
- Anlage muss sorgfältig gebaut werden
- Tarife können geändert werden – es kann Preissteigerungen geben
- Dach muss für thermische Solaranlage geeignet sein
- Mittlere Klima-Entlastung
- Mittlere Investitionskosten
- Großer Platzbedarf für Langzeitspeicher
- Falls mit Gaskessel kombiniert:
- Schlechter Primärenergiefaktor
- Gasanschluss nötig
- Abhängigkeit von Gaslieferanten
- Umweltbelastung durch CO_2 und andere Stoffe
- Nur Förderung für Solaranlage
- Aussterbende Technik, weil es nicht genug erneuerbares Gas geben wird, oder dieses in Industrie, Schwerverkehr und Luftfahrt genutzt werden muss, wo es keine Alternativen gibt.
- Bei Erdgas Abhängigkeit von unzuverlässigen Staaten
- Unsichere Preisentwicklung
- Erneuerbares Gas könnte sehr teuer sein.
- Wenn Kessel erneuert wird, werden Anforderungen des GEG 2024 nur bei sehr großer Anlage erfüllt

CHECKLISTE

Thermische Solaranlagen

- ☐ Es empfiehlt sich, Ihre Planung bei einer Energieberatung überprüfen zu lassen: **www.verbraucherzentrale-energieberatung.de**
- ☐ Brauchwasserverbrauch und Heizenergieverbrauch feststellen
- ☐ Möglichst mit Heizungserneuerung kombinieren
- ☐ Förderbedingungen beachten und Förderanträge stellen. Die Antragstellung muss vor Auftragserteilung erfolgen.
- ☐ Prüfen, ob die Dachsteine noch eine ausreichende Lebensdauer erwarten lassen oder besser vorher ausgetauscht werden sollten.
- ☐ Vorhandenen Heizkessel mit einer thermischen Solaranlage ergänzen?
- ☐ Vorschriften des GEG 2024 beachten (→ Seite 217)
- ☐ Möglicherweise ist eine Dachintegration sinnvoll.
- ☐ Das Dach sollte vorher gedämmt werden.
- ☐ Statik des Daches überprüfen lassen
- ☐ Prüfen, ob eine Leitung vom Dach zum Warmwasserspeicher geführt werden kann
- ☐ Kollektoren können auch vor einer Südfassade angebracht werden.
- ☐ Auf gute und temperaturbeständige Wärmedämmung der Leitungen achten.
- ☐ Auf Verbrühschutz achten (Kaltwasser-Mischventil)
- ☐ Möglichst Siphons in alle warmen Leitungen einbauen zur Verhinderung von Rezirkulation
- ☐ Auf sorgfältige Planung und Ausführung der Anlage achten (Checkliste Thermische Solaranlagen → Seite 104)
- ☐ Unter **www.gg-solar.de** finden Sie Informationen in Bezug auf das Gütezeichen RAL Solar.

Haushalt C

Die C's möchten im Rahmen ihrer Passivhaus-Planung gerne eine solarthermische Anlage berücksichtigen.

32 %

Variante 6a: Der Warmwasserverbrauch von Haushalt C gleicht demjenigen von Haushalt B. Dementsprechend ist die Brauchwassersolaranlage in Größe, Ertrag, Kosten und Nutzen identisch zu deren

Anlage. Allerdings gibt es im Neubau keine Förderung für thermische Solaranlagen. Auch dadurch ist die Anlage unwirtschaftlich.

34 % **Variante 6b:** Anlage mit Röhrenkollektoren zur Brauchwassererwärmung. Auch diese Anlage entspricht derjenigen von Haushalt B. Durch Wegfall der Förderung ist sie sehr unwirtschaftlich.

55 % **Variante 6c:** Auslegung und Anlagenkosten wie Haushalt A. Die Anlage liefert pro Jahr 4.320 Kilowattstunden. Das ergibt einen solaren Deckungsgrad von knapp 79 Prozent. Die Betriebskosten pro Jahr sind um 490 Euro gesunken Durch Wegfall der Förderung ist diese Variante mit einer Amortisationszeit von 26,5 Jahren unwirtschaftlich. Die Umwelt wird von 1,1 Tonnen CO_2 entlastet im Vergleich zum Ist-Zustand.

62 % **Variante 6d:** Als große Solaranlage wird ein Flachkollektor mit 15 Quadratmeter und ein Pufferspeicher von 2.000 Liter gewählt. Eine solche Anlage kostet circa 15.000 Euro. Es gibt keine Förderung. Die Anlage liefert pro Jahr 4.941 Kilowattstunden. Das ergibt einen solaren Deckungsgrad von 90 Prozent. Nur im tiefsten Winter reicht der Solarertrag nicht. Die Betriebskosten pro Jahr sind um 550 Euro gesunken Da die Förderung weggefallen ist, ist diese Variante unwirtschaftlich.

Die Umwelt wird von 1,3 Tonnen CO_2 entlastet im Vergleich zum Ist-Zustand.

21 % **Variante 6e:** Das Passivhaus benötigt ohnehin eine kontrollierte Lüftungsanlage mit Wärmerückgewinnung. Da liegt die Überlegung nahe, diese Lüftungsanlage mit einem Luftkollektor zu unterstützen. Der gewählte Kollektor benötigt keinen extra Ventilator, er nutzt den der Lüftungsanlage mit. Wegen des geringen Heizwärmebedarfs wird ein kleiner Luftkollektor mit 5 Quadratmetern Fläche gewählt. Diese Anlage kostet circa 6.000 Euro. Die Anlage liefert jährlich etwa 1.800 Kilowattstunden. Bezogen auf den Gesamtwärmebedarf ist das ein solarer Deckungsgrad von knapp 33 Prozent. Der Luftkollektor trägt ausschließlich zur Heizwärme bei. Warmwasserbereitung wird nicht übernommen. Die Betriebskosten pro Jahr sind um 190 Euro gesunken. Ohne Förderung ist diese Variante sehr unwirtschaftlich. Die Umwelt wird von 0,4 Tonnen CO_2 entlastet im Vergleich zum Ist-Zustand.

Fazit: Da es für thermische Solaranlagen im Neubau keine Förderung gibt und die Einsparung beim geringen Verbrauch des Passivhauses nur gering ist, gibt es keine wirtschaftliche Lösung. Wegen des hohen Warmwasserbedarfs ist eine reine Brauchwasseranlage sinnvoll. Bereits die kleine Anlage zur Heizungsunterstützung führt zum Sonnenhaus mit hoher Autarkie.

53 % **Variante 6f:** Eventuell wäre die Kombination der Brauchwassersolaranlage und der Luftkollektoranlage zu überlegen. Die Kombination beider Anlagen ergibt einen Solarertrag von 4.200 Kilowattstunden pro Jahr und einen solaren Deckungsgrad von knapp 77 Prozent. Die Kombination beider Anlagen kostet circa 14.000 Euro. Die Betriebskosten pro Jahr sind um 470 Euro gesunken. Ohne Förderung ist diese Variante unwirtschaftlich. Die Umwelt wird von 1,1 Tonnen CO_2 entlastet im Vergleich zum Ist-Zustand. Diese Anlagenkombination liegt im gleichen Kostenrahmen wie die Heizungsunterstützungsanlagen und erzielt eine ähnlich hohe Autarkie ohne Arbeiten am Heizsystem.

Anpassung an Ihre Verhältnisse

In die **interaktive Tabelle 4** (Download → Seite 7) können Sie in den vorgegebenen Grenzen die für Ihre Situation passenden Werte eingeben. Diese Tabelle beruht auf Simulationen für vorgegebene Situationen und kann nicht auf beliebige Werte übertragen werden.

Strom zu Wärme

Strom in Wärme umwandeln? Bis vor einigen Jahren war ein solcher Vorschlag völlig tabu. Nun kommt aber immer mehr erneuerbar erzeugter Strom in die Netze und das Undenkbare wird denkbar. Es gibt mittlerweile einige Studien, die eine Energiewende ohne Stromeinsatz für Wärmezwecke nicht für möglich halten; denn Strom kann momentan nicht in größeren Mengen gespeichert werden. Große Wärmespeicher dagegen sind bereits vorhanden und ohne Weiteres nachzurüsten.

Ein Wärmespeicher für eine Kilowattstunde kostet etwa 50 bis 100 Euro in der Anschaffung, ein Batteriespeicher dagegen mehr als das Zehnfache. Und erneuerbare Energien sind nicht zu steuern: die Sonne scheint und der Wind weht, ohne sich nach dem Bedarf im Netz zu richten. Deshalb die Überlegung, überschüssigen Strom in Wärme zu wandeln.

Strom ist jedoch eine „edle" Energieform – Strom ist reine Exergie. Wärme besteht nur zum Teil aus Exergie – je geringer die Temperatur, umso weniger Exergie.

Heizen mit Strom ist also wie Butterschneiden mit der Motorsäge. Es gibt jedoch eine Möglichkeit, mithilfe von Strom Exergie zurückzugewinnen – die Wärmepumpe. Sie nutzt Umweltwärme mit niedriger Temperatur und bringt diese unter Stromeinsatz auf ein höheres Temperaturniveau. Zum Vergleich: Wenn Sie nichts daran tun, so nimmt die Unordnung in Ihrer Wohnung immer weiter zu. Sie müssen dann mechanische Energie und Strom fürs Putzen und den Staubsauger einsetzen.

Zurzeit gibt es nur ganz wenige Stunden im Jahr, in denen die erneuerbare Energie nicht genutzt werden kann. Mit zunehmendem Anteil der erneuerbaren und ohne rechtzeitigen Zubau von Stromspeichern kann es tatsächlich sinnvoll werden, Strom direkt in Wärme umzuwandeln. Noch liefert aber die Photovoltaik wertvollen Spitzenstrom.

Im Folgenden wird besprochen, unter welchen Umständen „Strom zu Wärme“ bei Ihrem Haus sinnvoll ist. Solange der Rest, den die Photovoltaikanlage nicht liefern kann, durch eine nicht elektrische Heizanlage gedeckt wird, gibt es keine Belastung des Stromnetzes. Es wird sogar durch Warmwasserbereitung von sommerlichen Spitzen entlastet. Elektrische Nachheizung und elektrische Wärmepumpen aber führen zu zusätzlicher Winterlast, insbesondere wenn dies viele Haushalte machen. Windstrom kann diese Last vermutlich nur im Zusammenspiel mit Stromspeichern decken.

Elektrische Warmwasserbereitung mit Photovoltaikstrom

Bei der Warmwasserbereitung gibt es zwei Wege zur Autarkie für Sie: eine **thermische Solaranlage, die direkt das Warmwasser bereitet** (→ Seite 96) oder eine **Photovoltaikanlage** (→ Seite 37), die den benötigten Strom zur Verfügung stellt. Was ist sinnvoller? Geht es darum, möglichst wenig Exergie zu verlieren, so kommt nur die Solarthermie infrage. Wie sieht das aber von der technischen und wirtschaftlichen Seite aus?

Variante 7a: Sie können einen Elektroheizstab nicht direkt mit den Solarmodulen verbinden. Sie benötigen dazu eine Elektronik, die möglichst viel Strom aus den Modulen gewinnt, die Aufheizung nach dem Solarstromangebot steuert und für den Fall, dass Warmwasserbedarf besteht, aber kein Sonnenstrom zur Verfügung steht, gegebenenfalls auf Netzstrom umschaltet. Solche Geräte sind auf dem Markt für knapp 1.000 bis 1.500 Euro erhältlich (Abb. 11). Der rechts sichtbare Heizstab wird in den Warmwasser-

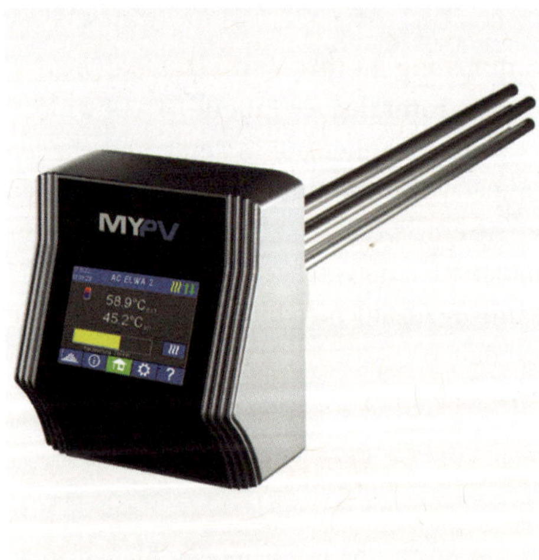

Abb. 11: Gerät zur direkten Aufheizung eines Brauchwasserspeichers mit einer Photovoltaikanlage

speicher geschoben und dicht verschraubt. Im linken Kasten befindet sich die Ansteuerelektronik. Der vorhandene Brauchwasserspeicher der Heizungsanlage kann genutzt werden, wenn es dort noch einen unbenutzten Flansch (einen verschraubten Deckel) zur Montage des Heizstabs gibt.

Das Gerät übernimmt nur die Erwärmung des Speicherwassers. Es findet keine Umwandlung des Solarstroms in Netzwechselstrom statt. Steht nicht genug Solarstrom zur Verfügung, so kann das Gerät auf Netzstrom umschalten. Das sollte jedoch nur im Notfall geschehen, da nun Kosten von 40 Cent pro Kilowattstunde (mit Strompreisdeckel) gegenüber 14 bis 12 Cent pro Kilowattstunde bei Öl oder Gas (Gaspreisdeckel) anfallen. Die Solarmodule auf dem Dach werden durch Kabel direkt mit dem Warmwasserbereiter verbunden. Das ist sicher ein geringerer Auf-

GUT ZU WISSEN

Exergie

Energie geht nie verloren, sie wandelt sich nur von einer Form in die andere. Je nach Energieform gibt es jedoch einen Anteil – die Exergie, die tatsächlich verloren geht. Mit Exergie wird der Teil der Energie bezeichnet, der unbeschränkt in andere Energieformen verwandelt werden kann. Strom und mechanische Energie sind reine Exergie. Aus Wärme kann jedoch nur zum Teil wieder Strom gemacht werden. Wärmekraftwerke beispielsweise erreichen lediglich einen Wirkungsgrad von 30 bis etwa 50 Prozent – der Rest wird als Wärme an die Umgebung abgegeben. Letztendlich verwandelt sich alle Energie mehr oder weniger schnell in Wärme. Der Zustand, wenn alles auf gleicher, niedriger Temperatur liegt und somit keine Exergie mehr übrig ist, wird „der Wärmetod des Universums“ genannt. Durch die Art des Energieeinsatzes können wir diesen Vorgang beeinflussen. Beispiel einer Umwandlungskette: Gas wird im Kessel verbrannt und heizt die Wohnung. Die chemische Energie im Brennstoff enthält viel Exergie, denn die Flamme ist mehrere Hundert Grad Celsius heiß. Die Raumwärme mit 20 °C dagegen hat einen geringen Exergiegehalt. In diesem Prozess wird viel Exergie vernichtet. Noch größer ist die Exergievernichtung, wenn zum Heizen Strom eingesetzt wird. Nutzen wir einen Sonnenkollektor, der nur Niedertemperaturwärme liefern kann, so ist die Exergievernichtung minimal.

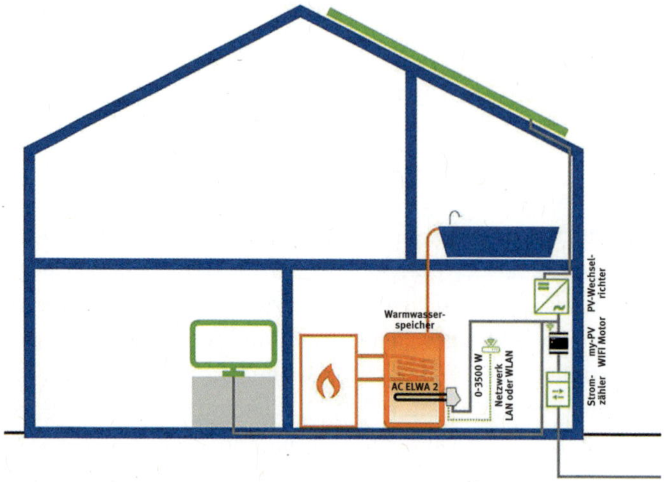

Abb. 12: Einbindung eines Geräts zur Warmwasserbereitung mit vorhandener Photovoltaikanlage in die Hausinstallation (schematische Darstellung)

wand als die Installation einer Kollektoranlage mit gut gedämmten Rohren vom Keller zum Dach. Da es sich hier um sehr kleine Photovoltaikanlagen handelt, andererseits aber kein Wechselrichter benötigt wird, kommen Kosten zwischen 1.200 und 2.000 Euro pro Kilowatt-Peak zu den Kosten des Warmwasserbereiters hinzu. Die Wartungskosten werden pauschal mit 0,5 Prozent der Investitionssumme angesetzt.

Variante 7b: Andere Geräte sind dafür gedacht, bei einer vorhandenen Photovoltaikanlage die Überschüsse, die ansonsten ins Netz eingespeist würden, zur Warmwasserbereitung zu nutzen. Im Zählerkasten misst ein Modul, ob Überschussstrom eingespeist wird, und schaltet dann die Warmwasserbereitung ein, falls der Warmwasserspeicher geheizt werden soll (Abb. 12). Auch bei diesen Geräten ist mit Kosten von 1.000 bis 1.500 Euro zu rechnen. Allerdings könnten Sie den überschüssigen Photovoltaikstrom ansonsten ins Netz einspeisen und erhalten dafür die Einspeisevergütung von zurzeit 8,2 Cent pro Kilowattstunde für 20 Jahre (Anlage bis 10 Kilowatt-Peak (kWp), Inbetriebnahme 2023). Nach 20 Jahren erhalten Sie vermutlich lediglich den niedrigen Börsenstrompreis.

Beispielvarianten

Bei unseren Haushalten A und B kommt die verbleibende Energie für die Warmwasserbereitung von der Öl- beziehungsweise Gasheizung. Die C's planen bei ihrem Passivhaus für die Warmwasserbereitung mit einem kleinen Gasgerät und sie nutzen dies auch zum Betrieb des Lufterhitzers in der Lüftungsanlage.

In der **interaktiven Tabelle 5** (Download → Seite 7) oder von Hand mit Korrekturfaktoren (→ Seiten 43 und 47) können Sie die hier beschriebenen Ergebnisse für Ihre speziellen Bedingungen anpassen. Bleibt der

Kessel, so darf er nach GEG 2024 bis 2045 mit fossilen Brennstoffen beheizt werden.

Haushalt A

Die A's haben nur einen geringen Warmwasser-Nutzenergiebedarf von 1.600 Kilowattstunden jährlich. Allerdings ist das bestehende System sehr ineffizient und hat hohe Verluste. Deswegen sollten sie in jedem Fall in einen neuen Speicher investieren. Auch dann gibt es noch Verluste, allerdings wesentlich geringere.

6 % **Variante 7a:** Es soll eine Anlage ausschließlich für die Warmwasserbereitung eingesetzt werden. Das auf dem Markt erhältliche Gerät hat eine Anschlussleistung von 2 Kilowatt. Solarmodule von 2 Kilowatt-Peak mit Montage kosten circa 3.000 Euro. Zusätzlich fallen Kosten für das Gerät und im Fall der A's einen Warmwasserspeicher an, sodass sich Gesamtkosten von circa 5.500 Euro ergeben. Diese Anlage liefert 1.730 Kilowattstunden für die Warmwasserbereitung, was einem Anteil von gut 72 Prozent entspricht (Abb. 13). Lediglich im Winter kann die Anlage die Warmwasserbereitung nicht vollständig übernehmen. Im Sommer entsteht ein Überschuss an nicht genutzter Solarenergie, den die Anlage abregelt. Diese Variante ist unwirtschaftlich. Die Umwelt wird um circa 0,6 Tonnen CO_2 entlastet im Vergleich zur Warmwasserbereitung durch Öl.

> GUT ZU WISSEN
>
> **Kleinwindanlage**
>
> Natürlich wäre auch die Nutzung einer Kleinwindanlage (→ Seite 51) möglich. Da das Windangebot nicht planbar ist, wird hier auf eine Abschätzung verzichtet. Dies könnte nur auf Ihre Bedingungen zugeschnitten und nach einer Windmessung erfolgen. Falls Sie einen windreichen Standort besitzen, könnte die Brauchwassererwärmung mit Windstrom interessant sein. Achtung: Den Windstrom sollten Sie vorrangig im eigenen Haushalt einsetzen. Ob dann noch ausreichend Strom für die Brauchwasserbereitung verbleibt, ist fraglich.

12 % **Variante 7b:** Haushalt A hat bereits eine Photovoltaikanlage vorgesehen und möchte die Einspeisung ins Netz durch elektrische Warmwasserbereitung verringern. Das auf dem Markt erhältliche Gerät für die Warmwasserbereitung hat eine Anschlussleistung von 3 Kilowatt. Die Kosten für das Gerät und einen Warmwasserspeicher betragen circa 2.500 Euro. Die Photovoltaikanlage wird, wie im Abschnitt „Photovoltaik" beschrieben (→ Seite 37), auf 4 Kilowatt-Peak ausgelegt. Diese Anlage kostet circa 8.000 Euro. Vorrangig wird der Strom im Hausnetz

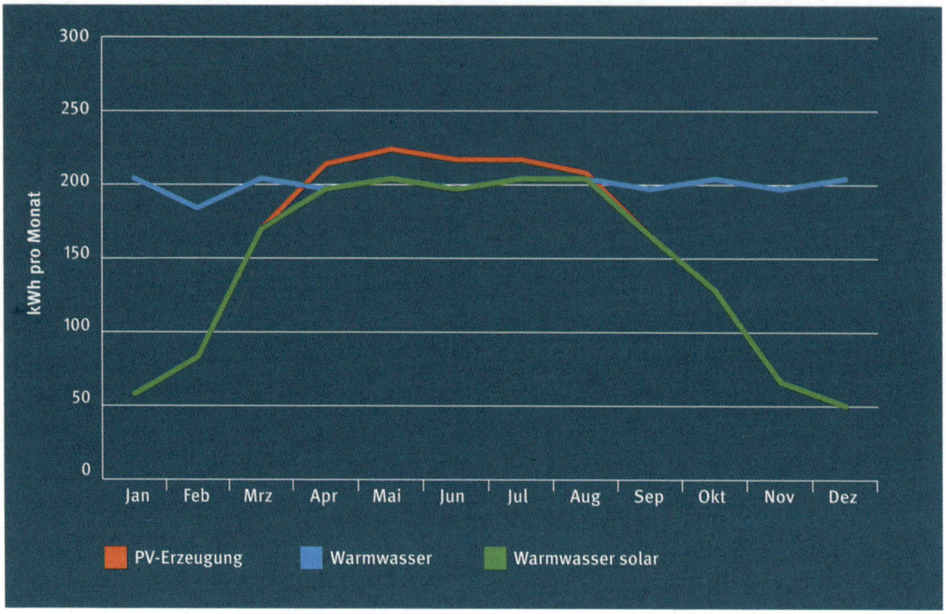

Abb. 13: Jahresverlauf des Warmwasserbedarfs von Haushalt A und dessen Deckung durch die Anlage nach Variante 7a

genutzt; denn dort ersetzt er den Strom, der ansonsten mit 40 Cent pro Kilowattstunde (Strompreisdeckel) bezogen würde. Dies sind circa 1.150 Kilowattstunden jährlich. Der Überschuss liefert 1.830 Kilowattstunden für die Warmwasserbereitung, was einem Anteil von gut 76 Prozent entspricht. In Bezug auf Warmwasserbereitung und Strom-Eigenverbrauch ergibt sich ein **Autarkiegrad** von gut 12 Prozent (Abb. 14). Lediglich im Winter kann die Anlage die Warmwasserbereitung nicht vollständig übernehmen. Im Sommer entsteht ein Überschuss, der ins Netz eingespeist wird. Diese Variante ist mit 18,1 Jahren Amortisationszeit wirtschaftlich. Die Umwelt wird wegen Verdrängung von Kohlestrom von circa 1,6 Tonnen CO_2 entlastet im Vergleich zur Warmwasserbereitung durch Öl.

Fazit: Die netzgekoppelte Photovoltaik-Variante (7b) ist wirtschaftlich, die ausschließlich zur Warmwasserbereitung geeignete Anlage (7a) nicht. Die netzgekoppelte Anlage erzielt einen geringeren Autarkiegrad im Vergleich zur **thermischen Anlage.** Allerdings trägt sie zur Stromautarkie bei. Bei geringem Warmwasserverbrauch und hohen Verlusten bei der Warmwasserbereitung ist demnach die Lösung „Strom zu Wärme“ überlegenswert.

Haushalt B, Haushalt C

Die Haushalte B und C haben identische Strom- und Warmwasserverbräuche und benötigen dieselben Anlagengrößen. Die Verluste ihres Warmwassersystems sind gering. Da nutzt der neue Speicher nicht viel.

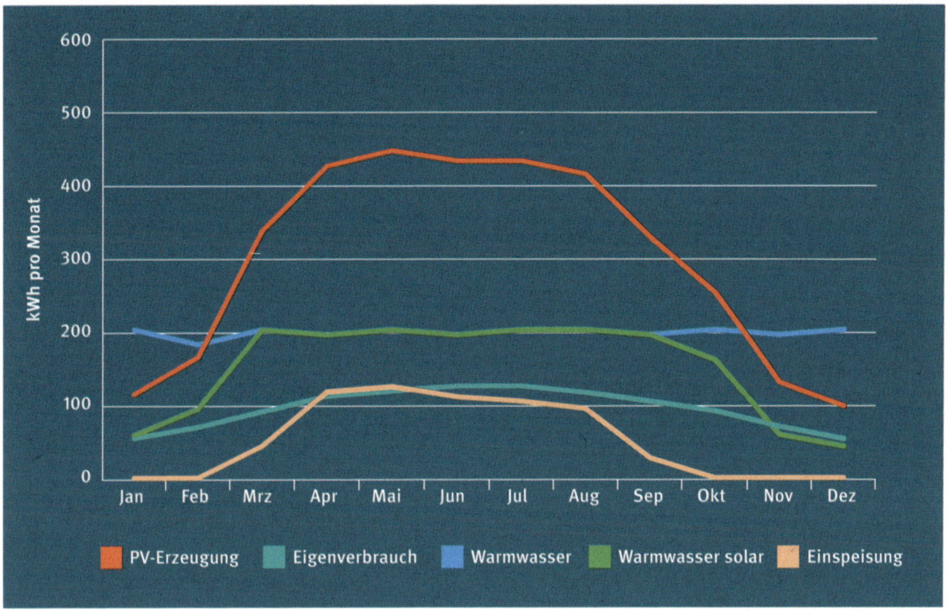

Abb. 14: Jahresverlauf des Warmwasserbedarfs von Haushalt A und dessen Deckung durch die Anlage nach Variante 7b

10 % Haushalt B
21 % Haushalt C

Variante 7a: Anlagengröße und Kosten entsprechen Haushalt A. Wegen des mit 3.200 Kilowattstunden pro Jahr höheren Warmwasserbedarfs (mit Restverlusten 3.690 Kilowattstunden pro Jahr) wird die Anlage voll ausgenutzt und liefert 1.800 Kilowattstunden für die Warmwasserbereitung, was einem Anteil von knapp 49 Prozent entspricht. Die Anlage kann zu keiner Zeit die Warmwasserbereitung vollständig übernehmen. Auch im Sommer entsteht kein Überschuss. Diese Variante ist unwirtschaftlich, selbst wenn die Haushalte keinen neuen Speicher benötigen. Die Umwelt wird von circa 0,5 Tonnen CO_2 entlastet im Vergleich zur Warmwasserbereitung durch Gas.

20 % Haushalt B
42 % Haushalt C

Variante 7b: Die zwei Haushalte haben bereits eine Photovoltaikanlage vorgesehen. Die Anlagengröße mit 4 Kilowatt-Peak und die Kosten entsprechen denjenigen von Haushalt A. Im Hausnetz werden 910 Kilowattstunden genutzt. Der Überschuss liefert 2.560 Kilowattstunden für die Warmwasserbereitung, was einem Anteil von gut 69 Prozent entspricht. In diesem Fall kann die Anlage die Warmwasserbereitung im Sommer vollständig übernehmen und es entsteht ein kleiner Überschuss von 130 Kilowattstunden pro Jahr, die ins Netz gehen. Diese Variante liegt knapp oberhalb der Grenze zur Wirtschaftlichkeit. Wenn die Haushalte keinen neuen Speicher benötigen, wird sie wirtschaftlich tragbar. Die Umwelt wird wegen Verdrängung

GUT ZU WISSEN

Lohnt sich oft

Sollten Sie Ihr Warmwasser elektrisch erwärmen, so ist eine thermische Solaranlage oder eine Photovoltaikanlage mit Wassererwärmer ab einem Zweipersonenhaushalt stets günstiger als Ihre bisherige Warmwasserbereitung. Sie haben zwar Investitionskosten, doch die Betriebskosten sind gering.
Unter dem Strich hat sich – gemessen am üblichen hohen Haushaltsstrompreis – Ihre Anlage bereits lange vor Erreichen der Lebensdauer von vermutlich weit über 20 Jahren bezahlt gemacht.

von Kohlestrom von circa 1,2 Tonnen CO_2 entlastet im Vergleich zur Warmwasserbereitung durch Gas.

Wird im Passivhaus die verbleibende Warmwasserbereitung elektrisch durchgeführt, so bleibt eine Umweltentlastung von etwa 0,6 Tonnen CO_2.

Fazit: Alle Varianten sind bei höherem Warmwasserverbrauch unwirtschaftlich, wenn ein neuer Warmwasserspeicher benötigt wird. Ohne diese Investition liegt die netzgekoppelte Photovoltaik-Variante (7b) an der Grenze zur Wirtschaftlichkeit, wogegen die ausschließlich zur Bereitung von Warmwasser geeignete Anlage (7a) stets unwirtschaftlich bleibt. Die netzgekoppelte Anlage erzielt einen höheren Autarkiegrad im Vergleich zur **thermischen Anlage.** Außerdem trägt sie zur Stromautarkie bei. Bei höherem Warmwasserverbrauch ist demnach die Lösung „Strom zu Wärme" ebenfalls überlegenswert.

Haben Sie einen elektrisch geheizten Speicher, so können Sie die thermische Solaranlage davorschalten oder im Solarspeicher einen elektrischen Heizstab einbauen lassen. Entscheiden Sie sich für die Photovoltaikanlage, so wird Ihr derzeitiger Heizstab durch den elektronisch gesteuerten Wassererwärmer ausgetauscht.

Haben Sie einen elektrischen Durchlauferhitzer, wird es schwieriger. Die thermische Solaranlage und die photovoltaisch gespeiste Wassererwärmung benötigen zunächst einen Warmwasserspeicher. Die Nachheizung für sonnenschwache Zeiten erfolgt in beiden Fällen am besten durch die Heizungsanlage. Der Durchlauferhitzer wird dann demontiert und eine Warmwasserleitung vom Speicher zu den Zapfstellen verlegt.

Wird Ihr Haus elektrisch beheizt, so kann der Durchlauferhitzer die Nachheizung übernehmen, falls er elektronisch geregelt wird (erkennbar an einer gradgenauen Einstellmöglichkeit). Ein hydraulisch geregeltes Gerät arbeitet nur zufriedenstellend, wenn es an Kaltwasser angeschlossen ist.

Ob sich der zusätzliche Aufwand lohnt, sollte Ihre Energieberaterin oder Ihr Energieberater wissen.

Sie können auch selbst mithilfe einer zusätzlichen Variante („Brauchwasser elektrisch") in den **interaktiven Tabellen 4 und 5** (Download → Seite 7) abschätzen, ob eine thermische Solaranlage oder Brauchwasserbereitung mit Photovoltaik für Sie sinnvoll ist.

GUT ZU WISSEN

Kleinwindanlagen

Kleinwindanlagen als Möglichkeit zur eigenen Stromerzeugung werden hier nicht betrachtet. Sie müssen auf individuelle Gegebenheiten geprüft und abgestimmt werden. Dazu benötigen Sie eine Energieberatung (→ Seite 51).

Elektroheizung mit Photovoltaikstrom

Die direkte Beheizung mit Netzstrom ist sehr teuer und entspricht nicht dem Ziel eines energieautarken Hauses. Überlegenswert ist die Beheizung durch selbst erzeugten Strom mit Photovoltaik.

Eine Solaranlage zur Heizungsunterstützung benötigt immer einen Speicher. Als Speicher genügt ein einfacher, gut gedämmter und damit energiesparender sogenannter Pufferspeicher mit etwa 800 Liter Volumen, in den unten der elektronisch geregelte Heizstab eingebaut wird (→ Seite 116). Der vorhandene Heizkessel übernimmt die Nachheizung dieses Pufferspeichers und die Heizungsanlage holt bei Bedarf die Wärme aus diesem Speicher. Ein Pufferspeicher verringert das Ein- und Ausschalten des Heizungsbrenners und spart dadurch Energie. Diese Einsparung wird in den folgenden Betrachtungen nicht berücksichtigt. Wird die Photovoltaikanlage nur für die Heizung eingesetzt, so verbleiben im Sommer sehr große Überschüsse. Diese sollten für die Brauchwassererwärmung genutzt werden, wie im vorigen Abschnitt erläutert. Wenn der Pufferspeicher daneben passt, kann Ihr Brauchwasserspeicher stehen bleiben. Sollte nicht genügend Platz in Ihrem Heizungskeller sein, so ist auch eine Einspeicheranlage mit Kombispeicher oder Frischwasserstation möglich, wie sie im Abschnitt über Solarkollektoranlagen beschrieben ist (→ Seite 96).

Die zusätzliche Investition für zwei Brauchwassererwärmer (und eventuell neuer Brauchwasserspeicher) und Pufferspeicher einschließlich Installation beträgt 3.000 bis 5.000 Euro. Wie im Fall der reinen Brauchwassererwärmung ist eine Photovoltaikanlage ohne Netzkopplung möglich. Oder es wird der Überschussstrom aus der netzgekoppelten Anlage genutzt.

Sie finden diese Varianten in der **interaktiven Tabelle 5** (Download → Seite 7) und können dort Ihre eigenen Daten eingeben.

Beispielvarianten

Haushalt A

Die A's wollen ihre Haustechnik neu gestalten und überlegen auch eine Unterstützung der Heizung durch Photovoltaikstrom.

10 % **Variante 7c:** Eine nicht netzgekoppelte Anlage für Brauchwassererwärmung und Heizungsunterstützung benötigt zwei Geräte zu je 2 Kilowatt Anschlussleistung. Die Photovoltaikanlage wird deswegen auf 4 Kilowatt-Peak ausgelegt. Eine solche Anlage kostet einschließlich der Zusatzkosten für zwei Wassererwärmer und Speicher circa 12.000 Euro. Von ihrem möglichen Ertrag von 3.600 Kilowattstunden jährlich können nur 890 Kilowattstunden nicht genutzt werden. 1.540 Kilowattstunden gehen in die Warmwassererwärmung – gut 64 Prozent Warmwasser-Autarkie – und 1.170 Kilowattstunden in die Heizung – knapp 7 Prozent Heizautarkie. Insgesamt wird eine Autarkie Warmwasser und Heizung von circa 11 Prozent erreicht. Nur im Winter reicht der Solarstrom für die Brauchwassererwärmung nicht aus. Heizungsunterstützung erfolgt in geringem Maße lediglich in der Übergangszeit. Der Sommerüberschuss wird verworfen. Diese Variante ist sehr unwirtschaftlich. Die Umwelt wird um circa 1 Tonne CO_2 entlastet im Vergleich zu Öl. Die Verdoppelung der Anlagengröße erhöht zwar den Autarkiegrad Warmwasser und Heizung auf knapp 20 Prozent, ist aber noch unwirtschaftlicher.

24 % **Variante 7d:** Die im Kapitel „Strom selbst erzeugen" vorgeschlagene kleine Photovoltaikanlage nützt zur Heizungsunterstützung zu wenig. Die A's entscheiden sich deshalb für die Anlage mit 8 Kilowatt-Peak. Diese Anlage mit Wassererwärmern und Speicher kostet circa 19.300 Euro. Vorrangig wird der Strom im Hausnetz genutzt. Dies sind circa 1.360 Kilowattstunden jährlich. Die Warmwassererwärmung von 2.400 Kilowattstunden jährlich (einschließlich Restverlust) kann fast vollständig gedeckt werden. Zusätzlich stehen 2.040 Kilowattstunden für Heizungsunterstützung zur Verfügung – knapp 12 Prozent Heizautarkie. Die Stromautarkie erreicht 34 Prozent, die Gesamtautarkie bezogen auf Strom und Wärme knapp 24 Prozent. Die Brauchwassererwärmung erfolgt fast ganzjährig und eine Heizungsunterstützung ist in geringem Maße lediglich in der Übergangszeit notwendig. Der Sommerüberschuss von 1.530 Kilowattstunden wird ins Netz gegen Vergütung eingespeist. Diese Variante liegt mit knapp 19 Jahren an der Grenze zur Wirt-

schaftlichkeit. Die Umwelt wird um circa 3 Tonnen CO_2 entlastet im Vergleich zu Öl.

Fazit: Eine solarthermische Anlage zur Heizungsunterstützung wie im ersten Abschnitt dieses Kapitels beschrieben kostet weniger und ist wirtschaftlicher als eine netzgekoppelte Photovoltaikanlage. „Strom zu Wärme" ist für Haushalt A nicht zu empfehlen. Falls Photovoltaik auch für Wärmeerzeugung genutzt werden soll, dann ist nur die netzgekoppelte Anlage eine wirtschaftliche Lösung, zumal sie einen Teil des Haushaltsstroms deckt.

Haushalt B

Auch Haushalt B denkt über eine photovoltaische Unterstützung der Heizung nach.

18 % **Variante 7c:** Die nicht netzgekoppelte Anlage für Brauchwassererwärmung und Heizungsunterstützung entspricht in Technik und Kosten derjenigen von Haushalt A. Von ihrem möglichen Ertrag können die B's nur 360 Kilowattstunden nicht nutzen. 2.930 Kilowattstunden gehen in die Warmwassererwärmung – gut 79 Prozent Warmwasser-Autarkie und 310 Kilowattstunden in die Heizung – gut 3 Prozent Heizautarkie. Insgesamt wird eine Autarkie Warmwasser und Heizung von knapp 22 Prozent erreicht. Nur im Winter reicht der Solarstrom für die Brauchwassererwärmung nicht aus. Heizungsunterstützung erfolgt in sehr geringem Maße lediglich in der Übergangszeit. Der Sommerüberschuss wird verworfen. Diese Variante ist sehr unwirtschaftlich. Die Umwelt wird von circa 0,8 Tonnen CO_2 entlastet im Vergleich zu Gas. Auch in diesem Fall ist eine Verdoppelung der Anlagengröße nicht sinnvoll.

40 % **Variante 7d:** Diese Anlage entspricht derjenigen von Haushalt A. Die Anmerkungen zu Kosten, Ertrag und Erlös finden Sie dort. 3.260 Kilowattstunden gehen in die Warmwassererwärmung – knapp 88 Prozent Warmwasser-Autarkie und 1.490 Kilowattstunden in die Heizung – gut 15 Prozent Heizautarkie. Die Stromautarkie erreicht gut 37 Prozent, die Gesamtautarkie bezogen auf Strom und Wärme circa 40 Prozent. Nur im Winter wird Brauchwasser nicht erwärmt. Die Heizung wird in geringem Maße lediglich in der Übergangszeit unterstützt. Der Sommerüberschuss von 1.330 Kilowattstunden wird ins Netz gegen Vergütung eingespeist. Diese Variante liegt knapp oberhalb der Grenze zur Wirtschaftlichkeit, ohne einen neuen Speicher wird sie wirtschaftlich. Die Umwelt wird von circa 2,5 Tonnen CO_2 entlastet im Vergleich zu Gas.

Fazit: Eine solarthermische Anlage zur Heizungsunterstützung ist für Haushalt B günstiger als alle Photovoltaikanlagen. „Strom zu Wärme" ist demnach wiederum nur bedingt zu empfehlen. Falls Photovoltaik auch für die Wärmeerzeugung genutzt werden soll, dann ist bei den Solarstromanlagen die netzgekoppelte Anlage die bessere Lösung, zumal sie einen Teil des Haushaltsstroms deckt.

Haushalt C

Haushalt C möchte eigentlich keinen Gasanschluss legen lassen. Ein Elektroanschluss ist ohnehin nötig. Wird das Haus allerdings vollständig mit Strom geheizt und so auch das Warmwasser bereitet, so kostet das Haushalt C mit Strompreisdeckel gut 1.500 Euro jährlich. Wie wäre es mit einer Photovoltaikanlage? Beim Passivhaus der C's ist eine Lüftungsanlage geplant. Im Zuluftkanal zu den Wohnräumen kann ein durch Wasser aus dem Pufferspeicher geheiztes Nachheizregister eingebaut werden. In den Varianten 7c und 7d erfolgt die noch erforderliche Zuheizung durch eine kleine Gasanlage. In Variante 7d-1 kann auf den Gasanschluss verzichtet werden.

37 % **Variante 7c:** Die nicht netzgekoppelte Anlage für Brauchwassererwärmung und Heizungsunterstützung entspricht in Technik und Kosten derjenigen von Haushalt A. Von ihrem möglichen Ertrag kann Haushalt C 420 Kilowattstunden nicht nutzen. 2.930 Kilowattstunden gehen in die Warmwassererwärmung – gut 79 Prozent Warmwasser-Autarkie. 250 Kilowattstunden gehen in die Heizung – knapp 14 Prozent Heizautarkie. Insgesamt wird eine Autarkie Warmwasser und Heizung von knapp 58 Prozent erreicht. Gesamtautarkie: 37 Prozent. Nur im Winter reicht der Solarstrom für die Brauchwassererwärmung nicht aus. Heizungsunterstützung erfolgt lediglich in der Übergangszeit. Der Sommerüberschuss wird verworfen. Diese Variante ist sehr unwirtschaftlich. Die Umwelt wird von circa 0,8 Tonnen CO_2 entlastet im Vergleich zu Gas.

Wird der Rest elektrisch zugeheizt, so sinkt die Umweltentlastung nicht. Die Wärmekosten werden zwar durch die Photovoltaikanlage um 60 Prozent verringert, die Anlage bleibt jedoch unwirtschaftlich. Eine Verdoppelung der Anlagengröße ist nicht zu empfehlen.

53 % **Variante 7d:** Die netzgekoppelte Photovoltaikanlage für Haushaltsstrom, Brauchwassererwärmung und Heizung wird auf 5 Kilowatt-Peak ausgelegt. Die Anlage liefert 4.500 Kilowattstunden Solarstrom. Davon werden 960 Kilowattstunden im Hausnetz genutzt – Autarkiegrad 32 Prozent – 2.840 Kilowattstunden gehen in die Warmwassererwärmung – knapp 77 Prozent Warmwasser-Autarkie – und 270 Kilowattstunden in die Heizung – 15 Prozent Heizautarkie. Gesamtautarkie bezogen auf Strom und Wärme beträgt knapp 53 Prozent. Nur im Winter reicht der Solarstrom für die Brauchwassererwärmung nicht aus. Hei-

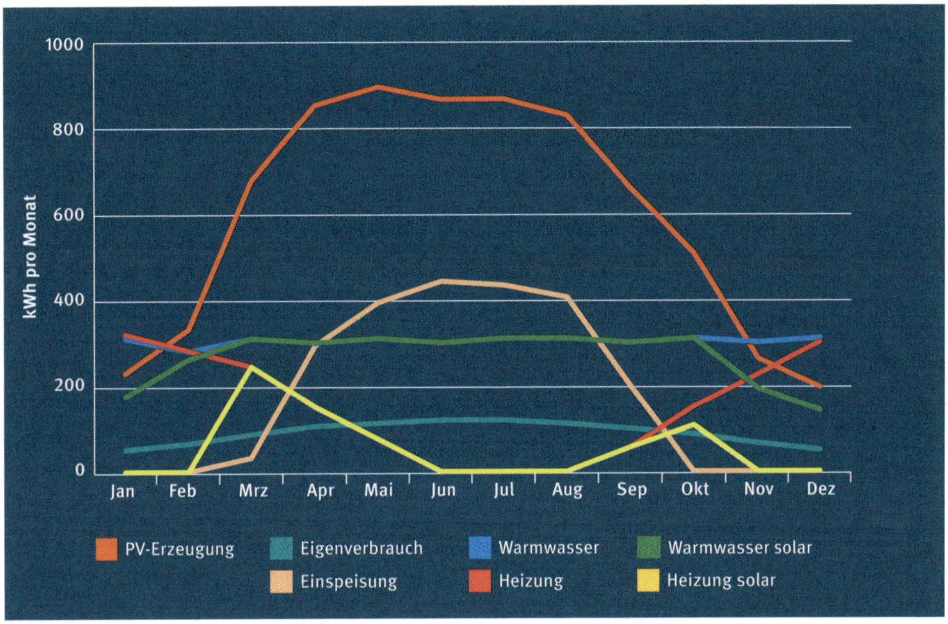

Abb. 15: Jahresverlauf des Wärmebedarfs von Haushalt C und dessen Deckung durch die Anlage nach Variante 7d-1

zungsunterstützung erfolgt in geringem Maße in der Übergangszeit. Der Sommerüberschuss von 430 Kilowattstunden wird ins Netz eingespeist. Auch diese Variante ist unwirtschaftlich. Die Umwelt wird von circa 1,5 Tonnen CO_2 entlastet im Vergleich zu Gas.

Wird der Rest elektrisch zugeheizt, so sinkt die Umweltentlastung auf 0,7 Tonnen CO_2 pro Jahr. Die Wärmekosten sinken durch diese Photovoltaikanlage um gut die Hälfte. Auch diese Variante ist unwirtschaftlich.

85%

Variante 7d-1: Haushalt C möchte einen höheren Autarkiegrad erreichen. Dann muss die Photovoltaikanlage größer ausgewählt werden. Die C's entscheiden sich für eine 8 Kilowatt-Peak-Anlage. Außerdem soll es keine Gasanlage mehr geben, sondern ein elektrisches Heizregister in der Lüftungsanlage. Das kostet circa 1.000 Euro, dafür fallen sämtliche Kosten für die Gasanlage in Höhe von circa 6.000 Euro weg. Es ist lediglich ein Wassererwärmer im kleinen Brauchwasserspeicher nötig. Unter dem Strich kostet Haushalt C diese Anlage 10.800 Euro. Die Anlage liefert 7.200 Kilowattstunden Solarstrom. Davon werden 1.120 Kilowattstunden im Hausnetz genutzt – Autarkiegrad gut 37 Prozent – 3.260 Kilowattstunden gehen in die Warmwassererwärmung – gut 88 Prozent Warmwasser-Autarkie – und 630 Kilowattstunden ans Heizregister – circa 35 Prozent Heizautarkie. Gesamtautarkie bezogen auf Strom und Wärme knapp 85 Prozent (Abb. 15). Nur im kältesten Winter reicht der Solarstrom für die Brauchwassererwärmung nicht ganz aus. In der Übergangszeit wird die Heizung unterstützt, im Sommer geht ein Überschuss von 2.190 Kilowattstunden ins Netz.

VORTEILE UND NACHTEILE

+ Wärmeerzeugung mit Photovoltaikstrom

- Einfache Anlagentechnik
- Beitrag zur Autarkie Wärme
- Zur Warmwasserbereitung in jedem Gebäude einsetzbar
- Zur Heizwärmebereitstellung Insbesondere in Gebäuden mit niedrigem Heizwärmebedarf einsetzbar
- Hoher Deckungsgrad möglich
- Wassererwärmung und Heizwärme mit Haushaltsstromdeckung kombinierbar
- Günstiges System, wenn geringer Heizwärmebedarf, entspricht GEG
- Geringer Installationsaufwand
- Thermische Speicherung ist kostengünstig
- Günstige Investitionskosten
- Niedrige Betriebskosten
- Niedrige Wartungskosten
- Bei guter Planung und Ausführung hohe Effizienz
- Beim Passivhaus Wegfall des herkömmlichen Heizungssystems
- Passt ins regenerative Versorgungssystem

− Wärmeerzeugung mit Photovoltaikstrom

- Dach muss für Photovoltaikanlage geeignet sein
- Bei zusätzlicher Elektroheizung Belastung des Stromnetzes im Winter
- Ab vier Personen ist eine thermische Solaranlage für die Warmwasserbereitung sinnvoller.
- Eine große Photovoltaikanlage mit Wärmepumpe trägt mehr zum Klimaschutz bei.
- Eine Wärmepumpe kann den Photovoltaikstrom besser nutzen.
- Bei hohem Wärmebedarf entspricht die Anlage nur dem GEG 2024, wenn es sich um ein selbst genutztes Ein- oder Zweifamilienhaus handelt.

Auch dadurch kommt der hohe Gesamtautarkiegrad zustande. Diese Variante ist mit knapp 14 Jahren Amortisationszeit wirtschaftlich und es bleibt ein Überschuss von gut 5.000 Euro über 20 Jahre. Die Umwelt wird wegen Verdrängung von Kohlestrom um circa 2,3 Tonnen CO_2 entlastet.

Fazit: Beim geringen Wärmebedarf des Passivhauses ist die Investition in eine Gasanlage, egal ob in Kombination mit einer thermischen Solaranlage oder Photovoltaik, nicht sinnvoll. Haushalt C sollte die vollelektrische Lösung in Kombination mit einer großen Photovoltaikanlage wählen. „Strom zu Wärme" ist für die C's sehr zu empfehlen.

CHECKLISTE

Wärmeerzeugung mit Photovoltaikstrom

- ☐ Es gibt die Möglichkeit, Ihre Planung durch eine Energieberatung online, vor Ort oder in den Beratungsstellen der Verbraucherzentralen überprüfen zu lassen: **www.verbraucherzentrale-energieberatung.de**
- ☐ Bestimmen Sie Ihren Warmwasserverbrauch (→ Seite 98)
- ☐ Ab einem 4-Personen-Haushalt ist vermutlich eine thermische Solaranlage (→ Seite 96) vorzuziehen.
- ☐ Siehe Checkliste Photovoltaikanlage (→ Seite 50)
- ☐ Kann der Wassererwärmer in den vorhandenen Speicher eingebaut werden?
- ☐ Vorschriften des GEG 2024 beachten (→ Seite 217)

Bei elektrischer Warmwasserbereitung:

- ☐ Gibt es einen Speicher?
- ☐ Gibt es einen elektronisch geregelten Durchlauferhitzer?
- ☐ Kann der Speicher aufgestellt werden?
- ☐ Kann eine Warmwasserleitung zwischen Speicher und Durchlauferhitzer verlegt werden?

Wärmepumpen

Beginnen wir mit einem Beispiel: Sie besitzen bereits eine Luft-Luft-Wärmepumpe – eingebaut in Ihren Kühlschrank. Eine Wärmepumpe schickt Wärme in eine Richtung, in die sie sich nicht freiwillig bewegt. Wärme strömt immer von warm zu kalt – die Exergie (→ Seite 117) nimmt ab. Im Kühlschrank wird das Innere kalt gehalten, geschützt vor der äußeren Wärme. Dafür ist Strom nötig. Die Exergie des Stroms dient zur Vergrößerung der Exergie der Umwelt. Schalten Sie im Urlaub den Kühlschrank aus, so strömt selbst bei geschlossener Tür Wärme von außen herein und er wird so warm wie die Umgebung. Wenn Sie den Regler auf „kälter" stellen, benötigen Sie mehr Strom, weil Sie die Temperaturdifferenz von außen zu innen erhöhen. Ebenso, wenn der Kühlschrank direkt neben dem Herd oder an einem sehr warmen Ort steht. Die eindringende Wärme muss von der Wärmepumpe aus dem Kühlschrankinneren transportiert werden. Durch ein Rohrregister wird sie an der Rückseite des Kühlschranks abgegeben.

Die Wärmepumpe arbeitet zwischen einer **Wärmequelle** – dem Kühlschrankinneren – und einer sogenannten **Wärmesenke** – der Küchenluft.

Eine Brauchwasser- oder Heizungswärmepumpe macht nichts anderes: Hier ist die Umgebung die Wärmequelle: Grundwasser, Erdreich oder Außenluft. Wärmesenke, dort wo die Wärme abgegeben wird, ist ein Brauchwasserspeicher oder auch eine Heizungsanlage. Wärmequelle und Wärmesenke werden meist durch Rohrleitungen mit der Wärmepumpe verbunden (Abb. 16).

Es gibt zwei Zahlen, um die Effizienz von Wärmepumpenanlagen zu bewerten: **Leistungszahl und Arbeitszahl.** Die **Leistungszahl** (auch **COP** – Coefficient of Performance) bezieht sich auf einen speziellen Arbeitspunkt mit einer bestimmten Quellen- und Senkentemperatur.

Sie wird auf dem Prüfstand unter definierten Bedingungen gemessen. Dieser Wert bezieht sich nur auf die Wärmepumpe und nicht auf die Anlage, in die sie eingebaut wird. Diesen Wert finden Sie auch in den Produktbeschreibungen der Hersteller. Es wird gemessen, welche Wärmeleistung die Wärmepumpe im Verhältnis zur momentanen elektrischen Leistung hat.

$$\text{Leistungszahl} = \frac{\text{abgegebene Wärmeleistung}}{\text{aufgenommene elektrische Leistung}}$$

Zur **Leistungszahl** muss angegeben werden, für welchen Arbeitspunkt sie gilt. Nach Norm wird bei Luft-Wasser-Wärmepumpen der COP für A2/W35, bei Wasser-Wasser-Wärmepumpen für W10/W35 und bei Sole-Wasser-Wärmepumpen für B0/W35 dokumentiert. (Messresultate finden Sie beim Wärmepumpen-Testzentrum www.wpz.ch.)

Abb. 16: Erdwärmepumpenanlage mit Wärmepumpe (rechts) und Pufferspeicher (links).

Für Sie ist es enorm wichtig zu wissen, wie effizient die in Ihre Heizungsanlage eingebaute Wärmepumpe arbeitet. Es kommt also nicht auf die Effizienz bei einer bestimmten Temperatur an, sondern auf sämtliche Zustände, die während einer Zeitspanne auftreten. Die **Arbeitszahl (AZ)** gibt das Verhältnis von während dieser Zeit erzeugter Wärme und eingesetztem Strom in dieser Zeitspanne an.

$$\text{Arbeitszahl} = \frac{\text{abgegebene Wärmeenergie}}{\text{aufgenommene elektrische Energie}}$$

Besonders wichtig ist die Arbeitszahl während eines Jahres, die **Jahresarbeitszahl (JAZ).** So kann die Effizienz einer Wärme-

GUT ZU WISSEN

Wärmepumpen und ihre Arbeitsmedien

Wärmepumpen werden nach den Medien bezeichnet, zwischen denen sie arbeiten: Wasser, Sole oder Luft. Mit Sole ist ein Wasser-Frostschutzmittel-Gemisch gemeint, das genutzt wird, um Erdwärme zu gewinnen. Wärmesenke ist meistens Wasser, seltener Luft, da die meisten Heizungsanlagen Warmwasserheizungen sind. Auf der Wärmesenke- und Wärmequellenseite werden Wärmetauscher eingesetzt, die den Wärmepumpenkreislauf mit dem darin enthaltenen Kältemittel von der Umgebung trennen.

Bei Erdwärmepumpen gibt es auch die Möglichkeit, das Kältemittel direkt durch Rohrleitungen im Erdreich zu leiten. Diese Direktverdampferanlagen sparen zwar einen Wärmetauscher sowie die Solepumpe mit den entsprechenden Verlusten, benötigen aber mehr und spezielle Kältemittel, die sehr sorgfältig abgedichteten Kupferrohre werden im Erdreich verlegt. In Deutschland haben sie sich trotz ausgezeichnetem Ergebnis **(http://www.agenda-energie-lahr.de/files/Ph2-ErdWP-BSU.pdf)** nicht durchgesetzt.

Die Arbeitsmedien werden mit Buchstaben abgekürzt, die dem Englischen entstammen: **W** – Wasser, Grundwasser (**W**ater), **B** – Sole (**B**rine), **A** – Luft (**A**ir).

Bei der Bezeichnung von Arbeitspunkten werden zu diesen Buchstaben die entsprechenden Temperaturen angegeben. Zum Beispiel heißt A2W35 der Arbeitspunkt einer Luft-Wasser-Wärmepumpe mit 2 °C Außenlufttemperatur und 35 °C Temperatur der Warmwasserheizung.

pumpenanlage bewertet werden. Mit Einführung des Ökodesigns für Wärmeerzeuger werden alle Wärmepumpen bei vier unterschiedlichen Temperaturen auf dem Prüfstand gemessen. Daraus wird für das EU-Heizungslabel eine jahreszeitbedingte Raumheizungs-Energieeffizienz ermittelt – unter Berücksichtigung der benötigten Hilfsenergie. Strom wird auch heutzutage noch zum großen Teil in Großkraftwerken mit mäßigem Wirkungsgrad produziert. Vereinfacht entsteht aus drei Teilen Wärme ein Teil Strom. Wenn dann Ihre Wärmepumpe wieder aus einem Teil Strom drei Teile Wärme macht, so gibt es in der gesamten Kette wenigstens keinen Verlust. Das heißt, die JAZ muss mindes-

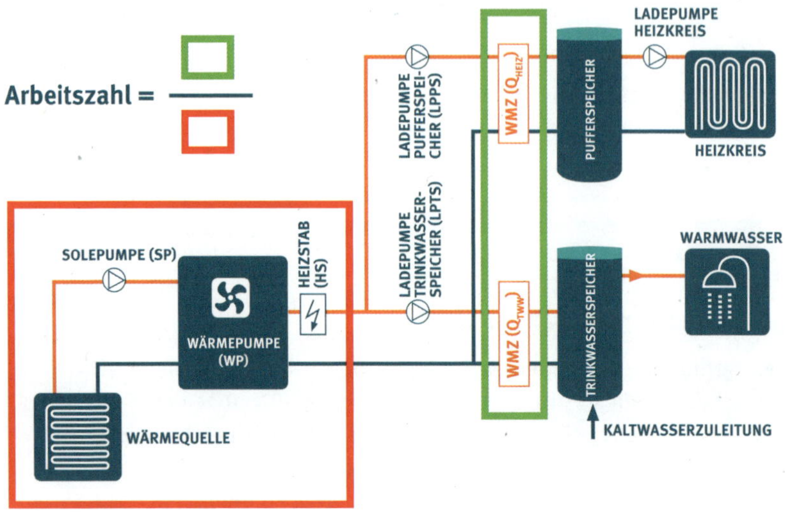

Abb. 17: Schematische Darstellung einer Wärmepumpenanlage mit eingezeichneten Bilanzgrenzen. Wenn man die erzeugte Wärmeenergie (grün) durch die aufgewendete elektrische Energie (rot) teilt, ergibt dies die Arbeitszahl.

tens „3“ sein, um eine Wärmepumpe als „energieeffizient” bezeichnen zu können.

Bei wachsendem Anteil an erneuerbarer Stromerzeugung können auch Wärmepumpen mit JAZ unter 3 eine merkliche Umweltentlastung bewirken. Bundesförderung erhalten Sie nur für besonders energieeffiziente Wärmepumpen. Bei Neubauten gibt es nur noch die Förderung für Effizienzhäuser mit Nachhaltigkeitsanforderungen (→ Seite 215). Die JAZ kann natürlich noch nicht gemessen werden, weil der Förderantrag vor Auftragsvergabe gestellt werden muss. Daher gibt das BAFA eine Liste förderfähiger Wärmepumpen mit vielen Zusatzangaben heraus. (**www.bafa.de/beg** > Förderprogramm im Überblick, nach unten scrollen bis zur Liste). Für die Förderfähigkeit sind neben den auf dem Prüfstand gemessenen Werten auch die Art Ihres Heizsystems und die später erzielte Jahresarbeitszahl entscheidend. Der Wert der JAZ entscheidet auch über Ihren späteren Stromverbrauch.

Eine Wärmepumpenanlage besteht aus zahlreichen Komponenten: der Wärmepumpe, einer Pumpe für die Sole bei Erdwärmepumpenanlagen, einem Elektroheizstab für Notfälle und Ladepumpen für Trinkwasser- und gegebenenfalls Pufferspeicher. Alles, was dann noch kommt, etwa die Heizungsumwälzpumpe, wird in jeder anderen Heizungsanlage auch benötigt. Die Arbeitszahl kann nun auf verschiedene Systemgrenzen bezogen werden, das heißt, es werden mehr oder weniger elektrische Verbraucher berücksichtigt. Je weniger es sind, umso höher kann eine Jahresarbeitszahl angegeben werden. Für einen sinnvollen Vergleich mit einem herkömmlichen Heizsystem müssen in jedem Fall die Wärmepumpe, die Quellenpumpe und der Heizstab mitgemessen werden (Abb. 17 im roten Rahmen). Die Ladepumpen würde ein Heizkessel ebenfalls benötigen.

→ **TIPP Jahresarbeitszahl berechnen**
Auf den Seiten des Bundesverbands Wärmepumpe (BWP) gibt es einen Jahresarbeitszahlrechner (www.waermepumpe.de › Normen & Technik › JAZ-Rechner). Mit nur wenigen Eingaben können Sie ein Ergebnis für Ihre zukünftige Anlage erhalten, das auf der zuständigen Norm beruht. Im JAZ-Rechner sind die Daten der Wärmepumpen enthalten, Sie müssen lediglich Hersteller und Typ eingeben. Mit diesem Wert können Sie dann weitere Ergebnisse Ihrer Anlage zu Wirtschaftlichkeit, Umweltbelastung und Autarkie mithilfe der **interaktiven Tabelle 6** erhalten (Download → Seite 7).

Wärmequellen für Wärmepumpen

Eine Wärmepumpe arbeitet besonders effizient, wenn sie ganzjährig eine Wärmequelle mit relativ hoher Temperatur nutzen kann und die Heizseite möglichst kleine Temperaturen liefern muss. Solche Wärmequellen sind **Grundwasser** und **Erdreich,** Nutzung nur mit einer Genehmigung der Unteren Wasserbehörde. Geologische Landesämter können Sie bei der Beurteilung der Ergiebigkeit der Wärmequelle unterstützen.

Für die **Nutzung des Grundwassers** (Abb. 18) benötigen Sie zwei Brunnen. Im Saugbrunnen wird aus einer bestimmten Tiefe das Wasser gewonnen und zum Wärmetauscher der Wärmepumpe gepumpt und beim Schluckbrunnen muss es genau in diesen Grundwasserleiter zurückgeführt werden. Dabei ist die Fließrichtung des Grundwassers vom Saug- zum Schluckbrunnen zu beachten, um einen thermischen Kurzschluss zu vermeiden. Wichtig ist die chemische Zusammensetzung des Grundwassers; denn Eisen und Mangan können dazu führen, dass Stoffe ausfallen und die Poren

HINTERGRUND

Wärmepumpen mit Invertertechnik

Es gibt Wärmepumpen, die mit Invertertechnik arbeiten. Die ermöglicht es, die Wärmepumpe in Ihrer Leistung zu regeln. Der Vorteil: Bei geringerer Wärmeanforderung des Hauses kann eine solche Wärmepumpe mit geringerer Leistung weiterlaufen, während eine ohne Inverter abschalten müsste. Ein weiterer Vorteil: Eine Wärmepumpe mit Inverter kann mehr Strom aus einer Photovoltaikanlage nutzen (→ Seite 184).

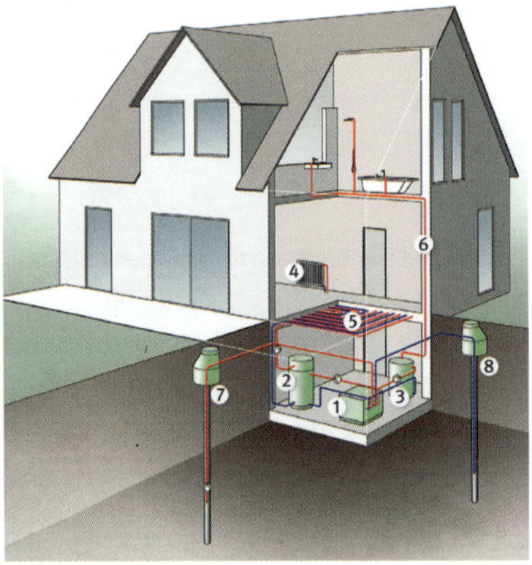

1 Wärmepumpe **2** Pufferspeicher **3** Trinkwarmwasserspeicher **4** Radiator **5** Flächenheizung **6** Warmwasserleitung **7** Entnahmebrunnen mit Brunnenkopf **8** Schluckbrunnen mit Brunnenkopf

Abb. 18: Wasser-Wasser-Wärmepumpe mit zwei Grundwasserbrunnen

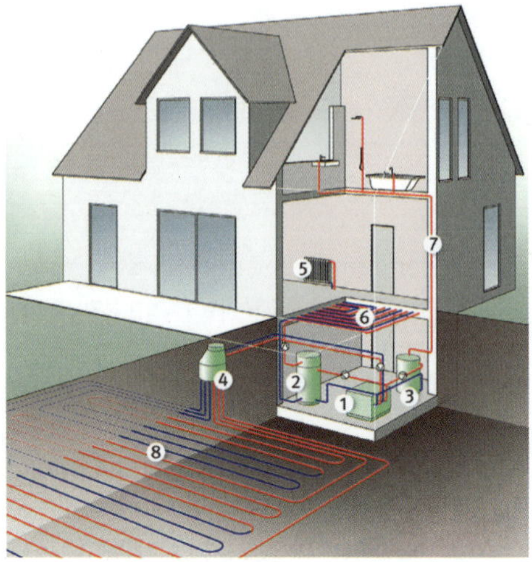

1 Wärmepumpe **2** Pufferspeicher **3** Trinkwarmwasserspeicher **4** Verteil-/Sammelstation **5** Radiator **6** Flächenheizung **7** Warmwasserleitung **8** Erdwärmekollektoren

Abb. 19: Sole-Wasser-Wärmepumpe mit Erdkollektor

am Schluckbrunnen verstopfen – bekannt als Verockerung. In diesem Fall müsste ein neuer Brunnen gebohrt werden, was die Anlage häufig unwirtschaftlich macht. Die Grundwasserleitungen müssen ausreichend dimensioniert und die Grundwasserpumpe leistungsarm gewählt werden, sonst geht das auf Kosten der Jahresarbeitszahl.

Fazit: Eine Grundwasser-Wärmepumpenanlage kann prinzipiell die höchsten Jahresarbeitszahlen von etwa 5 erreichen, sie ist aber nicht überall zu realisieren und benötigt eine genaue Untersuchung und Planung.

Erdwärmenutzung ist an vielen Stellen möglich. Es gibt allerdings einige Gesteinsformationen, die instabil sind und durch eine Bohrung ins Rutschen geraten können. Daher wird empfohlen, nur mit speziell zertifizierten Bohrunternehmen zu arbeiten. Erkundigen Sie sich bei Ihrer Unteren Wasserbehörde.

Erdwärme kann mit flachen **Erdkollektoren** (Abb. 19) gewonnen werden. Dafür werden lange Rohrleitungen in frostfreier Tiefe von etwa 1,5 bis 2 Metern verlegt. **Erdsonden** (Abb. 20) werden durch Rohre vertikal in Bohrlöcher bis 100 Meter Tiefe (gelegentlich sogar bis 200 Meter Tiefe) eingebracht.

Für Altbauten kommen eher Sondenbohrungen in Betracht: Erdkollektoren sind

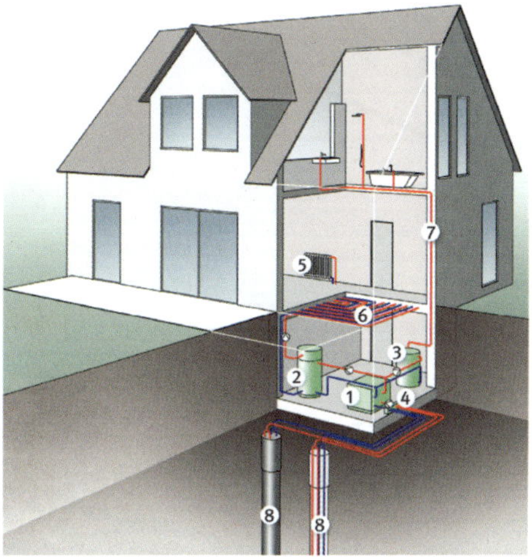

1 Wärmepumpe **2** Pufferspeicher **3** Trinkwarmwasserspeicher **4** Verteil-/Sammelstation **5** Radiator **6** Flächenheizung **7** Warmwasserleitung **8** Erdwärmesonden

Abb. 20: Sole-Wasser-Wärmepumpe mit Erdsonde

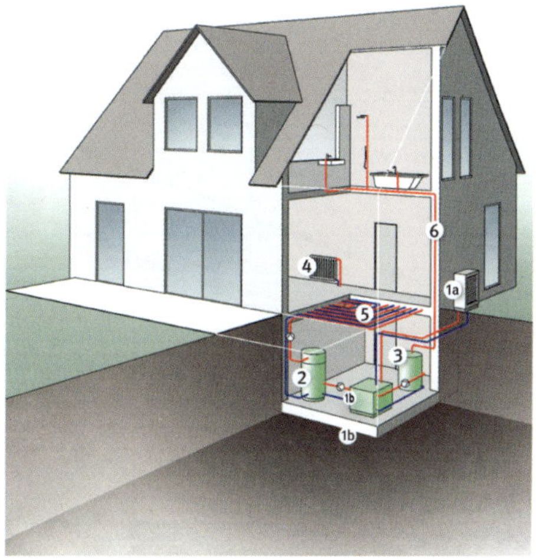

1a Split-Wärmepumpe-Außengerät **1b** Split-Wärmepumpe-Innengerät **2** Pufferspeicher **3** Trinkwarmwasserspeicher **4** Radiator **5** Flächenheizung **6** Warmwasserleitung

Abb. 21: Luft-Wasser-Wärmepumpe in Split-Ausführung

großflächig und könnten den gesamten Garten zerstören. In jeder Sonde führen zwei Leitungen nach unten und zwei Leitungen wieder nach oben. Das Bohrloch wird anschließend mit einem langzeitstabilen und gut wärmeleitfähigen Material dauerhaft gefüllt. Eine Sonde ist zwar teuer, hat aber eine lange Lebensdauer. Reicht eine Sonde für die benötigte Heizleistung nicht aus, so werden mehrere Sonden parallel angeschlossen. Häufig werden die Wärmequellen zu knapp bemessen, um Kosten zu sparen. Doch hier zu sparen, hieße Sparen am falschen Ende. Denn sind die Wärmequellen zu klein, so kühlt sich das Erdreich in jedem Jahr stärker ab. Die Jahresarbeitszahl wird schlechter, die Heizleistung geringer – das Haus wird nicht mehr warm. Dann bleibt Ihnen nur, eine weitere Sonde zu bohren oder mithilfe eines Sonnenkollektors die Erde zu erwärmen. In jedem Fall entstehen Zusatzkosten, die vermeidbar waren. Zur Regeneration der Sonden mit Sonnenwärme → Seite 174.

Als dritte Möglichkeit zur Nutzung der Erdwärme kommen **Grabenkollektoren** in Betracht. Ein Graben von etwa 3 Metern Tiefe und unten etwa 1,2, oben etwa 2,5 Metern Breite wird ausgehoben. Darin werden parallel im frostfreien Bereich viele Leitungen verlegt und der Graben wieder mit Erde gefüllt. Die Wärmeentzugsleistung ist erheblich größer als diejenige eines Erdkollektors, sodass weniger Grundstücksfläche beeinträchtigt wird. Der Grabenkollektor ist deut-

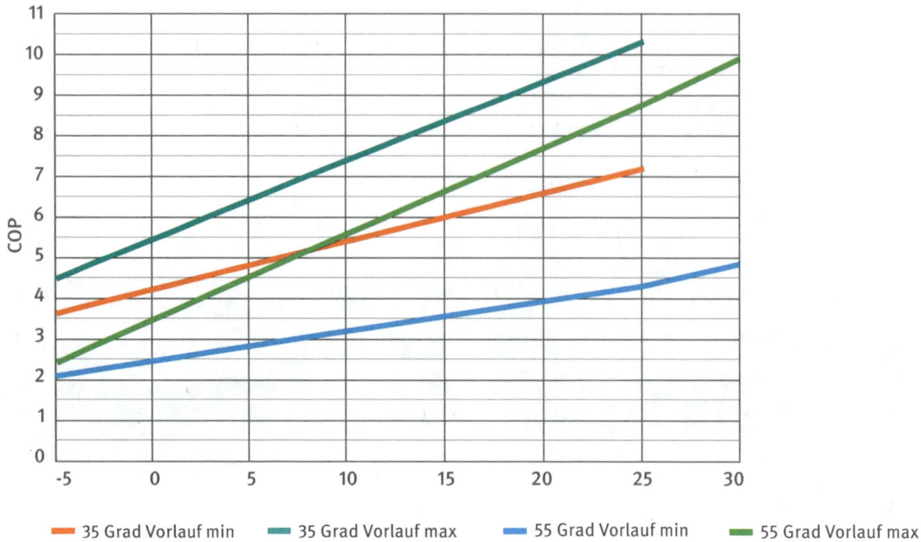

Abb. 22: Bereich der Temperaturabhängigkeit des COP von Sole-Wasser-Wärmepumpen nach Messwerten des Wärmepumpen-Testzentrums

lich kostengünstiger als eine Erdsonde (zu den Möglichkeiten der Erdwärmenutzung **https://um.baden-wuerttemberg.de**, Suchwort Erdsonde oder Erdwärmekollektor).

Die Abb. 22 zeigt, wie der COP bei Erdwärmeanlagen von Wärmequellen- und Wärmenutzungstemperatur abhängt. Der Bereich zwischen den Geraden entspricht Messwerten des WPZ (Wärmepumpen-Testzentrums). Sie sehen deutlich, dass der COP sehr stark von der Temperatur der Wärmequelle abhängt. Die Temperatur im Erdreich ist allerdings recht konstant übers Jahr. Im ungestörten Erdreich liegt sie sommers wie winters bei etwa 10 °C. Im Winter kühlt die Umgebung um Erdkollektor oder Erdsonde durch den Betrieb der Wärmepumpe aus. Je nach Beschaffenheit des Untergrunds kann Wärme mehr oder weniger schnell nachfließen. Resultat ist im Winter eine niedrigere Soletemperatur von etwa 2 °C. Bei einem Erdkollektor wird die Regeneration im Sommer durch die Sonneneinstrahlung auf die Erde unterstützt. Wärme kann umso besser nachfließen, je nasser die Erde ist. Die Fläche über einem Erdkollektor oder auch einer Sonde sollte deswegen nicht versiegelt werden.

Erdsonden und Erdkollektoren können Sie zweifach nutzen: fürs Heizen im Winter und zur Kühlung Ihres Hauses im Sommer. Die dadurch in die Erde abgegebene Wärme erhöht dort die Temperatur (Beispiele finden Sie ab Seite 174). Entscheidend für die Jahresarbeitszahl ist die Vorlauftemperatur der Heizung. Im günstigen Fall (→ Seite 138) benötigen Sie bei einer Heizungsanlage mit normal ausgelegten Heizkörpern 45 bis höchstens 55 °C. Dadurch ergibt sich eine schlechtere Jahresarbeitszahl als bei einer Flächenheizung mit höchstens 35 °C. Abb. 22 zeigt, dass zwischen 35 und 55 °C der COP sich um gut 2 verschlechtert. Das wirkt sich dann auch auf die JAZ aus. Selbst bei einer Flächenheizung benötigen Sie ab und zu die hohe Temperatur für die Warmwasserbereitung. Wegen der vergleichsweisen hohen Kosten von Erdsonden wurde das Konzept des Eisspeichers und PVT-Kollektoren entwickelt (→ Seiten 175 und 196).

Fazit: Eine Erdwärmeanlage kann prinzipiell hohe Jahresarbeitszahlen von etwa 4 erreichen. Sie ist auf vielen Grundstücken möglich. Erdkollektoren und insbesondere Erdsonden sind teuer, aber lange haltbar. Hier bedarf es einer sehr genauen Untersuchung und Planung.

Erdkollektoren und Erdsonden sind teuer und nicht immer möglich. Deswegen hat sich die Nutzung der **Außenluft** (Abb. 21) immer mehr durchgesetzt. Allerdings handelt es sich hier um eine ungünstigere Wärmequelle; denn wenn Sie heizen müssen, ist es draußen besonders kalt. Luft-Wasser-Wärmepumpen können im Haus oder im Außenbereich aufgestellt werden. Sie haben große Ventilatoren, um große Luftmengen zu bewegen, weil der Wärmeinhalt der Luft viel kleiner als derjenige von Wasser ist. Das ist nicht ohne Geräusch möglich, insbesondere bei Außenaufstellung. Die Lärmbelästigung kann dann zu Unmut in der Nachbarschaft führen. Wände können Schall reflektieren, Hecken den Schall mindern. Oft ist eine längere Leitung zum Haus sinnvoll. Bei Split-Anlagen (Abb. 21) enthält die Außeneinheit nur Ventilator und Verdampfer. Von dort führen dünne Kältemittelleitungen ins Haus zum Kompressor und Verflüssiger. Es gibt nur minimale Wärmeverluste der Rohrleitungen und das Kompressorgeräusch bleibt im Haus. Weil Lüftergeräusche schon zu Nachbarschaftsstreitigkeiten geführt haben, gibt es dazu einen Planungsleitfaden (www.waermepumpe.de > „Verband" > „Publikationen" > „Fachpublikationen", scrollen bis „Leitfaden Schall").

Die Werte auf den Geraden der Abb. 23 sind Mittelwerte der Messwerte des WPZ. Der Unterschied zwischen Winter und Sommer bewirkt eine Änderung des COP von gut 2. Die höhere Vorlauftemperatur führt zu einer weiteren Verschlechterung des COP von 1 bis 2.

Einige Hersteller von Sole-Wasser-Wärmepumpen bieten spezielle Absorber außerhalb des Erdreichs an: als Energiezaun oder Energiewand (→ Seite 177). Die Absorberrohre werden dabei in Form eines Zaungeflechts geführt oder in eine Betonwand eingegossen. Vorteil: Sie müssen keine größeren Erdarbeiten und aufwendige Sondenbohrungen durchführen und erhalten eine

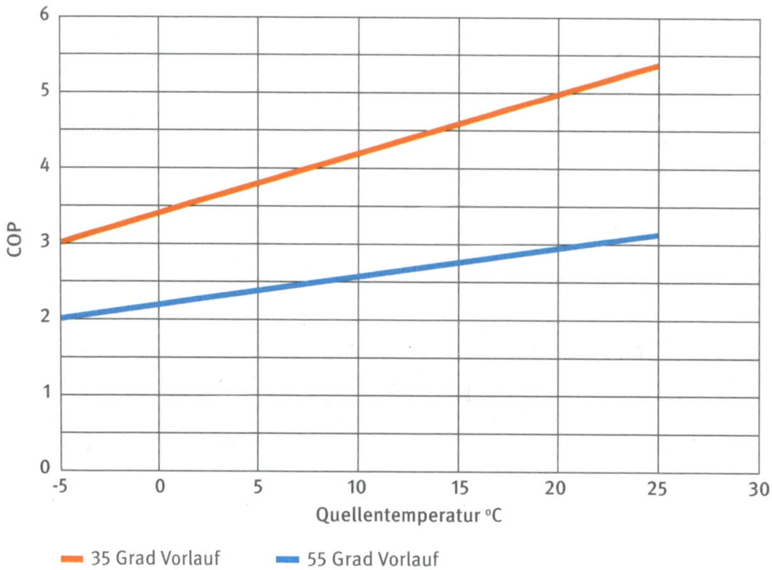

Abb. 23: Mittlerer Wert für die Temperaturabhängigkeit des COP von Luft-Wasser-Wärmepumpen nach Messwerten des Wärmepumpen-Testzentrums

Wärmequelle, die zusätzlich zur Außenlufttemperatur die darauf fallende Sonnenwärme und ein wenig die von unten kommende Erdwärme nutzen kann. Die Jahresarbeitszahl liegt zwischen Erd- und Luftwärmepumpenanlagen.

Fazit: Eine gut geplante und ausgeführte Luft-Wärme-Anlage kann prinzipiell Jahresarbeitszahlen von etwa 3 bis knapp 4 erreichen, wenn die Vorlauftemperatur niedrig ist. Der Schallschutz muss unbedingt in der Planung berücksichtigt werden.

Wärmepumpe und Heizkörper – das geht

Eine Wärmepumpe kann oft auch mit niedriger Vorlauftemperatur arbeiten, wenn keine Fußbodenheizung, sondern klassische Heizkörper bedient werden müssen. Gerade im Altbau sind die Heizkörper oft sehr großzügig ausgelegt und brauchen keine sehr hohen Temperaturen. Und wenn Sie Ihr altes Haus wärmedämmen, sinkt die Heizlast und folglich die benötigte Heizkörpertemperatur. Fördervoraussetzung (BEG → Seite 216) ist unter anderem, dass Sie weiterhin Ihr Heizsystem hydraulisch abgleichen (→ Seite 241). Wenn nur wenige Räume keine Fußbodenheizung besitzen, können Sie dort die Heizkörper gegen großflächige austauschen, die dann mit niedriger Vorlauftemperatur auskommen. Es gibt auch Spezialheizkörper (Wärmepumpenheizkörper) mit eingebauten Ventilatoren, um für die kältesten Tage trotz niedriger Vorlauftemperatur die Heizleistung zu erhöhen. Es gibt auf dem Markt Nachrüstsätze für bestehende Heizkörper. Für die kältesten Tage könnte eine Zusatzheizung helfen, zum Beispiel ein Kaminofen oder Infrarotheizungen (→ Seiten 156 und 150).

Wärmepumpe im Altbau?

Sie können selbst überprüfen, ob eine Wärmepumpe ohne weitere Maßnahmen für Ihren Altbau infrage kommt, indem Sie die Vorlauftemperatur testen: Drehen Sie bei kalten Außentemperaturen alle Heizkörper auf und beobachten Sie die Raumtemperatur über mehrere Stunden. Werden Raumtemperaturen über 20 °C gemessen, kann die Heizkurve am Heizungsregler gemäß der Bedienungsanleitung abgesenkt werden. Nach einigen Stunden senken Sie wenn möglich die Heizkurve weiter ab, bis die richtige Einstellung gefunden ist. Schalten Sie für diesen Test die Nachtabsenkung aus. Wenn bei einer Vorlauftemperatur von 55 °C noch alles warm wird, so ist Ihr Haus ohne Weiteres für eine Wärmepumpe geeignet. Stellen Sie fest, dass bei dieser Vorlauftemperatur einzelne Räume nicht mehr warm werden? Dann könnte entweder ein hydraulischer Abgleich (→ Seite 241) oder der Austausch dieser Heizkörper gegen größere oder spezielle Wärmepumpenheizkörper helfen. Wird es in allen Räumen nicht warm, so sind zunächst bauliche Maßnahmen wie Fensteraustausch oder auch Wärmedämmung vor dem Einbau einer Wärmepumpe nötig.

> GUT ZU WISSEN
>
> **Wärmepumpen-Betriebsweise**
>
> Erdwärmepumpen können ganzjährig als einziger Wärmeerzeuger arbeiten. Eine solche Anlage wird **monovalent** genannt.
>
> Luftwärmepumpen benötigen oft im kalten Winter einen zweiten Wärmeerzeuger – dann ist es eine **bivalente** Anlage. Das kann zum Beispiel Ihr alter Heizkessel sein, der im kältesten Winter ausschließlich die Wärmeversorgung übernimmt. Die Wärmepumpe ist dann ausgeschaltet – **bivalent alternativ.** Es ist auch denkbar, dass im Winter Heizkessel und Wärmepumpe sich die Arbeit teilen – **bivalent parallel.** Ab einer bestimmten Temperatur wird der Heizkessel zugeschaltet – **Bivalenzpunkt.** Zahlreiche Luft-Wasser-Wärmepumpen haben einen Elektroheizstab im Speicher eingebaut, der die Rolle des zweiten Wärmeerzeugers übernimmt – **monoenergetisch.**

Feldtests von Wärmepumpenanlagen

Ein besonders interessanter Feldtest wurde vom Fraunhofer-Institut ISE durchgeführt (www.wp-monitor.de, dann „Ergebnisse“). Ausgewählte Anlagen wurden über mehrere Jahre vermessen und Arbeitszahlen ermittelt. Die Untersuchung bestand aus zwei Teilabschnitten. Es zeigte sich, dass die neueren Anlagen bessere Werte für die JAZ liefern: Alte Erdwärmepumpenanlagen lagen im

Durchschnitt bei 3,9, wogegen die neuen Anlagen im Schnitt 4,3 erzielten. Auch bei den Luft-Wasser-Wärmepumpen hat sich eine Verbesserung ergeben: Durchschnitt der alten Anlagen 3,0, der neuen Anlagen 3,2. Die besseren Werte beruhen hauptsächlich auf neuer Technik der Wärmepumpen, aber auch auf sorgfältigerer Ausführung der Gesamtanlage. Luft-Wasser-Wärmepumpenanlagen ermöglichen demnach mittlerweile auch eine effiziente Nutzung der Umweltwärme. Erdreich-Wärmepumpenanlagen sind besonders energieeffizient. Sie benötigen nur etwa ein Viertel der genutzten Wärme als Strom.

Die Messwerte streuten stark. In Abb. 24 sind der Bereich der gemessenen Jahresarbeitszahlen sowie die Mittelwerte dargestellt. Es gab etliche Anlagen, die nicht überzeugen können, viele Anlagen im Mittelfeld und einige Anlagen mit Spitzenwerten auch bei Luft-Wasserwärmepumpenanlagen. Dies zeigt, dass Wärmepumpenanlagen kein Ding „von der Stange“ sind, sondern gut geplant und ausgeführt und in ein passendes Heizsystem eingebaut werden müssen.

Einzelne Beispielobjekte mit ihren Messdaten finden Sie auf der Seite des Bundesverbands Wärmepumpe: www.waermepumpe.de > Presse > Referenzobjekte.

Wärmepumpenanlagen

Am Markt sind unterschiedliche Lösungen für eine Wärmepumpenanlage verfügbar.

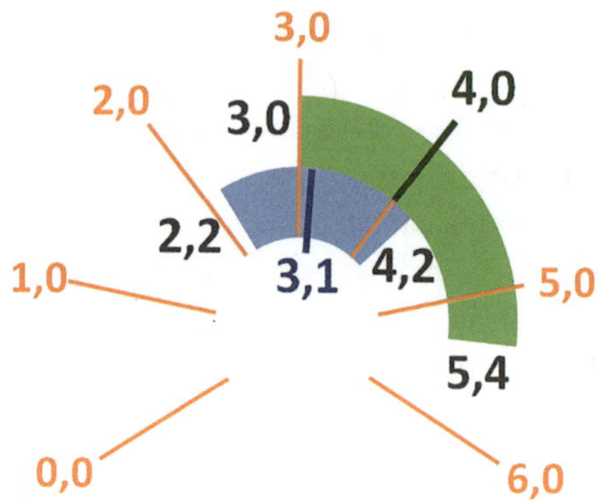

Abb. 24: Feldtestergebnisse für die Jahresarbeitszahlen (SPF) von Wärmepumpenanlagen im Zeitraum Juli 2012 bis Juni 2013. Blau: Luft-Wasser-Wärmepumpen, grün: Sole-Wasser-Wärmepumpen

Wärmepumpen für die reine Brauchwassererwärmung: Brauchwasserspeicher von etwa 250 bis 300 Litern Inhalt mit aufgesetzter Luft-Wasser-Wärmepumpe, die ihre Wärme entweder aus dem Aufstellraum gewinnt oder durch einen Schlauch und Mauerdurchbrüche aus der Außenluft. Zur Überbrückung der kältesten Tage ist ein Elektroheizstab eingebaut. Oft gibt es Anschlussmöglichkeiten für eine thermische Solaranlage. Geräuschpegel beachten. Kosten einschließlich Aufstellung 3.000 bis 4.000 Euro.

Heizungswärmepumpen: Für die Wärmepumpe sollten Sie bei mittleren Leistungsgrößen 20.000 bis 30.000 Euro einkalkulieren. Zusätzlich Kosten für den Erdkollektor von 10 bis 20 Euro je Quadratmeter einschließlich Erdarbeiten oder für die Erdsonde von 95 bis 140 Euro pro Meter Sondenlänge. Wenn die Anlage die Förderkriterien einhält, kann der Zuschuss enorm sein.

→ TIPP

Neben der „Bundesförderung für effiziente Gebäude" (BEG) (→ Seite 215) gibt es Förderprogramme der Länder und eventuell der Kommunen. Fragen Sie bei Ihrer Kommune nach oder schauen Sie für Landes- und Bundesförderprogramme ins Internet: www.foerderdatenbank.de

Wärmequelle: Die Kosten hängen von der Größe ab. **Grundwasser-Saug- und Schluckbrunnen** sind schwer kalkulierbar. Die Kosten werden meist zwischen Erdkollektor und Erdsonde liegen, oft wenig über einem Flächenkollektor.

Neben der benötigten Heizleistung ist bei **Erdwärme** die Untergrundbeschaffenheit entscheidend – je feuchter, desto besser. Vereinfacht kann aus einem Quadratmeter **Erdkollektor** etwa 25 Watt Heizleistung bezogen werden und aus einem Meter **Sondenlänge** 50 Watt. Aus Sicherheitsgründen werden die Sonden seit Mitte 2021 um 30 Prozent länger dimensioniert. Auch der in der Wärmepumpe eingesetzte Strom wird zu Wärme. Bei einer Jahresarbeitszahl von 4 müssen 75 Prozent der Wärme aus dem Erdreich kommen. Beispiel: Für eine Heizleistung von 10 Kilowatt müssen 75 Prozent, das heißt 7,5 Kilowatt, aus der Erde kommen. Beim Erdkollektor benötigen Sie mindestens eine Fläche von $7{,}5\ kW \div 0{,}025\ kW/m^2 = 300\ m^2$. Das kostet 3.000 bis 6.000 Euro. Die Erdwärmesonde muss eine Mindestlänge von $7{,}5\ kW \div 0{,}05\ kW/m \times 1{,}3 = 195\ m$ haben und kostet 18.500 bis 27.500 Euro. Sinnvoll ist es hier, zwei Sonden zu bohren, da tiefere Sonden als 100 Meter nach Bergrecht genehmigt werden müssen und ein aufwendigeres Bohrgerät nötig ist. Doch dies muss von Fall zu Fall entschieden werden. Für die Nutzung von Wasser- oder Erdwärme oder die Nutzung von natürlichen Kältemitteln gibt es einen Bonus von 5 Prozent (→ Seite 216).

Die Wärmepumpenanlage muss die Investitionskosten im Vergleich zu Ihrem bisherigen Heizsystem erwirtschaften (Abb. 25). Ob das möglich ist, hängt neben der erreichten Jahresarbeitszahl vom Wirkungsgrad Ihrer derzeitigen Heizungsanlage, dem Wärmepumpen-Strompreis und Ihrem derzeitigen Heizenergiepreis ab. Für Wärmepumpen gibt es vergünstigte Strompreise (www.verbraucherzentrale.nrw, Suchwort: Wärmepumpenstrom). Sie sehen in Abbildung 25, dass bei den derzeitig hohen Brennstoffpreisen eine merkliche Einsparung bereits bei mittleren Jahresarbeitszahlen möglich ist.

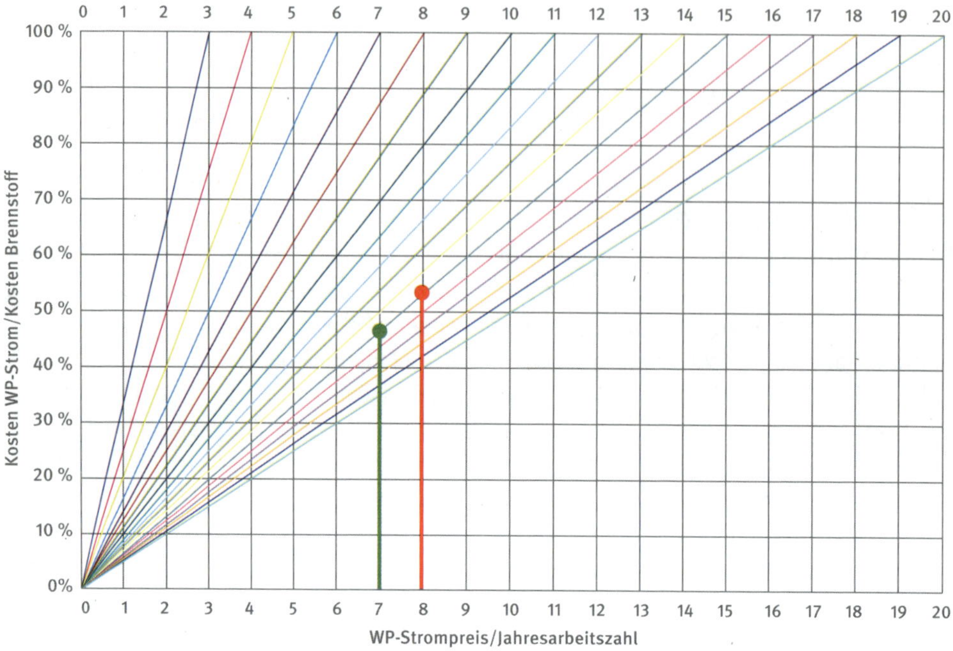

Abb. 25: Diagramm zur Bestimmung der Wirtschaftlichkeit von Wärmepumpenanlagen. Die Skala oben in der Grafik bezieht sich auf den Wert „Brennstoffpreis/Wirkungsgrad" zur Auswahl der passenden Geraden.

Beispielvarianten

Untersucht wird bei jedem Beispielhaushalt der Einbau einer Brauchwasserwärmepumpe, einer Sole-Wasser-Wärmepumpe und einer Luft-Wasser-Wärmepumpe. Die Heizungssysteme arbeiten mit Fußbodenheizung oder Heizkörpern. Beim Passivhaus von Haushalt C gibt es nur Varianten mit Fußbodenheizung. Die Ermittlung der Arbeitszahlen erfolgte für eine typische Anlage mithilfe des JAZ-Rechners des Bundesverbands Wärmepumpe (→ Seite 133). Weil für Erdkollektoren recht große Flächen benötigt werden, wollen alle Haushalte nur Sonden einbauen. Es wird von einer Lebensdauer der Wärmepumpe von 20 Jahren ausgegangen. Erdkollektoren und Erdsonden halten vermutlich wesentlich länger, sodass die Wirtschaftlichkeit der Erdwärmepumpen eigentlich besser ist, als in den Beispielen angegeben. Für den Wärmepumpensondertarif wird ein **separater Stromzähler** für die Wärmepumpenanlage verlangt. Eine Wartungspauschale von 50 Euro (Brauchwasserwärmepumpe 30 Euro) kommt zu den jährlichen Wärmepumpenstromkosten als Betriebskosten hinzu. Der Wärmepumpenstrompreis orientiert sich mit 28 Cent pro Kilowattstunde am vorgeschlagenen Preisdeckel für Wärmestrom. Die angenommenen Investitionskosten können Sie von Hand an Ihren Angebotspreis anpassen, wie im Abschnitt „Photovoltaik" (→ Seite

BEISPIEL

Wirtschaftlichkeit ermitteln

1. Sie betreiben eine alte Gasheizung mit Wirkungsgrad 80 Prozent (80 ÷ 100 =0,8) und zahlen für die Kilowattstunde Gas 12 Cent. Die Luft-Wasser-Wärmepumpe hat eine Jahresarbeitszahl von 3,5 und der Wärmepumpenstrom kostet 28 Cent pro Kilowattstunde. Als Wert für die waagerechte Achse in Abb. 25 ergibt sich dann: 28 Ct/kWh ÷ 3,5 = 8. Die auszuwählende Gerade ist 12 ÷ 0,8 = 15. Gehen Sie nun auf der waagerechten Achse zu 8, dann senkrecht bis zur Geraden 15 (der rote Punkt auf der Geraden 15). Auf der senkrechten Achse können Sie dann ablesen, dass die Kosten des Wärmepumpenstroms knapp 55 Prozent der Kosten des Brennstoffs betragen, das heißt, es gibt gut 45 Prozent Einsparung, die zur Deckung der Investitionskosten beitragen.

2. Eine alte Heizungsanlage hat den Wirkungsgrad 80 Prozent. Brennstoffpreis und Wärmepumpenstrompreis sind auch so hoch wie im ersten Beispiel. Nun wird eine Erdwärmepumpe betrachtet mit Jahresarbeitszahl 4,0. Wert auf der waagerechten Achse: 28 ÷ 4 = 7. Ausgewählte Gerade: wie oben 15. Sie lesen ab beim grünen Punkt in der Abbildung und sehen, dass die Kosten des Wärmepumpenstroms nun nur noch gut 45 Prozent der Brennstoffkosten betragen und so diese Anlage wirtschaftlicher ist.

43) beschrieben. Es gibt die Möglichkeit, in der **interaktiven Tabelle 6** mit eigenen Werten zu rechnen (Download → Seite 7). Dort finden Sie auch alle im Folgenden beschriebenen Varianten. Die eingesetzten Wärmepumpen erfüllen alle die Vorgaben des GEG 2024.

Haushalt A

Haushalt A möchte von Öl und Gas unabhängig werden und interessiert sich für den Einbau einer Wärmepumpe.

13 % **Variante 7e:** Eine Wärmepumpe zur Erwärmung des Warmwassers (ein „Wärmepumpenboiler") ist die preiswerteste Lösung mit Investitionskosten von circa 4.000 Euro. Eine Anlage, die Wärme aus der

Außenluft gewinnt, erreicht eine Jahresarbeitszahl von 3. Wird die Wärme der Kellerluft entzogen, so wird nur ein geringfügig besserer Wert erzielt. Hohe Temperaturen für die Warmwasserbereitung bewirken die schlechte Jahresarbeitszahl. Die neue Anlage ersetzt den alten Speicher der A's. Sie sparen circa 430 Liter Öl pro Jahr und benötigen nur 800 Kilowattstunden Strom pro Jahr. Die Energiekosten sinken so um circa 380 Euro pro Jahr. Die Wartungskosten etc. für die Öl-Anlage bleiben und die Anlage amortisiert sich in gut 11 Jahren und es verbleibt über 20 Jahre eine Kosteneinsparung.

Die Autarkie bezogen auf Strom und Wärme erreicht nur 12,5 Prozent, da der Warmwasseranteil an der Gesamtwärme gering ist. Durch die Verringerung der Verluste gibt es eine Umweltentlastung um eine Tonne CO_2 jährlich.

73 % **Variante 7f:** Haushalt A möchte Erdwärme nutzen, aber nicht den Garten verunstalten. Sie entscheiden sich deswegen für eine Erdsonde. Im Zuge des Umbaus wird das Heizungssystem optimiert und auf Fußboden- oder Wandflächenheizung umgestellt, sodass eine Vorlauftemperatur von 35 °C am kältesten Tag ausreicht. Als Leistung für Heizung und Warmwasserbereitung benötigen sie 10,6 Kilowatt. Die Warmwasserbereitung macht bei den A's nur einen kleinen Teil des Wärmebedarfs aus. Deswegen können hohe Arbeitszahlen während des gesamten Jahres erzielt werden. Die Wärmepumpenanlage erreicht eine Jahresarbeitszahl von 4,5 und benötigt eine Sondenlänge von insgesamt 214 Metern. Es werden im Abstand von mindestens 5 Metern, besser 8 Metern, zwei Bohrungen von jeweils 107 Metern Tiefe durchgeführt oder drei Bohrungen von je gut 71 Metern, wenn sie die Genehmigung nach Bergrecht umgehen wollen. Die Sondenanlage kostet circa 25.250 Euro. Die eigentliche Wärmepumpe mit Zusatzarbeiten kommt mit 30.000 Euro hinzu. Für die Fußbodenheizung müssen sie weitere 6.000 Euro ansetzen – insgesamt 61.250 Euro. Für diese effektive Anlage gibt es eine Förderung von 21.000 Euro einschließlich Bonus für Erdwärmepumpe, Klimageschwindigkeits- und Einkommensbonus, insgesamt höchstens 70 Prozent. Zu fördernde Summe ist maximal 30.000 Euro bei einem Einfamilienhaus (→ Seite 215). Haushalt A benötigt in näherer Zukunft, aber nicht sofort, einen neuen Wärmeerzeuger, deswegen können sie einen Instandhaltungsanteil (→ Seite 260) in Höhe von zwei Dritteln der Neukosten eines Ölkessels abziehen, sodass unter dem Strich Mehrkosten von 30.920 Euro verbleiben.

Die Wärmepumpe benötigt Strom im Wert von 1.190 Euro pro Jahr. Die Betriebskosten sinken auf diejenigen der Wärmepumpe. Der Schornsteinfeger entfällt und die Wartungskosten sinken beträchtlich. Die Anlage amortisiert sich in knapp 13 Jahren und über 20 Jahre verbleibt eine Kosteneinsparung von gut 18.000 Euro. Die Autarkie bezogen auf Strom und Wärme erreicht 73 Prozent, die Umweltentlastung 5,9 Tonnen CO_2 jährlich.

71% **Variante 7f-1:** Wie sähe es nun aus, wenn die A's ihre Heizkörper behalten wollten und deshalb die Wärmepumpe mit einer Vorlauftemperatur von 55 °C arbeiten muss? Dieselbe Wärmepumpenanlage erreicht nun nur noch eine Jahresarbeitszahl von 4,0. Unter dem Strich kostet die Anlage nun 24.100 Euro, die Stromkosten steigen zwar, aber die Wirtschaftlichkeit verbessert sich auf gut 10 Jahre. Die Klimaentlastung beträgt nur 5,6 Tonnen CO_2 jährlich.

71% **Variante 7g:** Haushalt A scheut die hohen Kosten und den Aufwand der Erdbohrung, schließt sich dem allgemeinen Trend an und baut eine Luft-Wasser-Wärmepumpe ein. Die A's haben sich für ein Split-Gerät (zwei getrennte Geräte, Außeneinheit mit Ventilator und Kompressor im Keller) entschieden und das laute Außengerät in einer Ecke des Gartens aufgestellt, wo der Schall durch Hecken gut abgeschirmt wird. Sie haben Ihre Heizungsanlage so optimiert, dass 35 °C Vorlauftemperatur ausreichen. Die Wärmepumpe mit Zusatzarbeiten kostet circa 35.000 Euro. Mit Förderung (kein Bonus für natürliches Kältemittel, aber Fördersatz bleibt), Flächenheizung und Abzug des Instandhaltungsanteils ergeben sich Kosten von 10.670 Euro. Diese Anlage erreicht eine Jahresarbeitszahl von 4.

Die Wärmepumpe benötigt Strom im Wert von 1.340 Euro pro Jahr. Sie amortisiert sich in knapp 5 Jahren. Die Autarkie bezogen auf Strom und Wärme erreicht gut 71 Prozent und die Umweltentlastung wieder 5,6 Tonnen CO_2 jährlich.

69% **Variante 7g-1:** Wie zu erwarten, werden die Werte der Luft-Wasser-Wärmepumpe schlechter, wenn die A's ihre Heizkörper behalten wollen und deshalb 55 °C benötigt wird. Nun beträgt die Jahresarbeitszahl lediglich 3,5, die Stromkosten steigen, die Investition wird kleiner und die Amortisation verbessert sich auf gut 2 Jahre. Die Gesamtautarkie sinkt auf 69 Prozent und die Umweltentlastung auf 5,2 Tonnen CO_2 jährlich.

Fazit: Alle Wärmepumpenanlagen sind für Haushalt A sinnvoll und wirtschaftlich. Unter Umweltgesichtspunkten sollten die A's eine Erdwärmeanlage mit Niedertemperaturheizsystem bevorzugen. In Hinblick auf ihre Haushaltskasse ist die preisgünstigste Lösung – Luftwärmepumpe mit den bestehenden Heizkörpern – auch die wirtschaftlichste. Trotz höherer Stromkosten ergibt sich eine höhere Gesamteinsparung. Auch eine reine Brauchwasserwärmepumpe ist für Haushalt A sinnvoll, weil sie dadurch ihre hohen Warmwasserverluste einsparen.

Haushalt B

Haushalt B plant im Rahmen der Hausumgestaltung ohnehin den Einbau einer Fußbodenheizung und würde diese gerne mit einer Wärmepumpe beheizen.

15 % **Variante 7e:** Eine Wärmepumpe zur Erwärmung des Warmwassers entspricht in Bezug auf Kosten und Arbeitszahl derjenigen von Haushalt A. Wegen des wesentlich größeren Warmwasserbedarfs steigen die Wärmepumpenstromkosten auf gut 340 Euro pro Jahr. Die Warmwasseranlage von Haushalt B hatte bereits geringe Verluste. Die Betriebskosteneinsparung beträgt deswegen lediglich 110 Euro. So kann die Investition nicht in annehmbarer Zeit erwirtschaftet werden. Die Autarkie bezogen auf Strom und Wärme erreicht gut 15 Prozent, die Umweltentlastung nur 0,3 Tonnen CO_2.

67 % **Variante 7f:** Als Leistung für Heizung und Warmwasserbereitung benötigen die B's 7,3 Kilowatt. Die Erdwärmepumpenanlage erreicht trotz des höheren Anteils an Warmwasser wieder eine Jahresarbeitszahl von 4,5. Die Sonden müssen insgesamt mindestens 148 Meter lang sein. Die Sondenanlage kostet circa 17.460 Euro. Die eigentliche Wärmepumpe mit Zusatzarbeiten kommt mit 21.000 Euro hinzu, da sie kleiner ist als diejenige des Haushalts A. Für die Fußbodenheizung müssen sie weitere 6.000 Euro ansetzen – insgesamt 44.460 Euro. Für diese effektive Anlage gibt es eine Förderung von 21.000 Euro (alle Boni, Fördersatz höchstens 70 Prozent für höchstens 30.000 Euro) (→ Seite 216). Haushalt B muss ohnehin einen neuen Wärmeerzeuger kaufen, deswegen können sie einen Instandhaltungsanteil (→ Seite 260) in Höhe von zwei Dritteln der Neukosten eines Gaskessels abziehen, sodass unter dem Strich Mehrkosten von 15.460 Euro verbleiben.

Die Wärmepumpe benötigt Strom im Wert von gut 810 Euro pro Jahr. Die Anlage erwirtschaftet sich in gut 14 Jahren. Die Autarkie bezogen auf Strom und Wärme erreicht gut 67 Prozent. Die Umweltentlastung beträgt 2 Tonnen CO_2 jährlich.

65 % **Variante 7f-1:** Würden die B's ihre Heizungsanlage nicht optimieren und 55 °C Vorlauf benötigen, so erreichte die Wärmepumpe nur noch eine Jahresarbeitszahl von 4. Unter dem Strich kostet die Anlage nun 8.760 Euro, Stromkosten steigen, aber die Wirtschaftlichkeit verbessert sich auf knapp 9 Jahre. Die Klimaentlastung erreicht nur 1,8 Tonnen CO_2 jährlich.

65 % **Variante 7g:** Wie sieht es bei einer Luft-Wasser-Wärmepumpe aus? Die Kosten unter dem Strich liegen bei circa 3.000 Euro. Bei 35 °C Vorlauftemperatur erreicht die Wärmepumpe eine Jahresarbeitszahl von 4. Sie benötigt Strom im Wert von knapp 920 Euro pro Jahr. Die Anlage erwirtschaftet sich in gut 3 Jahren. Die Autarkie be-

zogen auf Strom und Wärme erreicht gut 65 Prozent und die Umweltentlastung beträgt 1,8 Tonnen CO_2 jährlich.

63 % **Variante 7g-1:** Auch hier werden die Werte der Luft-Wasser-Wärmepumpe erheblich schlechter, wenn 55 °C benötigt werden. Nun beträgt die Jahresarbeitszahl lediglich 3,5. Die Anlage wird billiger als der Kesselersatz, sodass sie sich sofort rechnet. Die Umweltentlastung sinkt allerdings auf 1,5 Tonnen CO_2 jährlich.

Fazit: Alle Heiz-Wärmepumpenanlagen sind für Haushalt B sinnvoll und sehr wirtschaftlich. Unter Umweltgesichtspunkten sollten die B's eine Erdwärmeanlage mit Niedertemperaturheizsystem bevorzugen. Die Luftwärmepumpe mit den bestehenden Heizkörpern kostet abzüglich der hohen Förderung weniger als eine Kesselerneuerung, spart Energiekosten und amortisiert sich sofort trotz höherer Stromkosten. Eine reine Brauchwasserwarmepumpe ergibt keinen Sinn; erst die Kombination mit der Heizung. Dies gilt ebenso für thermische Solaranlagen (→ Seite 111).

Haushalt C

Im Neubaubereich haben sich Wärmepumpen durchgesetzt. Aber ist das auch beim Passivhaus des Haushalts C sinnvoll? Hier macht die Warmwasserbereitung den größten Teil des Wärmebedarfs aus. Wird hier ein Kombispeicher eingesetzt, so kann die Zuluft der ohnehin erforderlichen Lüftungsanlage mit einem wasserführenden Heizregister im Luftkanal aus dem Speicher erwärmt werden. Es gibt auch spezielle Zentralgeräte für Passivhäuser, die neben der Lüftungsanlage eine kleine Wärmepumpe eingebaut haben, die Wärme aus der Abluft gewinnt und diese auf höherem Temperaturniveau dem Warmwasserspeicher und der Zuluft zuführt. Auf den Seiten des Passivhaus-Instituts finden Sie zertifizierte Anlagen (http://database.passivehouse.com/de/components/). Auch im elektronischen Bulletin des Europäischen Testzentrums für Wohnungslüftungsgeräte (TZWL) sind Messwerte angegeben (www.tzwl.de, Reiter „Infoportal Wohnungslüftung", „TZWL-eBulletin").

33 % **Variante 7e:** Eine Wärmepumpe zur Erwärmung des Warmwassers entspricht in Bezug auf fast alle Werte derjenigen von Haushalt B. Die Autarkie bezogen auf Strom und Wärme erreicht wegen des sehr geringen Heizwärmebedarfs bei den C's knapp 33 Prozent. Leider ist diese Anlage ebenso unwirtschaftlich wie bei Haushalt B. Die Umwelt wird von 0,3 Tonnen CO_2 jährlich entlastet.

52 % **Variante 7f:** Als Leistung für Heizung und Warmwasserbereitung benötigen die C's 2,8 Kilowatt. Die Erdwärmepumpenanlage erreicht eine Jahresarbeitszahl von

HINTERGRUND

Gasbetriebene Wärmepumpen

Es gibt Wärmepumpen, die nicht durch Strom, sondern durch Gas angetrieben werden (wie bei Gas-Kühlschränken im Campingbereich). Die Gasflamme betreibt einen „thermischen Verdichter" in einer Sole-Wasser-Wärmepumpe. Bei einer Gas-Wärmepumpe kommt die meiste Wärme von der Gasflamme und nur etwa 25 bis 30 Prozent zusätzlich aus der Umwelt. Für gleiche Heizleistung wird deswegen eine erheblich kleinere Erdsonde im Vergleich zur Elektro-Wärmepumpe benötigt.
Allerdings werden Gasgeräte nicht mehr gefördert und die Gasversorgung in der Zukunft kann sehr schwierig und teuer werden. Deswegen werden Gas-Wärmepumpen in diesem Ratgeber nicht betrachtet.

4,5. Die Sonde muss circa 57 Meter lang sein. Die Sondenanlage kostet circa 6.730 Euro. Die eigentliche sehr kleine Wärmepumpe mit Zusatzarbeiten kommt mit 10.000 Euro hinzu. Im Neubau werden nur Häuser mit Nachhaltigkeitsanforderung gefördert (→ Seite 215). Falls die C's diese Förderung erhalten, so benötigen Sie die Gelder, um die Anforderungen im baulichen Bereich zu erfüllen – für die Verbilligung der Haustechnik bleibt dann nichts mehr. Die C's können die Investition in die ansonsten nötige Gasanlage gegenrechnen, sodass die Anlage unter dem Strich 10.730 Euro kostet.

Die Warmwasserbereitung übernimmt den größten Teil des Wärmebedarfs. Die Wärmepumpe benötigt Strom im Wert von etwa 310 Euro pro Jahr. Diese Anlage ist unwirtschaftlich. Die Autarkie bezogen auf Strom und Wärme erreicht knapp 52 Prozent und die Umweltentlastung 0,7 Tonnen CO_2 jährlich.

50 % **Variante 7g:** Eine Luftwärmepumpe erreicht eine Jahresarbeitszahl von 4. Sie kostet circa 15.000 Euro. Auch in diesem Fall können die C's nur die Investition in eine Gasanlage gegenrechnen, sodass unter dem Strich 9.000 Euro bleiben.

Die Wärmepumpe benötigt Strom im Wert von etwa 350 Euro pro Jahr. Auch diese Anlage ist unwirtschaftlich. Die Autarkie bezogen auf Strom und Wärme erreicht circa 50 Prozent, und die Umweltentlastung 0,6 Tonnen CO_2 jährlich.

50 % **Variante 7h:** Wie sieht es bei einem Zentralgerät mit einer Luft-Luft-Wärmepumpe aus? Die Mehrkosten gegenüber der reinen Lüftungsanlage mit Wärmerückgewinnung betragen circa 10.000 Euro. Gegenüber den 6.000 Euro für die Gasanlage sind das nur Mehrkosten von 4.000 Euro. Auch diese Anlage erreicht eine Jahresar-

VORTEILE UND NACHTEILE

+ Wärmepumpe

- Bewährte Technik
- Einsatz fast immer möglich, auch im Altbau mit Heizkörpern
- Guter Primärenergiefaktor
- Kein Brennstofflager nötig
- Kein Schornstein nötig
- Niedrige Wartungs- und keine Schornsteinfegerkosten
- Gute Förderung bei der Altbausanierung
- Hilft im Neubau, förderfähig zu werden
- Zukunftsfähig, passt in ein System mit 100 Prozent erneuerbarer Energie
- Geringe Klimabelastung
- Klimabelastung sinkt, wenn der Anteil an erneuerbarem Strom zunimmt
- Hohe Autarkie Wärme
- Mit zahlreichen Wärmequellen einsetzbar. Entspricht GEG 2024
- Günstige Wärmepumpensondertarife
- Wärmelieferung unabhängig von Tages- und Jahreszeit
- Thermische Speicherung ist kostengünstig.
- Exergie wird aus der Umwelt zurückgewonnen.
- Anlagen mit Flächenheizung können im Sommer kühlen.
- Bei guter Planung und Ausführung hohe Effizienz

− Wärmepumpe

- Luftwärmepumpe nur möglich, wenn Lärmbelästigung der Nachbarn ausgeschlossen ist
- Erdwärmepumpe nur möglich, wenn der Untergrund geologisch geeignet ist
- Gute Planung und Ausführung nötig
- Für hohe Jahresarbeitszahl ist Einbau von Flächenheizungen nötig
- Im Altbau eventuell Dämmmaßnahmen oder auch Heizkörperaustausch nötig
- Nur wenige Anbieter von Wärmepumpen-Sondertarifen
- Die Strompreise können steigen.
- Hohe Belastung des Stromnetzes im Winter
- Mittlere bis hohe Kosten
- Wertvolle Energie (Exergie) wird entwertet.
- Luft-Wasser-Wärmepumpen können sehr laut sein.

HINTERGRUND

Heizkörper und Flächenheizungen

Weil Sie mit Ihrer Umgebung im Wesentlichen Wärmestrahlung austauschen, empfinden Sie ein Heizsystem mit hohem Wärmestrahlungsanteil als besonders angenehm.
Das erklärt die Beliebtheit von Öfen jeglicher Art. Auch die elektrische Infrarot-Strahlungsheizung wirbt damit. Einen hohen Anteil an Wärmestrahlung gibt es ebenfalls bei großflächiger Wärmeabgabe durch eine mit niedriger Temperatur betriebene Fußboden- oder Wandflächenheizung.
Bei einer Wandflächenheizung werden Heizmatten oder Heizregister (schlangenförmig verlegte dünne Rohre) an den Wänden angebracht und anschließend eingeputzt. Es gibt auch Wandverkleidungselemente mit bereits eingebauten Heizregistern. So können Sie ohne Arbeiten am Fußboden im Altbau auf eine Flächenheizung umrüsten, um beispielsweise eine Wärmepumpe effizienter zu betreiben.
Die mit Wandflächenheizung versehenen Wände sollten Sie möglichst von Möblierung freihalten.
Der Wärmestrahlungsanteil bei Heizkörpern nimmt zu, wenn sie großzügig ausgelegt werden. Sie wälzen dann weniger die Luft um. Angenehmer Nebeneffekt: Die benötigte Vorlauftemperatur wird geringer (→ Seite 138).

beitszahl von 4. Sie ist wirtschaftlich mit einer Amortisationszeit von knapp 10 Jahren. Die Autarkie bezogen auf Strom und Wärme erreicht wieder 50 Prozent und die Umweltentlastung 0,6 Tonnen CO_2 jährlich.

Fazit: Für ein Passivhaus ist das Zentralgerät mit eingebauter Wärmepumpe sehr zu empfehlen. Es ist neben der netzgekoppelten Photovoltaikanlage mit Brauchwassererwärmung und Elektroheizung (→ Seite 127) die einzige wirtschaftliche Variante und erzielt eine noch bessere Wirtschaftlichkeit. Eine reine Brauchwasserwärmepumpe oder auch herkömmliche Heizungswärmepumpen einzusetzen, ergibt keinen Sinn: Die Investition ist in Anbetracht der geringen Energieverbräuche viel zu hoch.

→ TIPP Langsamer Takten

Wärmepumpen benötigen einen Speicher, um häufiges Takten (An-Aus-An-Aus) zu vermeiden. Das würde sonst die Lebensdauer und Effizienz der Wärmepumpe verringern. Sie benötigen den Speicher zudem, um Ausschaltzeiten des Elektrizitätsversorgers zu überbrücken, die Sie in Kauf nehmen müssen, um einen günstigeren Strompreis zu erzielen. Eine Fußbodenheizung bietet im Allgemeinen ausreichend Speichermöglichkeit. Ansonsten benötigen Sie einen zusätzlichen Pufferspeicher für die Anlage in einer Größe von 100 bis 500 Litern. Aus Komfortgründen kann auch bei einer Fußbodenheizung und einem Wärmepumpentarif mit Ausschaltzeiten ein Pufferspeicher sinnvoll sein.

Kalte Nahwärme

Nahwärmenetze werden üblicherweise mit hoher Temperatur gefahren, was zu erheblichen Netzverlusten führen kann (→ Seite 91). Auch die Wärmequellen für diese Netze müssen dann auf hoher Temperatur arbeiten. Es gibt jedoch zahlreiche Wärmequellen, die besonders effizient nur geringe Temperaturen von beispielsweise 30 Grad liefern können, sei es industrielle Abwärme, seien es Solarkollektoranlagen. Ein Netz, das auf einem solchen Temperaturniveau arbeitet, wird **kalte Nahwärme** genannt. Solch ein Netz liefert ideale Bedingungen für den Betrieb von Wärmepumpen, die bei dieser Wärmequelle sehr hohe Jahresarbeitszahlen (JAZ → Seite 130) erreichen können. Das Wärmenetz selbst ist kostengünstiger als ein übliches Fernwärmenetz mit erheblich weniger Wärmeverlusten. Beispielsweise in Schleswig wird ein Baugebiet mit kalter Nahwärme versorgt, hier aus einem großen Erdkollektor. Die Stadtwerke bieten ein Komplettpaket mit Wärmepumpe und Wartung an: www.schleswiger-stadtwerke.de/Produkte/Wärme/kalte Nahwärme

Bei kalter Nahwärme fallen verglichen mit Fernwärmenetzen hohe Stromkosten für die Quellenpumpen an, bezogen auf die übertragene Wärme. Interessante Quartierslösungen arbeiten mit ungedämmten Rohrleitungen, über die Wärme aus dem Erdreich gesammelt wird in Verbindung mit Solarabsorbern auf den Dächern. Fragen Sie bei Ihrer Gemeinde oder Ihrem Stadtwerk nach, ob für Ihr Baugebiet eine kalte Nahwärmeversorgung geplant ist. Prüfen Sie aber Alternativen, beispielsweise eine eigene Wärmepumpenanlage, mit einer Vollkostenrechnung, also mit allen Kapital-, Verbrauchs- und Betriebskosten, bevor Sie einen Vertrag unterschreiben. Lassen Sie sich gegebenenfalls bei der Verbraucherzentrale beraten: www.verbraucherzentrale-energieberatung.de

CHECKLISTE

Wärmepumpen

- ☐ Welche Wärmequelle?
- ☐ Elektro- oder Gas-Wärmepumpe?
- ☐ Heizlastberechnung durchführen lassen
- ☐ Grundwassernutzung möglich? (Genehmigung!)
- ☐ Grundwasserqualität gut? (Möglichst kein Mangan oder Eisen)
- ☐ Ergiebigkeit des Brunnens ausreichend? Sie benötigen circa 200 Liter pro Stunde je kW Heizleistung.
- ☐ Hocheffiziente Grundwasserpumpe einbauen und möglichst kleiner Strömungswiderstand durch ausreichend dimensionierte Leitungen
- ☐ Bei Luft-Wasser-Wärmepumpe: Kann der Standort zu Lärmbelästigung führen? Bei dem Beispiel mit 10 kW Heizleistung müssen mehr als 5.000 Kubikmeter Luft pro Stunde durch die Außeneinheit gepustet werden!
- ☐ Mindestens 3 Meter Abstand zur Grundstücksgrenze nötig. Eventuell Ausnahmegenehmigung möglich
- ☐ Split-Anlage (→ Seite 137)?
- ☐ Zweiter Wärmeerzeuger nötig? Kann dafür der vorhandene Heizkessel weiterbetrieben werden?
- ☐ Ist ein Energiezaun/eine Energiewand möglich?
- ☐ Erdkollektor oder Erdsonde ausreichend dimensionieren
- ☐ Prüfen, ob Sonden gebohrt werden können (Platz, Zugang? – circa 15 bis 25 Meter Sonde je Kilowatt).
- ☐ Standort geologisch geeignet?
- ☐ Vorlauftemperatur der Heizung möglichst niedrig (max. 55 °C, besser nur 35 °C). Prüfen ohne Nachtabsenkung (→ Seite 139)
- ☐ Größere Heizkörper einbauen – spezielle Niedertemperatur-Heizkörper einbauen
- ☐ Ohne Fußbodenheizung und bei einem Wärmepumpentarif mit Abschaltzeiten sollte ein Pufferspeicher eingebaut werden.
- ☐ Hydraulischer Abgleich der Heizung
- ☐ Zuerst das Haus richtig dämmen, dann reicht eine kleinere (günstigere!) Wärmepumpenanlage
- ☐ Wärmemengenzähler und Stromzähler einbauen (Ermittlung der Jahresarbeitszahl)
- ☐ Bei modernen Wärmepumpen kann die Jahresarbeitszahl im Display angezeigt werden. Im Internet gibt es Verbrauchsdatenbanken. So können Sie die Güte Ihrer Anlage mit anderen vergleichen. Bei der Angebotsanfrage

nach dem Herstellerservice fragen. Namhafte Hersteller nehmen die Anlage per Fernwartung unter ihre Fittiche.

- ☐ Auf SG-Ready Label achten (→ Seite 184)
- ☐ Anlage aus einer Hand durch Generalunternehmer. Der Anlagenbauer sollte eine Jahresarbeitszahl (JAZ) schriftlich zusichern: für Heizung und Warmwasser: mindestens 3,3 (Luft-Wasser) bzw. 3,8 (Sole-Wasser), nur für Heizung: mindestens 3,5 (Luft-Wasser) bzw. 4,0 (Sole-Wasser)
- ☐ EHPA-Label vorhanden? Näheres unter www.waermepumpe.de
- ☐ Viele Hinweise im „Ratgeber Wärmepumpe" der Verbraucherzentrale
- ☐ Gibt es Fördermöglichkeiten? Wann muss der Antrag gestellt werden? Was sind die Förderbedingungen?
- ☐ Wärmepumpe mit Inverter-Technik?
- ☐ Soll die Anlage auch kühlen?
- ☐ Kombination mit Lüftungsanlage möglich?
- ☐ Heizstab gegen ungewolltes Einschalten verriegeln. Bei sorgfältiger Planung darf der Heizstab nicht mehr als 4 Prozent der Jahresheizarbeit übernehmen.
- ☐ Ab und zu Wärmemengenzähler und Stromzähler ablesen, Arbeitszahl errechnen und mit Projektdaten vergleichen. Bei Abweichung Installationsfirma/Generalunternehmer ansprechen.

Biomasse nutzen: Scheitholz und Pellets

Im Winter ist es sehr schwer, mit der auf das Grundstück fallenden Sonnenenergie zu heizen. Um die im Sommer reichlich zur Verfügung stehende Sonnenenergie für den Winter zu bevorraten, sind riesige Speicher nötig. Doch gespeicherte Sonnenenergie gibt es auch auf andere Art und Weise in fester und flüssiger Form: Pflanzen wandeln mithilfe von Sonnenenergie CO_2 und Wasser in Pflanzenmasse. Tiere fressen dann die Pflanzen.

Biomasse werden alle Stoffe genannt, die durch das Wachstum von Lebewesen entstehen. Für die Nutzung im Ein- und Zweifamilienhaus kommt insbesondere **Holz** in Betracht. Wird nicht mehr Holz gebraucht, als in der gleichen Zeit nachwachsen kann, so ist das eine **nachhaltige Nutzung,** ohne die Nachteile fossiler Energien wie Gas und Öl. Denn Bäume nehmen aus der Atmosphäre dieselbe Menge an CO_2 auf, wie sie bei der anschließenden Verbrennung wieder freigesetzt wird – die Verbrennung ist **kohlendioxidneutral.** Bäume im Wald sterben irgendwann, verrotten und geben dabei ebenso das gespeicherte CO_2 wieder ab.

Holz ist eine Form von gespeicherter Sonnenenergie, mit der Sie bei richtiger Handhabung im Winter heizen können. Um den Klimawandel aufzuhalten, ist die Holzverbrennung jedoch leider nicht geeignet; denn hier wird in kurzer Zeit CO_2 freigesetzt, das von den Bäumen in langer Zeit eingesammelt wurde. Laut neuestem Bericht des IPCC (→ Seite 260) verbleiben aber nur noch wenige Jahre Zeit, um klimaneutral zu werden.

Wie sieht das aber mit der Energieautarkie aus? Wie viel Holz kann auf Ihrem eigenen Grundstück wachsen und welche Energiemengen können Sie dadurch ernten? Nach dritter Waldinventur gibt es hierzulande einen jährlichen Zuwachs von durchschnittlich 11,2 Kubikmetern Holz pro Hektar. Ein Hektar entspricht 10.000 Quadratmetern. Wenn Sie ein 1.000 Quadratmeter großes Grundstück vollständig mit Bäumen bepflanzen, können Sie pro Jahr etwa einen Raummeter Holz gewinnen und daraus etwa 1.500 bis 2.000 Kilowattstunden Wärme, je nach Holzart. Zum Vergleich: An Sonnenstrahlung fallen auf diese Fläche etwa 1.000.000 Kilowattstunden jährlich. Das Holz speichert folglich nur 0,15 bis 0,2 Prozent der Sonneneinstrahlung. Eine wesentlich bessere energetische Ausnutzung geschieht durch Solartechnik: Mit einer Photovoltaikanlage können Sie von dieser Einstrahlung etwa 10 bis 20 Prozent nutzen und bei einer solarthermischen Anlage sind es sogar 30 bis 50 Prozent (Abb. 26). Heizen mit Biomasse vom eigenen Grund und Boden wäre demnach nur möglich, wenn Sie einen eigenen kleinen Wald besitzen. Ein Holzzukauf ist daher meist unverzichtbar.

Durch ein Holzlager am Haus gewinnen Sie Unabhängigkeit und Sie nutzen einen kohlendioxidneutralen, heimischen, kos-

GUT ZU WISSEN

Fossile Energieträger

Kohle, Öl und Gas, die heute hauptsächlich genutzten Energieträger, entstanden in Jahrmillionen aus abgestorbenen Pflanzen und Tieren. Fossile Energieträger sind demnach nichts anderes als über Jahrmillionen gespeicherte Sonnenenergie. Diese Speicher werden nun seit Beginn der Industrialisierung und insbesondere in den letzten Jahrzehnten in wachsendem Maße geleert und ein Ende ist absehbar. Dabei wird das in Jahrmillionen angesammelte CO_2 wieder freigesetzt – mit den bekannten Folgen für unser Klima.

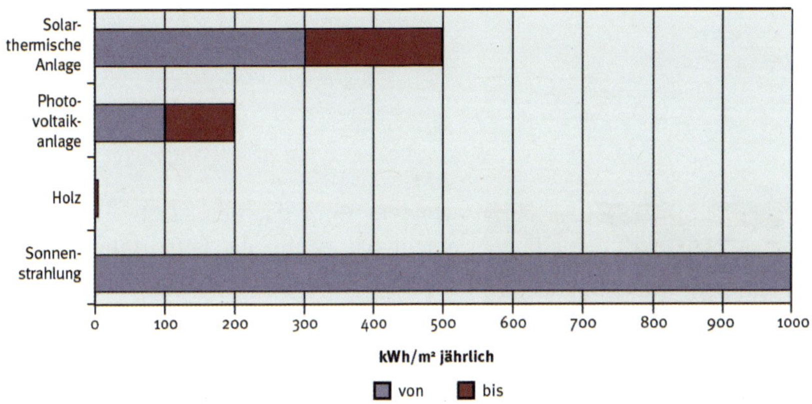

Abb. 26: Effektivität von Techniken zur Nutzung der Sonnenenergie

tengünstigen Energieträger. Am günstigsten ist Holz aus dem Wald direkt vom Förster. Doch das kostet Zeit und Arbeit. „Holz heizt zweimal, einmal beim Hacken und dann im Ofen." Die Kosten liegen ab 30 Euro aufwärts pro Raummeter.

→ TIPP Bezugsmenge beim Holzkauf
Achten Sie bitte beim Holzpreis auf die Bezugsmenge: Raummeter (rm) oder Schüttraummeter (Srm) unterscheiden sich erheblich (1 Srm = 0,6 rm).

Übrigens: Beim Holzkauf zahlen Sie nur die ermäßigte Mehrwertsteuer von 7 Prozent. Die daraus erzeugte Heizenergie kostet etwa 2 bis 3 Cent pro Kilowattstunde. Für fertig aufbereitetes Scheitholz müssen Sie um die 80 bis 120 Euro pro Raummeter rechnen und kommen auf einen Energiepreis von 4,4 bis 6,7 Cent pro Kilowattstunde.

Wichtig ist, dass Sie das Holz erst dann verheizen, wenn es gut durchgetrocknet ist (→ Checkliste Seite 161). Dadurch können Sie den Heizwert gegenüber waldfeuchtem Holz in etwa verdoppeln.

→ TIPP Wichtige Norm für Pellets
Normen für Holzpellets gibt es einige. Für die Feuerung im Ein- oder Zweifamilienhaus sollten Sie Pellets nach Norm ENplus A1 einsetzen. Diese Zertifizierung sichert Ihnen eine gute Qualität bis zu Ihnen nach Hause ins Pelletlager. Sie erzielen so ein optimales Verbrennungsergebnis.
https://enplus-pellets.de/

Vollautomatisch, so wie Sie es von Öl- oder Gasheizungen kennen, heizen Sie mit Holzpellets. Pellets werden aus Sägewerksresten unter hohem Druck gepresst und durch das holzeigene Bindemittel Lignin ohne weitere Zusätze zusammengehalten. Sie haben eine genormte Zusammensetzung, brennen mit sehr geringem Rückstand und haben einen Energieinhalt von fast 5 Kilowattstunden pro Kilogramm Pellet. Beim Preis von 250 bis

Abb. 27: Holzpellets

450 Euro pro Tonne beträgt der Energiepreis zwischen knapp 5 und gut 8 Cent pro Kilowattstunde.

Auch die Pelletpreise sind dem Trend der Energiepreise gefolgt und zunächst kräftig gestiegen, allerdings danach wieder auf etwa den alten Wert gefallen (Abb. 28). Sie sind geringer als die Preise für Heizöl und Gas (→ www.depi.de, weiter „Pelletpreis"). Wie sich die Preise in Zukunft ändern werden, bleibt ungewiss. In jedem Fall sind Pellets nicht von der CO_2-Abgabe betroffen.

Holzöfen

Bei der Holzverbrennung laufen mit steigender Verbrennungstemperatur mehrere Vorgänge nacheinander ab: Trocknung, Zersetzung, Vergasung, Teilverbrennung und vollständige Verbrennung. Ist der Prozess in Gang gesetzt, ist er nicht mehr ohne Weiteres zu stoppen. Das heißt, wenn Sie brennendem Holz, das bereits etwa 270 °C erreicht hat, schon die Luftzufuhr sperren, sorgen Sie für eine unvollständige Verbrennung. Die setzt zahlreiche Schadstoffe frei und der Gestank verärgert die Nachbarn. Außerdem wird die im Holz enthaltene Energie nur zum Teil genutzt. Eine vollständige Verbrennung sollte das Ziel sein, bei der außer einem kleinen Ascherest nichts übrigbleibt. Holzverbrennung lässt sich nicht durch Luftzufuhr regeln, sondern nur durch die Menge an Holz, die Sie nachlegen. Das funktioniert besonders gut, wenn das Holz nur in kleinen Mengen zugeführt wird, wie bei einer Pelletfeuerung.

GUT ZU WISSEN

Förderungen für Holzheizungen

Holzheizungen werden vom Bundeswirtschaftsministerium gefördert, sofern sie ins Heizungssystem eingebunden sind. Es gibt Zuschüsse für Heizkessel mit Pellets oder Holzhackschnitzeln sowie Scheitholzvergaserkessel. Bei Kaminöfen werden nur Pelletöfen mit Wassertasche gefördert (→ Seite 215). Fragen Sie auch bei Ihrem Bundesland oder Ihrer Kommune nach. Beim BAFA (www.bafa.de/beg) finden Sie Listen von förderfähigen Holzheizungen.

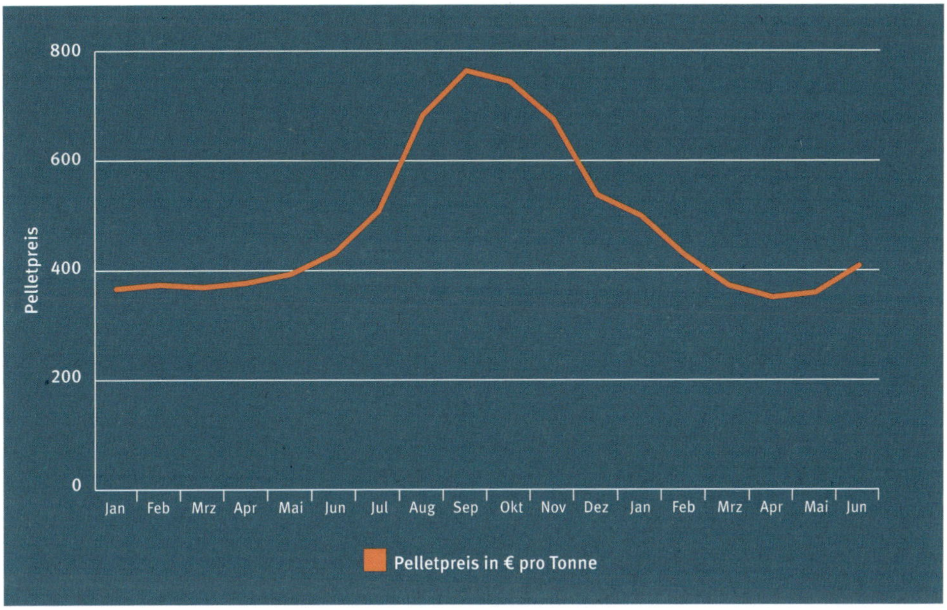

Abb. 28: So hat sich der Pelletpreis von Januar 2022 bis Januar 2023 entwickelt.

In jedem Fall braucht Holzfeuerung einen Wärmespeicher. Bei Kaminöfen ohne Anbindung ans Heizsystem geht das nur mit Masse des Ofens, beispielsweise einem Specksteinofen. Andere Kaminöfen haben einen eingebauten Wärmetauscher – eine Wassertasche (Wasserwärmeübertrager). Das Holz liegt im Ofen auf einem Rost und für die ersten Schritte der Holzverbrennung wird sogenannte **Primärluft** von unten zugeführt. Die entstehenden Vergasungsprodukte werden dann mit der **Sekundärluft** vermischt und vollständig verbrannt, wie auch in der folgenden Abbildung 29 zu sehen ist. Die heißen Flammen und das Rauchgas erhitzen die Wassertasche. Das warme Wasser kann in der Heizungsanlage genutzt werden.

Da der Kaminofen möglichst nur mit voller Leistung brennen soll, die Heizung jedoch meistens keine volle Leistung benötigt, ist ein Pufferspeicher (→ Seite 80) zur Entkopplung von Wärmeproduktion und Wärmeverbrauch nötig. Bei **Scheitholzanlagen** sind das mindestens 55 Liter Pufferspeichervolumen pro Kilowatt Wärmeleistung. Handelt es sich um einen Kaminofen mit Pelletfeuerung, so verringert sich das benötigte Volumen auf 30 Liter pro Kilowatt. Ein solcher Pelletofen hat einen Vorratsbehälter, den Sie alle paar Tage mit Sackware nachfüllen können. Oder der Vorratsbehälter wird elektrisch durch ein Gebläse automatisch aus einem Lagerbehälter nachgefüllt. Alle Kaminöfen geben einen Teil der Wärmeproduktion in den Aufstellraum ab. Bei reinen Luftöfen ist das kein Problem – die sind im Sommer ausgeschaltet.

→ TIPP Luftklappen schließen

Kommt die Verbrennungsluft für den Kaminofen aus dem Aufstellraum? Dann schließen Sie während der Heizperiode die Luftklappen in den Betriebspausen des Ofens! Sonst entweicht durch natürlichen Zug Wärme aus der Wohnung in den Schornstein und Kaltluft strömt nach. Das kann zu erheblichem Mehrverbrauch führen. Überprüfen Sie die Dichtheit dieser Klappen mit einer Kerze. Bei Wind darf die Flamme in der Nähe der geschlossenen Luftklappen nicht flackern.

Bei der Neuinstallation eines Kaminofens sollten Sie ein Modell wählen, das sich seine Verbrennungsluft über ein separates Rohr von außen holt. Dies ist insbesondere bei wärmegedämmten Häusern wichtig.

Wird die Warmwasserproduktion jedoch durch den Kaminofen mit Wassertasche übernommen, so kann das im Sommer sehr unangenehm werden; denn der Ofen muss brennen, wenn Sie Warmwasser benötigen. Sie sollten in diesem Fall eine Solaranlage einbauen lassen (→ Seite 96)

Holzkessel

Ein Kaminofen allein ist in der Regel zu schwach, um ein ganzes Haus ausreichend zu heizen. Dann benötigen Sie einen **Holz-Vergaserkessel** (Abb. 29). Hier legen Sie Holzscheite in den Füllschacht. Automa-

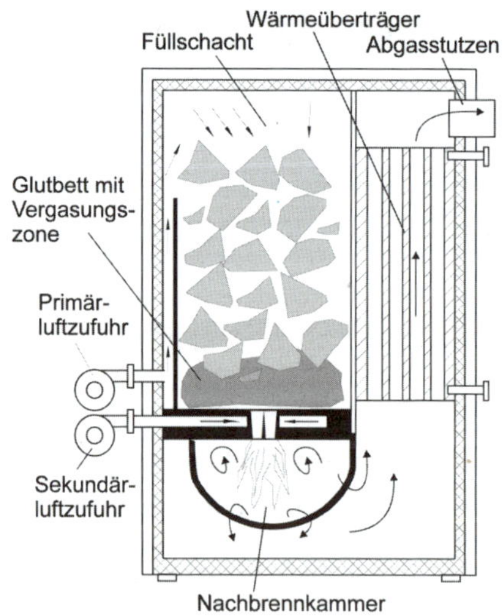

Abb. 29: Scheitholz-Vergaserkessel

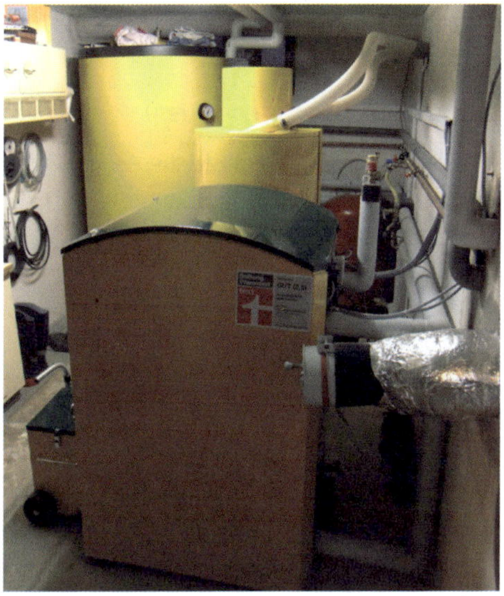

Abb. 30: Feuerungsanlage für Holzpellets

tisch geregelte Gebläse sorgen für die nötige Luft zur vollständigen Verbrennung. Die heißen Abgase geben ihre Wärme an den Wärmeüberträger und damit an das Heizsystem, das einen Pufferspeicher haben muss (→ Seite 157). Typische Wirkungsgrade moderner Scheitholzvergaserkessel (bezogen auf den Brennwert) liegen bei über 80 Prozent.

Für einen **Holzpelletkessel** (Abb. 30) benötigen Sie ein Pelletlager und eine automatische Pellet-Zuführung. Bei der hier gezeigten Anlage erfolgt die Zuführung durch ein Gebläse (gelber Zylinder in der Mitte des Bildes mit zwei weißen Schläuchen). Die Schlauchlänge kann, je nach Standort, bis zu 25 Meter überbrücken. Das Gebläse läuft nur kurze Zeit, bis der Vorratsbehälter am Kessel mit Pellets gefüllt ist.

Der Kessel (im Vordergrund der Abb. 30) holt sich die Pellets je nach Leistungsanforderung mithilfe einer Förderschnecke aus dem Vorratsbehälter. Ganz hinten im Bild ist der Pufferspeicher zu erkennen. Es gibt Pelletkessel, die sich selbsttätig reinigen, sodass Sie lediglich ein paar Mal im Jahr den Aschenkasten entleeren müssen. Aber auch die nicht so komfortablen gewährleisten durch die genau auf die zugeführte Pelletmenge abgestimmte Luftzufuhr eine vollständige Verbrennung. Die optimale Ausnutzung der in den Pellets steckenden Energie erzielen Sie durch Pelletkessel mit Brennwertnutzung (zum Brennwert → Seite 28).

Als **Pelletlager** können ungenutzte Kellerräume (etwa der alte Öllagerraum) umgebaut werden. Meist werden Schrägböden eingebaut und eine Förderschnecke befördert die Pellets nach draußen bis zum Anfang des Gebläseschlauchs – manche sogar bis zum Pelletkessel. Schnecken arbeiten sehr leise. Es gibt auch Lösungen ohne Schrägböden mit oberer Austragung durch einen „Maulwurf" (Surftipp zu Lagermöglichkeiten: www.depv.de > Menü > Technik und Recht > Lagerung. Dort finden Sie auch eine ausführliche Broschüre mit Sicherheitshinweisen). Pellets müssen trocken gelagert werden. Überprüfen Sie, ob ihr gewünschter Lagerraum geeignet ist. Sind die Kellerwände feucht, kann es sinnvoll sein, ein Sacksilo aufzustellen.

Die benötigte Größe des Pelletlagers berechnen Sie mit einer Faustformel: Pro Kilowatt Heizleistung brauchen Sie knapp 1 Kubikmeter Raum einschließlich des benötigten Luftraums durch Einbau der Schrägböden und oberhalb der Pellets. Von diesem Raum sind etwa zwei Drittel nutzbar. Pro Kubikmeter wiegen Pellets etwa 650 Kilogramm und haben einem Energieinhalt von gut 3.000 Kilowattstunden. In Ihrem Lager sind demnach pro Kubikmeter (einschließlich Leerraum) gut 400 Kilogramm Pellets mit einem Energieinhalt von gut 2.000 Kilowattstunden unterzubringen.

→ TIPP Schornsteinfeger befragen

Bevor Sie einen Ofen oder Kessel einbauen lassen, fragen Sie Ihren zuständigen Schornsteinfegermeister: Kann der vorhandene Schornstein dafür genutzt werden? Erfüllt der Ofen oder Kessel auch künftig die Abgasvorschriften? Wie erfolgt die Verbrennungsluftversorgung? Denn schließlich muss er die Anlage später abnehmen. Sie erfahren auch, wie oft der Schornstein künftig gekehrt werden muss und welche Messungen anfallen.

! ACHTUNG

Denken Sie an den Lärm!

Überlegen Sie gut, wo Sie die Pelletheizung aufstellen wollen, denn Pelletgebläse sind laut.

Beispielvarianten

Unsere Beispielhaushalte wollen wissen, ob eine Holzheizung für sie günstig wäre. Tipps zur Anpassung der Investitionskosten finden Sie auf Seite 43. Die Eingabewerte sind im Kopf der **interaktiven Tabelle 7** (Download → Seite 7) dokumentiert. Das Autarkiesymbol bezieht sich auf den fiktiven Fall einer eigenen Holzproduktion nur bei Scheitholz.

Ob mit Scheitholz oder Pellets: Die Umwelt wird von CO_2 entlastet, wenn man längere Zeiträume betrachtet. Kurzfristig wird CO_2 bei der Holzverbrennung abgegeben und Bäume brauchen sehr lang, um dieses beim Wachsen wieder zu binden. Das wird bei den Angaben zur Umweltentlastung nicht berücksichtigt.

Den Klimageschwindigkeitsbonus gibt es bei Holzheizungen nur in Kombination mit Solaranlagen. Zusätzlich bekommen besonders emissionsarme Anlagen einen Emissionsminderungs-Zuschlag. Dies ist bei unseren Haushalten nicht der Fall.

CHECKLISTE

Richtiges Heizen mit Holz im Kaminofen

- ☐ Ausschließlich gut getrocknetes Holz nutzen – erkennbar an deutlichen Rissen im Querschnitt. Das Trocknen kann bis zu 3 Jahre dauern.
- ☐ Die Wärmeleistung des Ofens lässt sich nur durch die Holzmenge regeln, nicht durch Drosselung der Luftzufuhr, deswegen sparsam Holz auflegen.
- ☐ Maximal zwei nicht sehr große Scheite auflegen (Gewicht zwischen 0,7 und 1,0 Kilogramm). Größere Scheite brauchen zu lange, um auf Zündtemperatur zu kommen, und viel unverbranntes Gas verlässt ungenutzt den Schornstein. Das Gas gibt nur Wärme ab, wenn eine Flamme flackert.
- ☐ Rechtzeitig nachlegen, solange noch eine Flamme sichtbar ist.
- ☐ Entziehen Sie auf keinen Fall dem Brennvorgang Luft: Lassen Sie mit voller Flamme brennen und regeln Sie die Luft erst weg, wenn keine Flamme mehr brennt und das Holz nur noch glüht.
- ☐ Möglichst nur mit Volllast heizen und die überschüssige Wärme in den Pufferspeicher oder die Speichermasse des Ofens bringen.
- ☐ Legen Sie nur so viel Holz auf, wie die Speichermassen aufnehmen können – beim Ofen nur wenig, es sei denn, er ist mit Wassertasche an einen Pufferspeicher angeschlossen. So verhindern Sie, die überschüssige Wärme weglüften zu müssen. Beim Holzkessel mit Pufferspeicher ist das anders: Der wird vollgepackt.
- ☐ Im Frühling und Herbst kann ein im Wohnbereich aufgestellter Ofen zur Überhitzung führen. In solchen Fällen ist die Zentralheizung sinnvoller.
- ☐ Immer die Bedienungsanleitung beachten!
- ☐ Keinesfalls große Mengen Holz auflegen. Nicht mit geschlossener Klappe ohne Luftzufuhr kokeln lassen, um das erneute Anzünden zu umgehen. Zum Gluthalten eignen sich eventuell Holzbriketts.
- ☐ Leider führen in einigen Städten Kaminöfen in der Heizzeit zu unzulässig hohen Feinstaubbelastungen. Das kann in Zukunft zu Verbrennungsverboten führen, wie zum Beispiel in Stuttgart. Zumindest aber zu Auflagen, die den Ofenbetrieb nur mit Staubfilter zulassen.
- ☐ Beim Neukauf: Werden die Emissionsvorgaben des Gesetzgebers eingehalten?
- ☐ Der zuständige Schornsteinfeger berät Sie kostenlos einmalig im Rahmen der nächsten Feuerstättenschau zum Heizen mit Holz.

Haushalt A

Haushalt A möchte mit Holz heizen.

87 % **Variante 8a-1:** Die A's haben eine gute Quelle für Scheitholz und entscheiden sich für einen Scheitholzvergaserkessel von gut 11 Kilowatt Heizleistung mit 650 Liter Kombispeicher (Heizung und Warmwasser). Sie müssen mit Kosten von circa 18.000 Euro rechnen. Holzheizungen ohne Kombination mit thermischer Solaranlage oder Wärmepumpe erhalten keinen Klimageschwindigkeitsbonus. Neben verbleibender Förderung von 60 Prozent können sie einen Instandhaltungsanteil von 9.330 Euro abziehen (→ Seite 260). Die Kosten liegen um 2.130 Euro niedriger als der Kesselersatz. Der Holzkessel hat einen brennwertbezogenen Wirkungsgrad von 81 Prozent und benötigt jährlich gut 13 Raummeter Scheitholz zu Kosten von circa 1.310 Euro. Zusätzlich kommen für Wartung etc. circa 90 Euro pro Jahr dazu. So amortisiert sich der Kessel sofort und es verbleiben über 20 Jahre gut 48.000 Euro. Die Umweltentlastung beträgt knapp 8 Tonnen CO_2 jährlich.

0 % **Variante 8b-1:** Die A's möchten auch mit Holz komfortabel heizen und entscheiden sich für einen Pelletkessel, ebenfalls mit 11 Kilowatt, und einen 350-Liter-Kombispeicher. Die Kosten einschließlich Pelletlager von knapp 10 Kubikmeter Größe steigen auf circa 31.000 Euro. Abzüglich Förderung und Instandhaltungsanteil bleiben 3.670 Euro. Dieser Kessel hat einen Wirkungsgrad von 84 Prozent und benötigt jährlich etwa 4,4 Tonnen Pellets zu Kosten von circa 1.750 Euro. Die Wartung etc. steigt auf circa 220 Euro pro Jahr. So amortisiert sich der Kessel in gut 2 Jahren und es verbleiben über 20 Jahre knapp 31.000 Euro. Die Umweltentlastung beträgt gut 7 Tonnen CO_2 jährlich.

Fazit: Eine Scheitholzheizung ist für die A's sehr wirtschaftlich, auch weil sie durch die Neuanlage die hohen Verluste des alten Systems vermeiden. Der Komfort einer Pelletheizung hat zwar seine Kosten, jedoch erwirtschaftet sich auch dieser in sehr kurzer Zeit.

Haushalt B

Auch die B's wollen beim ohnehin vorgesehenen Umbau auf Holz umstellen.

83 % **Variante 8a-1:** Haushalt B möchte etwas für die Gesundheit tun und „Holz machen". Ein Scheitholzvergaserkessel von gut 8 Kilowatt Heizleistung mit einem 500-Liter-Kombispeicher würde passen. Kosten, Förderung und Wirkungsgrad wäre wie bei den A's. Dieser Kessel benötigt jährlich knapp 9 Raummeter Scheitholz zu Kosten von circa 890 Euro. Die Wirtschaftlichkeit wird schlechter, da das alte System bereits wenige Verluste hatte. Trotzdem

VORTEILE UND NACHTEILE

+ Holzheizung

- Weitverbreitete Technik
- Guter Primärenergiefaktor
- Kein Gasanschluss nötig
- Mittlere Investitionskosten beim Scheitholzkessel
- 100 Prozent regenerative Versorgung
- Günstige Scheitholz- und Pelletpreise
- Sehr niedrige Energiekosten, wenn Holz selber im Wald aufbereitet wird
- Bei Pelletkessel hoher Komfort
- Bei guter Planung und Ausführung hohe Effizienz
- In vielen Fällen wirtschaftlicher Betrieb möglich
- Wärmelieferung unabhängig von Tages- und Jahreszeit
- Günstiges System für Warmwasser und Heizung, wenn hoher Wärmebedarf
- Beim Effizienzhaus wird im Altbau EE-Klasse erreicht (www.kfw.de/beg).
- Normale Heizkörper einsetzbar wegen hoher Vorlauftemperatur
- Gut geeignet als Ersatz für Ölkessel im ländlichen Raum
- Bei Kaminöfen gemütliches Flammenspiel und behagliche Wärme
- Holz- und Pelletheizungen entsprechen den Vorgaben des GEG 2024 für Heizungen mit mindestens 65 Prozent Anteil erneuerbarer Energie.

− Holzheizung

- Holz- oder Pelletlagerung nötig
- Schornstein nötig
- Brennstoff muss vorfinanziert werden
- Hohe Investitionskosten beim Pelletkessel
- Hohe Wartungs- und Schornsteinfegerkosten
- Bei Scheitholzkessel weniger Komfort, viel Handarbeit
- Keine Technik für alle, da nicht genügend nachhaltig gewinnbares Holz vorhanden
- Feinstaub und Stickoxide entstehen bei der Verbrennung.
- Bei hoher Nachfrage steigen Holz- und Pelletpreise (→ Abb. 28).
- Bei gut gedämmten Häusern Überhitzungsproblem
- Keine Autarkie Wärme außer bei eigenem Wald
- Bei geringem Wärmebedarf sind die Investitionskosten zu hoch. Warmwasserbereitung im Sommer durch Holzkessel nicht sehr effektiv
- Durch Schornstein kann in den Betriebspausen des Ofens Wärme aus der Wohnung entweichen
- Lange Amortisationszeiten verlangen hohe Qualität der Anlage
- Pufferspeicher nötig
- Keine wirkliche Klimaentlastung, da die Verbrennung sofort viel CO_2 freisetzt

amortisiert sich der Kessel sofort und es verbleiben über 20 Jahre circa 20.000 Euro. Die Umweltentlastung beträgt gut 3 Tonnen CO_2 jährlich (Bewertung → Seite 154).

0 % **Variante 8b-1:** Die B's möchten lieber etwas mehr Komfort und entscheiden sich für einen Pelletkessel, ebenfalls mit gut 8 Kilowatt, und 250 Liter Kombispeicher. Sie brauchen ein Pelletlager von knapp 8 Kubikmetern Größe. Kosten, Zuschuss und Wirkungsgrad sind wie bei Haushalt A. Die B's verheizen jährlich etwa 3 Tonnen Pellets zu Kosten von circa 1.200 Euro. Diese Investition rechnet sich in knapp 10 Jahren. Ihre Umweltentlastung beträgt circa 3 Tonnen CO_2 jährlich (Bewertung → Seite 154).

Fazit: Wegen des geringeren Wärmebedarfs verteilen sich die Investitionskosten auf weniger Kilowattstunden und die Anlagen werden unwirtschaftlicher. Außerdem hatte bereits die Altanlage geringe Verluste. Trotzdem sind alle Anlagen für die B's wirtschaftlich.

Haushalt C

Auch bei der Passivhausplanung (→ Seite 22) der C's wird über eine Holzheizung nachgedacht.

65 % **Variante 8a:** Wegen des geringen Wärmebedarfs ihres Passivhauses ist der Einbau eines Heizkessels nicht sinnvoll. Haushalt C denkt aber an das gemütliche Feuer in einem Kaminofen. Die meiste Wärme benötigen die C's für die Wassererwärmung, deswegen muss es ein Kaminofen von 3,1 Kilowatt mit Wassertasche und 200 Liter Kombispeicher werden. Im Passivhaus ist eine kontrollierte Lüftung mit Wärmerückgewinnung unumgänglich, sodass nur ein Ofen mit Zuluft von außen infrage kommt. Auch im Sommer benötigen die C's Warmwasser. Deswegen darf der Ofen dann kaum Wärme in den Wohnraum abgeben. Es gibt Öfen, die für den Sommerfall eine spezielle Wärmedämmplatte besitzen. Die Kosten für die gesamte Anlage liegen bei circa 8.000 Euro. Auch Haushalt C hätte in einen Wärmeerzeuger investieren müssen und kann die Kosten dafür in Höhe von 6.000 Euro abziehen. Es verbleiben nur 2.000 Euro, die die Einsparung gegenüber einer Gasanlage erwirtschaften muss. Der Ofen hat einen Wirkungsgrad von etwa 79 Prozent und benötigt jährlich knapp 4 Raummeter Scheitholz zu Kosten von circa 370 Euro. So amortisiert sich der Ofen in gut 7 Jahren und es verbleiben über 20 Jahre knapp 4.000 Euro. Die Umweltentlastung beträgt gut 1 Tonne CO_2 jährlich (Bewertung → Seite 154).

0 % **Variante 8b:** Die C's hätten lieber mehr Komfort und einen Pelletkaminofen, ebenfalls mit 3,1 Kilowatt und 200 Liter Kombispeicher. Der Lagerraum muss knapp 3 Kubikmeter groß sein. Die Gesamtkosten der Anlage betragen circa 11.000 Euro.

CHECKLISTE

Holzheizung

- ☐ Im Rahmen einer Energieberatung vor Ort können die Details besprochen werden.
- ☐ Gibt es günstige Quellen für Scheitholz?
- ☐ Ist ausreichend Platz zur trockenen Lagerung vorhanden?
- ☐ Wird hoher Komfort gewünscht?
- ☐ Prüfen, wo der Lagerplatz für Scheitholz oder Pellets eingerichtet werden kann. Ist der Raum trocken?
- ☐ Soll ein Kellerraum umgebaut werden?
- ☐ Richtlinien und Sicherheitshinweise für Pelletlager beachten
- ☐ Belüftete Deckel für Ein- und Ausblasöffnung verwenden
- ☐ Prüfen, wie der Transport der Pellets vom Lager zum Kessel erfolgen soll – Schnecke oder Sauggebläse?
- ☐ Kessel oder Kaminofen? Mit oder ohne Wassertasche?
- ☐ Zuluft von außen?
- ☐ Brennwertnutzung geplant?
- ☐ Überhitzungsgefahr im Wohnraum?
- ☐ Prüfen lassen, ob der Schornstein geeignet ist. Eventuell muss ein Rohr eingezogen werden.
- ☐ Bei der Vorplanung: Schornsteinfeger kontaktieren (→ Tipp Seite 160)
- ☐ Möglichst mit einer thermischen Solaranlage oder Wärmepumpe kombinieren. Bessere Förderung → Seite 215
- ☐ Einen Pufferspeicher einbauen lassen.
- ☐ Besteht laut Gebäudeenergiegesetz eine Austauschpflicht für den Heizkessel?
- ☐ Kesselleistung auf den Wärmebedarf des Gebäudes abstimmen, möglichst Wärmebedarfsberechnung durchführen lassen.
- ☐ Hocheffiziente Pumpe einbauen (Energielabel A).
- ☐ Möglichst auf zentrale Warmwasserversorgung umstellen.
- ☐ Hydraulischen Abgleich durchführen lassen (→ Seite 241).
- ☐ Lassen Sie sich in die Bedienung einweisen und fordern Sie eine gut verständliche Bedienungs- und Wartungsanleitung.
- ☐ Die zentrale Regelung der Heizungsanlage sollte gut zugängig, gut lesbar und verständlich und der Wärmeerzeuger gut erreichbar sein.
- ☐ Förderbestimmungen beachten und Anträge stellen.
- ☐ Im Vorfeld in den Listen des BAFA überprüfen, ob ausgewählte Anlage förderfähig ist (www.bafa.de › Energie › Bundesförderung für effiziente Gebäude › Förderprogramm im Überblick).
- ☐ Kaminöfen wurden 2011 von der Stiftung Warentest geprüft. Nur zwei schnitten mit „gut“ ab (www.test.de, Suche „Kaminöfen“).
- ☐ Öfen mit Wassertasche erfordern üblicherweise einen Wasser- und Abwasseranschluss für die Notkühlung.

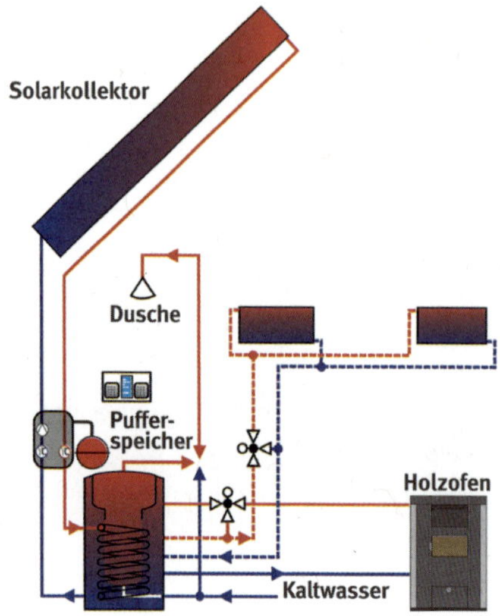

Abb. 31: Anschluss einer Solaranlage und eines Ofens mit Wasserführung an einen Wasserspeicher für die Trinkwassererwärmung und Heizung

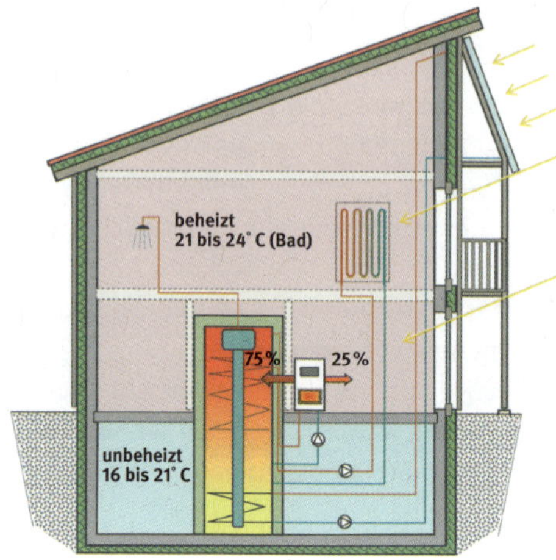

Abb. 32: Schema des Sonnenhauses Renningen

Auch hier können 6.000 Euro abgezogen werden und es bleiben circa 5.000 Euro. Der Ofen hat einen Wirkungsgrad von circa 84 Prozent und benötigt jährlich etwa 1,2 Tonnen Pellets zu Kosten von circa 490 Euro. Diese Investition ist sehr unwirtschaftlich. Die Umweltentlastung beträgt gut 1 Tonne CO_2 jährlich (Bewertung → Seite 154).

Fazit: Im Passivhaus kann eine Holzheizung sinnvoller sein als eine Gasanlage. Ein Pelletofen ist jedoch unwirtschaftlich. Allerdings ist eine Überhitzung der Räume nicht auszuschließen. Die C's sollten die Kombination mit einer thermischen Solaranlage erwägen (→ nächstes Unterkapitel).

Lösungen koppeln: gemeinsam geht's besser

Alle in diesem Kapitel dargestellten Lösungen wie Solarthermie, Wärmepumpe oder Holzheizung schaffen es einzeln nicht, die benötigte Wärme vollständig mit den auf Ihrem Grundstück vorhandenen Energiequellen zu decken. Wie sieht das aber aus, wenn mehrere gemeinsam genutzt werden?

Thermische Solaranlage plus Holzheizung

Im Winter können thermische Solaranlagen (→ Seite 96) den Wärmebedarf nicht vollständig decken. Damit es trotzdem kuschelig wird, hilft die in Holz gespeicherte Sonnenwärme. Thermische Solaranlagen arbeiten am besten in Kombination mit einer Niedertemperaturheizung, beispielsweise mit einer Fußbodenheizung (→ Seite 150). Weil eine Holzheizung hohe Temperaturen bereitstellen kann, lassen sich damit klassische Heizkörper gut aufheizen. Eine Holzheizung ist im Sommer problematisch: Die Wohnung kann durch Kaminöfen überhitzt werden. Holzheizungen und thermische Solaranlagen benötigen einen großen Warmwasserspeicher, den sie einfach gemeinsam nutzen können (Technik Kopplung → Abb. 31). Das ist ein Vorteil.

Durch eine thermische Solaranlage benötigen Sie weniger vom nicht unbeschränkt vorhandenen Holz und verringern damit Ihre Brennstoffkosten. Die Kopplung von Solarthermie mit Holzheizung liegt dem Konzept des Sonnenhauses (→ Seite 219) zugrunde. Das Sonnenhaus-Institut (www.sonnenhaus-institut.de) hat mehrere Referenzobjekte dokumentiert. Das Sonnenhaus Renningen ist ein Neubau mit großer Sonnenkollektoranlage, Kombispeicher und Holzheizung.

In Abb. 32 sehen Sie die zentrale Bedeutung des großen Kombispeichers im Zentrum des Hauses. Über einen Wärmetauscher im unteren Teil des Speichers ist der Solarkreis an die – wegen der tief stehenden Wintersonne – steil stehenden Kollektoren angebunden. Im mittleren oder oberen Bereich kann der Holzofen mit Wassertasche (→ Seite 157) die Nacherwärmung übernehmen. Der Holzofen gibt 75 Prozent seiner Wärme an den Speicher ab. Das restliche Viertel heizt direkt den Wohnraum.

→ TIPP Förderungen kombinieren

Thermische Solaranlagen sowie Holzheizungen werden im Rahmen der „Bundesförderung für effiziente Gebäude“ (BEG → Seite 215) berücksichtigt. Landesförderprogramme sind im Allgemeinen bis zu einer Quote von 60 Prozent mit der Bundesförderung kombinierbar. Es gibt Programme, die eine Holzheizung nur fördern, wenn sie mit einer thermischen Solaranlage gekoppelt ist (aktueller Stand unter www.foerderdatenbank.de › Rubrik Förderrecherche: dort unter Förderassistenten die gesuchten Begriffe eingeben, eventuell müssen Sie es mit mehreren Begriffen versuchen). Eine Kombination von Förderprogrammen verschiedener Fördergeber ist für Privatpersonen meist möglich, solange die Gesamtförderung nicht die zu fördernde Summe übersteigt. Die BEG wird ab 60 Prozent gekürzt. Bei Gewerbebetrieben greifen die Beschränkungen für Beihilfen der EU bereits bei einem Fördergeldgeber und erst recht bei einer Kombination. Für eine Wohnungsvermietung gelten diese Beschränkungen jedoch nicht.

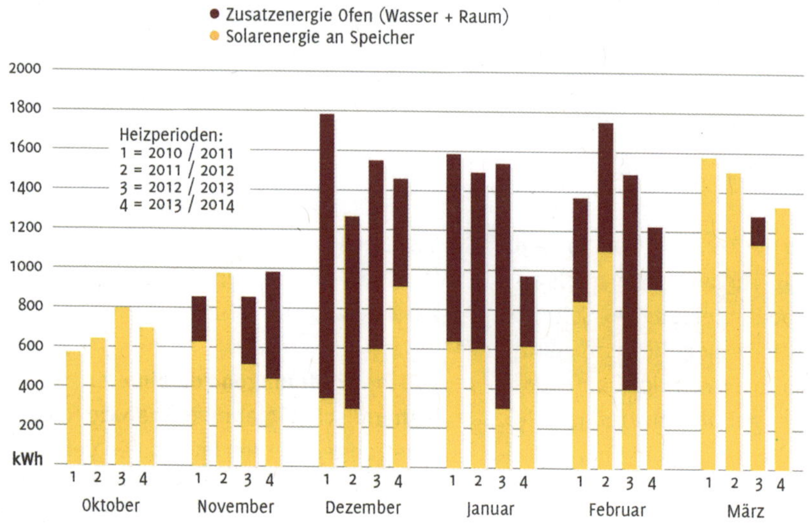

Abb. 33: Messwerte von Zusatzenergie und Sonnenenergienutzung über mehrere Heizperioden beim Sonnenhaus Renningen

Die Fußbodenheizung erhält aus dem mittleren Speicherbereich mit der passenden Temperatur ihre Wärme. Das Warmwasser ist im ungedämmt eingehängten Speicher enthalten und wird aus der obersten, heißesten Temperaturschicht entnommen. Die Restverluste des sehr gut gedämmten Großspeichers beheizen das Haus.

Über vier Heizperioden wurde im Sonnenhaus Renningen gemessen, welche Energie aus der Solaranlage kommt und wie viel zugeheizt werden musste. Abb. 33 zeigt, dass nur im tiefsten Winter der Holzofen benötigt wurde, hauptsächlich von Dezember bis Februar. Der gemessene solare Deckungsgrad betrug übers Jahr zwischen 66 und 75 Prozent.

Beispielvarianten

Wie gehen nun die Beispielhaushalte vor? Aus den solarthermischen Varianten wurden jeweils die zwei günstigsten ausgewählt, die eine passende Kombispeichergröße besitzen. Bei den Haushalten A und B sind das die kleine und die große Anlage zur Heizungsunterstützung. Im Passivhaus der C's kommen eher die Brauchwassersolaranlage und die kleine Heizungsunterstützungsanlage in Betracht. Die Solaranlage wird mit einem Scheitholz- oder einem Pelletkessel beziehungsweise -ofen kombiniert.

Die Ergebnisse der Beispielvarianten sehen Sie in der **interaktiven Tabelle 7** (Download → Seite 7), in der sie mit Ihren eigenen Daten die Wirtschaftlichkeit der Varianten berechnen können. Sie finden aber auch Anpassungsrechnungen an Angebotspreise oder an Ihre Solareinstrahlung auf den Seiten 43 und 47. Die Vorgaben der Berechnungen entsprechen denjenigen im Abschnitt „Solarkollektoren" (→ Seite 105) beziehungsweise im Abschnitt „Nutzung von Biomasse" (→ Seite 160).

ACHTUNG

Bei den folgenden Varianten finden Sie zwei Symbole für den Grad der Gesamtautarkie, das erste mit der fiktiven Annahme, dass Sie selbst eine eigene Holzproduktion haben, und das zweite für zugekauftes Holz.

Haushalt A

Haushalt A möchte Holz sparen und setzt deswegen auf die Kombination von Holzheizung und einer Solarkollektoranlage.

87 % 24 % **Variante 8d 3-1:** Auf dem Süddach werden 12 Quadratmeter Flachkollektoren installiert und im Heizungskeller ein 1.000-Liter-Speicher eingebaut, an den auch der Holzkessel angeschlossen wird. Zusammen mit einem Scheitholz-Vergaserkessel (→ Abb. 29) kostet diese Anlage circa 29.000 Euro. Dabei ist berücksichtigt, dass der Speicher nur einmal benötigt wird. Abzüglich der Förderung für Solaranlage und Holzheizung (BEG → Seite 216) ergeben sich geringere Kosten als der Instandhaltungsanteil (→ Seite 260).Der solare Deckungsgrad erreicht knapp 24 Prozent. Die A's verheizen dann jährlich knapp 10 Raummeter Holz für circa 980 Euro. Zusätzlich für Wartung etc. ergeben sich circa 200 Euro pro Jahr. So amortisiert sich die Anlage sofort und es verbleiben über 20 Jahre gut 51.000 Euro. Die Umweltentlastung beträgt knapp 8 Tonnen CO_2 jährlich (Bewertung → Seite 154).

24 % 24 % **Variante 8d 4-1:** Der höhere Komfort durch einen Pelletkessel hat seinen Preis: Die Investitionskosten steigen auf circa 42.000 Euro. Bei wenig höherer Förderung verbleibt ein Betrag von circa 11.670 Euro. Die A's verheizen dann jährlich etwa 3,3 Tonnen Pellets für circa 1.310 Euro. Zusätzlich fallen für Wartung etc. circa 330 Euro pro Jahr an. So amortisiert sich die Anlage erst in knapp 6 Jahren und es verbleiben über 20 Jahre knapp 30.000 Euro. Die Umweltentlastung beträgt knapp 8 Tonnen CO_2 jährlich (Bewertung → Seite 154).

87 % 42 % **Variante 8d 3-2:** Es werden 39 Quadratmeter Flachkollektoren installiert und ein 8.000-Liter-Speicher eingebaut, an den auch der Holzkessel angeschlossen wird. Zusammen mit einem Scheitholz-Vergaserkessel kostet diese Anlage circa 41.000 Euro. Dabei ist berücksichtigt, dass der Speicher nur einmal benötigt wird. Abzüglich der Förderung für Solaranlage, Holzheizung und Instandhaltungsanteil verbleiben circa 10.670 Euro. Der solare Deckungsgrad erreicht knapp 42 Prozent. Die A's verheizen dann nur noch gut 6 Raummeter Holz für circa 620 Euro. Zusätzlich ergeben sich für Wartung etc. circa 320 Euro

pro Jahr. So amortisiert sich die Anlage in knapp 4 Jahren und es verbleiben über 20 Jahre knapp 45.000 Euro. Die Umweltentlastung beträgt circa 8 Tonnen CO_2 jährlich (Bewertung → Seite 154).

42 % 42 % **Variante 8d 4-2:** Die Investitionskosten für die Kombination mit einen Pelletkessel steigen auf circa 54.000 Euro. Bei gleicher Förderung verbleibt ein Betrag von circa 23.670 Euro. Die A's verheizen dann jährlich circa 2,1 Tonnen Pellets für circa 830 Euro. Zusätzlich ergeben sich für Wartung etc. circa 450 Euro pro Jahr. So amortisiert sich die Anlage in knapp 10 Jahren und es verbleiben über 20 Jahre knapp 25.000 Euro. Die Umweltentlastung beträgt knapp 8 Tonnen CO_2 jährlich (Bewertung → Seite 154).

Fazit: Durch die Kombination mit Solaranlagen ändert sich die Wirtschaftlichkeit der Holzheizungen wenig, da der Fördersatz durch den zusätzlichen Bonus nur um 10 Prozent steigt. Die Kombination von kleiner Heizungsunterstützungsanlage mit Scheitholzkessel rechnet sich sofort, da die Anlagenkosten geringer als diejenigen für Kesselerneuerung sind. Die große Solaranlage verringert den Holzverbrauch auf gut die Hälfte. Sie ist allerdings trotz guter Förderung so teuer, dass sich die Amortisationszeit verlängert. Beim schlecht gedämmten Altbau mit hohen Anlagenverlusten ist der wirtschaftliche Unterschied zwischen Kombination und reiner Holzheizung gering. Eine Pelletheizung ist zwar stets unwirtschaftlicher als eine Scheitholzheizung, aber immer noch sehr wirtschaftlich. Eine Solaranlage verringert den Holz- bzw. Pelletverbrauch und damit die laufenden Kosten von Haushalt A, die A's werden von Käufen unabhängiger und müssen weniger lagern.

Haushalt B

Die Anlagengrößen, Kosten und Förderung von Haushalt B gleichen denjenigen von Haushalt A, nur der Instandhaltungsanteil wird geringer.

83 % 29 % **Variante 8d 3-1:** Der solare Deckungsgrad erreicht gut 29 Prozent. Die B's verheizen jährlich knapp 6 Raummeter Scheitholz für circa 570 Euro.

Zusätzlich ergeben sich für Wartung etc. circa 210 Euro pro Jahr. So amortisiert sich die Anlage in knapp einem Jahr und es verbleiben über 20 Jahre knapp 23.000 Euro. Die Umweltentlastung beträgt circa 3,4 Tonnen CO_2 jährlich (Bewertung → Seite 154).

29 % 29 % **Variante 8d 4-1:** Haushalt B verheizt jährlich circa 1,9 Tonnen Pellets für circa 770 Euro. Zusätzlich für Wartung etc. kommen circa 340 Euro pro Jahr hinzu. Diese Anlage erwirtschaftet sich erst in knapp 16 Jahren. Die Umweltentlastung beträgt circa 3,2 Tonnen CO_2 jährlich (Bewertung → Seite 154).

83 % 60 % **Variante 8d 3-2:** Bei der großen Anlage erreicht der solare Deckungsgrad gut 60 Prozent – die B's haben nun ein Sonnenhaus. Sie verheizen nur noch circa 2 Raummeter Scheitholz für circa 200 Euro. Zusätzlich für Wartung etc. müssen sie mit circa 330 Euro pro Jahr rechnen. So amortisiert sich die Anlage in knapp 9 Jahren und es verbleiben über 20 Jahre gut 16.000 Euro. Die Umweltentlastung beträgt circa 3,5 Tonnen CO_2 jährlich (Bewertung → Seite 154).

60 % 60 % **Variante 8d 4-2:** Die B's verheizen jährlich knapp 1 Tonne Pellets für circa 270 Euro. Für Wartung etc. kommen circa 460 Euro pro Jahr dazu. Diese Anlage ist unwirtschaftlich. Die Umweltentlastung beträgt circa 3,5 Tonnen CO_2 jährlich (Bewertung → Seite 154).

Fazit: Da Haushalt B geringere Verluste bei der alten Anlage hat, können sie nicht so viel sparen wie Haushalt A. Ihre Anlagen sind daher weniger wirtschaftlich. Ein Pelletkessel ist nur in der Kombination mit der kleinen Solaranlage wirtschaftlich. Die große Solaranlage verringert den Holzverbrauch auf circa ein Viertel, die B's haben dann ein Sonnenhaus. Allerdings verschlechtert sich die Wirtschaftlichkeit.

Beim gut gedämmten Altbau mit geringen Verlusten der alten Heizungsanlage ist der wirtschaftliche Unterschied zwischen Kombination und reiner Holzheizung groß. Der Holzverbrauch wird stärker reduziert als bei Haushalt A.

Haushalt C

Ist bei der Passivhausplanung von Haushalt C die Kombination von Holzheizung und thermischer Solaranlage sinnvoll? Für ihren geringen Wärmebedarf lohnt sich kein Kessel, sondern lediglich ein Kaminofen mit Wassertasche (→ Seite 156).

65 % 32 % **Variante 8c-1:** Im Abschnitt „Solarkollektoren" (→ Seite 113) war die Brauchwassersolaranlage für Haushalt C eine sinnvolle Lösung: Auf dem Süddach werden 6 Quadratmeter Flachkollektoren installiert und im Haustechnikraum ein 400-Liter-Speicher eingebaut, an den auch die Wassertasche des Holzofens angeschlossen wird. Zusammen mit einem Scheitholz-Kaminofen kostet diese Anlage circa 14.000 Euro. Im Neubau gibt es für eine solche Anlage keine Förderung. Die C's sparen sich die Investition in eine Gasanlage und können sich dafür 6.000 Euro gutschreiben, sodass die Mehrkosten circa 8.000 Euro betragen. Der solare Deckungsgrad erreicht knapp 32 Prozent. Haushalt C braucht lediglich gut 2 Raummeter Scheitholz für circa 210 Euro. Zusätzlich für Wartung etc. kommen circa 190 Euro pro Jahr dazu. So amortisiert sich die Anlage in knapp 20 Jahren und ist somit am Rande der Wirtschaftlichkeit. Die Umweltentlastung

beträgt gut 1 Tonne CO_2 jährlich (Bewertung → Seite 154).

32 % 32 % **Variante 8c-2:** Der höhere Komfort durch einen Pellet-Kaminofen mit Wassertasche hat seinen Preis: Die Investitionskosten steigen auf 17.000 Euro. Auch hier gibt es keine Förderung. Der Pelletbedarf von Haushalt C ist jährlich etwa 0,7 Tonnen Pellets für circa 270 Euro. Für Wartung etc. kommen circa 210 Euro pro Jahr hinzu. Diese Anlage ist unwirtschaftlich. Die Umweltentlastung beträgt gut 1 Tonne CO_2 jährlich (Bewertung → Seite 154).

65 % 55 % **Variante 8d-1:** Für die kleine solare Heizungsunterstützungsanlage werden 12 Quadratmeter Flachkollektoren installiert und ein 1.000-Liter-Speicher eingebaut, an den auch die Wassertasche des Scheitholz-Kaminofens angeschlossen wird.

CHECKLISTE

Thermische Solaranlage plus Holzheizung

- ☐ Haben Sie einen ausreichend großen Wärmebedarf?
- ☐ Pufferspeicher muss Anschlussmöglichkeit für Holzkessel bzw. Wassertasche des Holzofens haben
- ☐ Beachten Sie die Checklisten „Thermische Solaranlage" (→ Seite 113) und „Holzheizung" (→ Seite 165).

Zusammen mit diesem Ofen kostet die Anlage circa 19.000 Euro. Auch hier gibt es keine Förderung. Der solare Deckungsgrad erreicht gut 54 Prozent – ein Sonnenhaus. Die C's brauchen dann jährlich lediglich 0,8 Raummeter Holz für circa 80 Euro. Zusätzlich für Wartung etc. ergeben sich circa 220 Euro pro Jahr. Diese Anlage ist unwirtschaftlich. Die Umweltentlastung beträgt gut 1 Tonne CO_2 jährlich (Bewertung → Seite 154).

55 % 55 % **Variante 8d-2:** Für die Kombination mit einem Pellet-Kaminofen steigen die Investitionskosten auf circa 22.000 Euro. Auch hier gibt es keine Förderung. Die C's benötigen jährlich nur noch 0,3 Tonnen Pellets für circa 100 Euro. Zusätzlich ergeben sich für Wartung etc. circa 230 Euro pro Jahr. Diese Anlage ist unwirtschaftlich. Die Umweltentlastung beträgt gut 1 Tonne CO_2 jährlich (Bewertung → Seite 154).

Fazit: Durch die Kombination mit einer Solaranlage verschlechtert sich die Wirtschaftlichkeit der Holzheizung enorm. Bei dem sehr geringen Wärmebedarf des Passivhauses lassen sich die hohen Investitionskosten nicht erwirtschaften. Lediglich die Brauchwasser-Solaranlage mit Holz-Kaminofen liegt an der Grenze der Wirtschaftlichkeit. Es ist denkbar, dass die C's das wenige benötigte Holz auf dem eigenen Grundstück ernten können und so zu 100 Prozent in Bezug auf die Wärme autark werden. Dies

VORTEILE UND NACHTEILE

+ Thermische Solaranlage plus Holzheizung

- Eingeführte Technik
- Auch bei gut gedämmten Häusern kein Überhitzungsproblem
- Hoher Autarkiegrad möglich, bei niedrigem Wärmebedarf und großem Grundstück mit vielen Bäumen sogar völlige Autarkie in Bezug auf Wärme – in jedem Fall Autarkie Wärme durch thermische Solaranlage
- Niedrige Energiekosten durch günstigen Holzpreis
- Sehr niedrige Energiekosten, wenn Holz selber im Wald aufbereitet wird
- Günstiges System für Warmwasser und Heizung, wenn hoher Wärmebedarf
- Kein Gasanschluss nötig
- Guter Primärenergiefaktor
- Hohe Förderung möglich, wenn der Wärmeerzeuger ersetzt wird
- Mittlere Wartungskosten
- Bei guter Planung und Ausführung hohe Effizienz
- Bei Kaminöfen gemütliches Flammenspiel und behagliche Wärme
- Einfache Einbindung in das Heizsystem möglich
- Pufferspeicher wird doppelt genutzt
- Normale Heizkörper einsetzbar wegen hoher Vorlauftemperatur
- Geringe Klimabelastung
- Passt ins regenerative Versorgungssystem

− Thermische Solaranlage plus Holzheizung

- Holzlager nötig
- Bei Scheitholz weniger Komfort und viel Handarbeit
- Brennstoff muss vorfinanziert werden
- Falls hohe Nachfrage, können die Holz- und Pelletpreise steigen
- Schornstein nötig
- Durch Schornstein kann in den Betriebspausen des Ofens Wärme aus der Wohnung entweichen
- Hohe Investitionskosten
- Bei geringem Wärmebedarf sind die Investitionskosten zu hoch
- Lange Amortisationszeiten verlangen hohe Qualität der Anlage
- Dach muss für thermische Solaranlage geeignet sein
- Bei höherem Wärmebedarf nur bei eigenem Wald tatsächliche Autarkie
- Feinstaub und Stickoxide entstehen bei der Verbrennung.
- Keine Technik für alle, da nicht genügend nachhaltig gewinnbares Holz vorhanden
- Nur Klimaentlastung durch die thermische Solaranlage
- Holzverbrennung belastet das Klima durch CO_2-Ausstoß

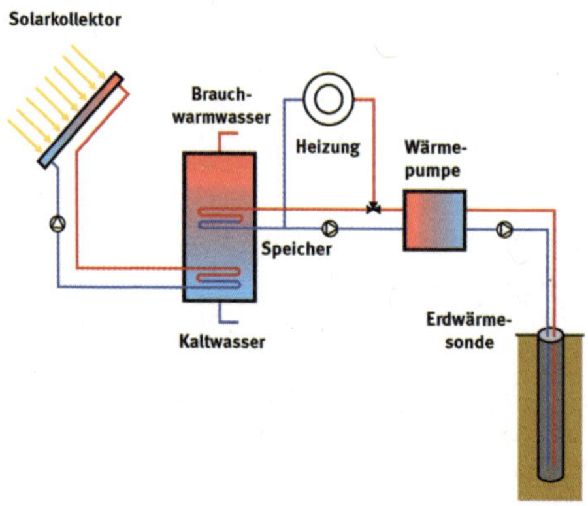

Abb. 34: Schema der Kopplung einer Brauchwassersolaranlage mit einer Erdwärmepumpe

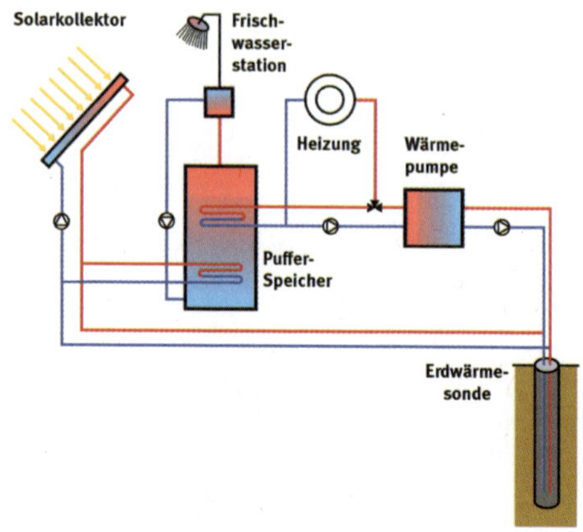

Abb. 35: Schema der Kopplung einer solaren Heizungsunterstützungsanlage, die auch die Erdreichtemperatur regeneriert, mit einer Erdwärmepumpe

ist umso eher möglich, je mehr die Solaranlage den Holzverbrauch verringert. Die höchste Verringerung erbringt die Heizungsunterstützungsanlage Variante 8d-1. Bei einem etwas größerem Grundstück könnte auch noch die für Variante 8c-1 benötigte Holzmenge geerntet werden.

Wärmepumpe plus Solarthermie

Eine Wärmepumpe arbeitet besonders effizient, wenn die Wärmequelle eine hohe Temperatur hat und wenn das Heizungssystem keine hohe Temperatur verlangt. In beiden Fällen kann eine thermische Solaranlage unterstützen.

Erste Möglichkeit: Werden beide Anlagen kombiniert, so übernimmt die thermische Solaranlage vorrangig die Wärmelieferung. Die Wärmepumpe muss dann erstens weniger Wärme bereitstellen und zweitens arbeitet sie seltener im ungünstigen Bereich mit hoher Temperatur für die Warmwasserbereitung. Folge: Die Jahresarbeitszahl steigt und der Stromverbrauch nimmt ab. Wie in Abb. 34 dargestellt, arbeiten beide Anlagen unabhängig voneinander mit demselben Brauchwasserspeicher. Als Speicher für die Heizungswärme dient die träge Fußbodenheizung.

Zweite Möglichkeit: Die Solaranlage kann sogar noch mehr zur Effizienzsteigerung beitragen, indem die Wärmequellentemperatur der Wärmepumpe durch überschüssige Sonnenwärme erhöht wird. Besonders gut gelingt das bei einer Erdwärmepumpe durch Speicherung von ungenutzter Sommerwärme im Erdreich. Die Temperatur der Wärmequelle wird dadurch um einige Grad angehoben. Auch bei Luft-Wasser-Wärmepumpen gibt es Anbieter von Systemen mit direkter Einspeisung von Wärme aus den Kollektoren in den Verdampfer der Wärmepumpe. In Abb. 35 sehen Sie, wie eine solare Heizungsunterstützungsanlage mit der

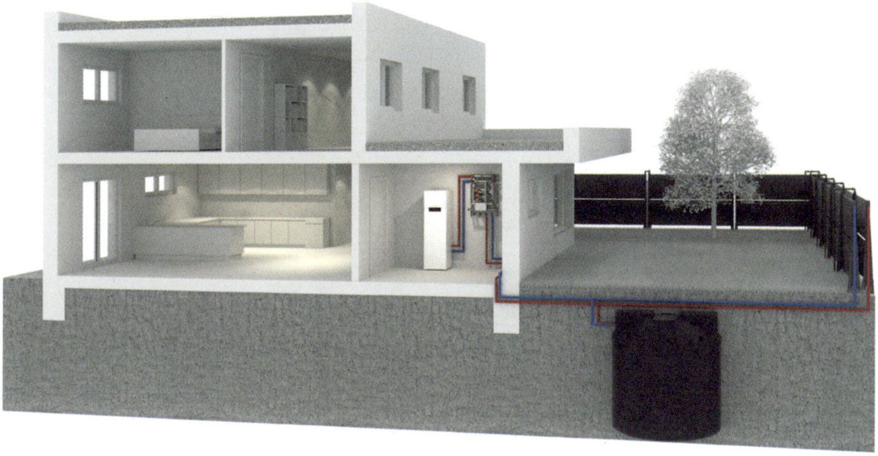

Abb. 36: Schema einer Anlage mit Solar-Luftabsorbern, Langzeit-Eisspeicher und Wärmepumpe

Wärmepumpe gekoppelt ist. Die Wärmepumpe nutzt den Pufferspeicher der thermischen Solaranlage und die Solarkollektoren werden zur Erwärmung der Sonde eingesetzt, wenn es solare Überschüsse gibt. So wird eine Überhitzung der Kollektoren verhindert und die Wärmepumpe nutzt eine wärmere Wärmequelle, es fallen allerdings höhere Pumpenstromkosten an, um die Wärme ins Erdreich zu bringen.

Dritte Möglichkeit: Es gibt spezielle Solar-Wärmepumpensysteme, die mit einem Eisspeicher (Abb. 36) oder einem Langzeit-Erdspeicher (Abb. 37) arbeiten und sogenannte Hybridkollektoren oder Absorber ohne Abdeckung auf dem Dach oder Energiezäune (Abb. 38) nutzen, um auch aus der Umgebungsluft Wärme für die Wärmepumpe zu gewinnen. Ein Eisspeicher wird eingesetzt, da beim Übergang von Wasser zu Eis eine große Wärmemenge gewonnen werden kann, ohne ein weiteres Absinken der Temperatur. Die Speichergröße wird dadurch entscheidend verkleinert. Die Wärmemenge, die zum Schmelzen von Eis benötigt wird, würde die gleiche Menge Wasser von 10 auf 90 °C aufheizen.

Eine spezielle Anlage mit Hybridkollektoren auf dem Dach, einem hochwertigen Solar-Pufferspeicher, einem kleinen Eisspeicher von gut 300 Litern und einer Wärmepumpe wird nicht mehr angeboten. Der Hersteller hält es für sinnvoller, die thermische Solaranlage als Quelle für die Wärmepumpe mit Photovoltaik zu koppeln (PVT-Kollektor → Seite 196).

Ein anderer Hersteller arbeitet mit sehr großen Eisspeichertanks von gut 12 Kubikmetern, die im Garten vergraben werden und durch den direkten Kontakt mit dem Erdreich auch Erdwärme nutzen können. Sie reichen aus, um einige Wochen ohne Sonneneinstrahlung zu überbrücken. Auf dem Dach sind bei diesem System spezielle,

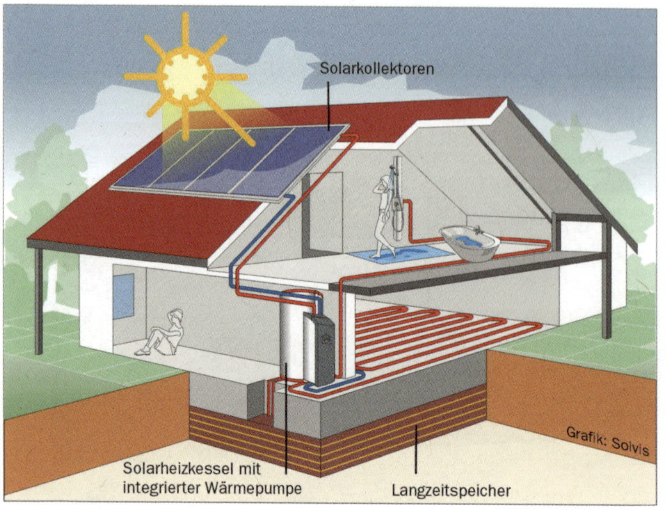

Abb. 37: Kombination einer großen Solaranlage zur Heizungsunterstützung mit einem Langzeit-Erdspeicher und einer Wärmepumpe

unabgedeckte Absorber. Seit einiger Zeit bietet dieser Hersteller stattdessen Solarzäune an (→ Abb. 38). Sie sind eine gute Wärmequelle auf hoher Temperatur für die Wärmepumpe. Außerdem dienen Sie zur Beheizung des Eisspeichers. Bei sehr niedriger Außentemperatur nutzt die Wärmepumpe den Eisspeicher als Wärmequelle. Der Eisspeicher kann sehr gut im Sommer zur Kühlung des Gebäudes eingesetzt werden.

Es liegen jedoch keine unabhängigen Messwerte für die **Systemjahresarbeitszahl (SJAZ)** dieses Systems vor. Bei der Systemjahresarbeitszahl werden alle elektrischen Verbraucher des Gesamtsystems betrachtet und nicht nur die Wärmepumpenanlage. Messungen an ähnlichen Systemen lassen vermuten, dass sie zwischen 5 und 6 liegen wird. Die Simulation mithilfe der **interaktiven Tabelle 8** (Download → Seite 7) schätzt etwas vorsichtiger auf höchstens 5.

Noch einen Schritt weiter geht ein System mit einem **Langzeit-Erdspeicher** (→ Abb. 37). Hier wird eine große, solare Heizungsunterstützungsanlage mit einer Sole-Wasser-Wärmepumpe und diesem Langzeitspeicher verbunden. In einer Grube (bei Neubauten unter der Grundplatte und bei Altbauten neben dem Haus) werden bis zu einer Tiefe von circa 1,5 Metern zahlreiche Polyethylen-Leitungen dicht gepackt in mehreren Schichten Erdreich verlegt. Der gesamte Bereich wird gegen Wärmeverluste an den Seiten und von oben gedämmt. Im Frühling, Sommer und Herbst leiten die Kollektoren nicht genutzte Sonnenwärme ins Erdreich und dienen ansonsten zur Warmwasserbereitung und gegebenenfalls zur Heizungsunterstützung.

Reicht die Energie der Sonne nicht mehr zur direkten Nutzung, springt die Wärmepumpe ein und nutzt den Langzeitspeicher als Wärmequelle mit der um etwa 10 Grad höheren Temperatur gegenüber dem Erdkollektor oder der Erdsonde einer üblichen Erdwärmepumpe. Resultat ist eine hohe Arbeitszahl. Die Wärme im Langzeitspeicher reicht über die gesamte Heizperiode. Ein intelligentes Ladesystem sorgt dafür, dass die Kollektoren einen Wirkungsgrad von etwa 80 Prozent erreichen und die Wärmepumpe im optimalen Bereich arbeitet.

Erdwärmepumpen ohne Kopplung mit einer Solaranlage erreichen nach Feldtestmessungen Systemjahresarbeitszahlen (SJAZ) zwischen 3 und 4. Durch die Kopplung mit einer thermischen Solaranlage, die das Erdreich thermisch regeneriert, steigt die SJAZ auf 4 bis 5. Der Anbieter spricht von gemessenen Systemjahresarbeitszahlen für

Abb. 38: Energiezaun

das System mit Langzeit-Erdspeicher zwischen 6 und 8 (→ Abb. 39).

→ TIPP

Thermische Solaranlagen plus Wärmepumpen werden gefördert (BEG, → Seite 215). Im Neubau erfolgt die Förderung nur im Rahmen von Effizienzhäusern. Eine weitere Förderung durch Landes- oder Kommunalprogramme ist möglich (→ Tipp Seite 141).

Beispielvarianten

Wie lässt sich nun die Wirtschaftlichkeit und Umweltentlastung dieser Kombinationen in der Umsetzung abschätzen? Die thermischen Solaranlagen, die wir mit den Beispielhaushalten testen, entsprechen den Varianten „Brauchwassersolaranlage" und „kleine Heizungsunterstützungsanlage" aus dem Abschnitt „Solarkollektoranlagen" (→ Seite 96) und die Wärmepumpen denjenigen aus dem entsprechenden Abschnitt (→ Seite 129). Alle Daten können Sie dort nachlesen. Die Ergebnisse der Beispielvarianten sehen Sie in Tabelle 8 im Internet. Sie können die **interaktive Tabelle 8** nutzen, um Ihre eigenen Daten einzugeben (Download → Seite 7). Oder Sie gehen händisch vor, um die Investitionskosten anzupassen, wie im Abschnitt „Photovoltaik" (→ Seiten 43 und 47) beschrieben. Es werden nur Varianten mit Flächenheizung betrachtet. Unsere Beispielhaushalte haben sich entschlossen, ihr System so umzubauen, dass maximal 35 Grad Vorlauftemperatur ausreichen. Der Einbau einer Fußbodenheizung ist im Altbau meistens zu aufwendig. Weniger Umbauarbeiten erfordert eine Wandflächen- oder Deckenheizung (→ Seite 150).

Haushalt A

Haushalt A möchte möglichst wenig Strom für die Wärmepumpe einsetzen und plant deswegen die Kopplung mit einer thermischen Solaranlage.

13 % **Variante 9a:** 3 Quadratmeter Flachkollektor werden an den dafür vorgesehen Anschlüssen am Speicher einer Brauchwasserwärmepumpe angeschlossen. Es entfallen die sonstigen Kosten der Solaranlage. Dadurch verbessert sich die Jahresarbeitszahl von 3 auf 3,1. Abzüglich Förderung (→ Seite 216) bleiben 3.200 Euro Investition, die sich in circa 7 Jahren amortisiert. Die Umweltentlastung beträgt circa 1,2 Tonnen CO_2 pro Jahr.

76 % **Variante 9b-1:** Die Brauchwassersolaranlage wird mit einer Erdwärmepumpe gekoppelt. Das System erreicht eine Jahresarbeitszahl von 4,6. Eine Sondengesamtlänge von circa 170 Metern reicht nun aus. Die Gesamtkosten für Erdwärmepumpe, Flächenheizung und Solaranlage betragen circa 58.060 Euro. Davon wird die Bundesförderung und ein Instandhaltungsanteil (→ Seite 260) abgezogen und es verbleiben circa 27.730 Euro. Die Autarkie bezogen auf Strom und Wärme erreicht gut 76 Prozent, bei Wärmepumpenstromkosten von circa 910 Euro pro Jahr. Die Anlage amortisiert sich in gut 10 Jahren und es verbleiben über 20 Jahre

GUT ZU WISSEN

Hybridsysteme

Bei Hybridsystemen gibt es zwei Komponenten, die zusammenarbeiten, um ein gemeinsames Ziel zu erreichen. Ein gutes Beispiel ist das „Hybridauto". Es enthält einen Elektromotor mit Batterie. Das reicht für kurze Strecken. Wollen Sie weiter wegfahren, kann problemlos ein Benzinmotor eingeschaltet werden. Der hier vorgestellte **Hybridkollektor** nutzt direkte Sonneneinstrahlung und außerdem die in der Luft enthaltene Energie. Es gibt auch Hybridkollektoren, die aus einem Photovoltaikmodul mit darunterliegenden Kühlschlangen bestehen. Hier wird sowohl Strom als auch Wärme aus Sonnenstrahlung gewonnen (PVT-Kollektor → Seite 196).
Kopplungen einer Wärmepumpe mit Heizkessel, Solarthermie oder Photovoltaik sind ebenfalls Hybridanlagen.

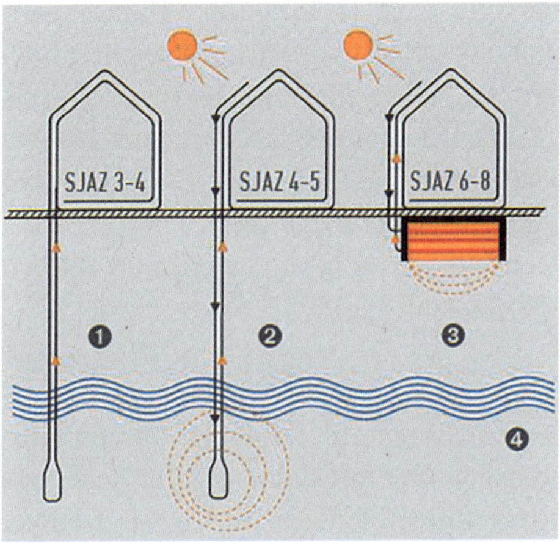

Abb. 39: Systemjahresarbeitszahlen von Erdwärmepumpen ohne solare Unterstützung (1), mit solarer Regeneration der Erdreichtemperatur (2) und mit solarer Unterstützung und Langzeit-Erdwärmespeicher (3)

knapp 25.000 Euro. Die Umweltentlastung beträgt circa 6,4 Tonnen CO_2 pro Jahr.

75% **Variante 9b-2:** Mit einer Luft-Wasser-Wärmepumpe mit Jahresarbeitszahl von nur noch 4 sinken die Investitionskosten auf circa 43.000 Euro. Die Kosten nach Abzug von Förderung und Instandhaltungsanteil betragen circa 12.620 Euro. Die Gesamtautarkie erreicht knapp 75 Prozent bei Wärmepumpenstromkosten von circa 1.040 Euro pro Jahr. Die Anlage amortisiert sich in gut 5 Jahren und es verbleiben über 20 Jahre knapp 37.000 Euro. Die Umweltentlastung beträgt circa 6,2 Tonnen CO_2 pro Jahr.

80% **Variante 9c-1:** Eine Heizungsunterstützungs-Solaranlage mit 12 Quadratmetern Flachkollektor und einem 1.000-Liter-Pufferspeicher soll zusätzlich zur Erdwärmepumpe angeschafft werden. Das System erreicht eine Jahresarbeitszahl von 5,2 dank der Anhebung der Erdreichtemperatur durch die Überschüsse der Solaranlage. Eine etwas kürzere Sondengesamtlänge von circa 130 Metern reicht nun aus. Die Gesamtkosten für Erdwärmepumpe, Flächenheizung und Solaranlage betragen etwa 53.340 Euro. Es verbleiben unter dem Strich circa 23.010 Euro. Die Gesamtautarkie erreicht knapp 80 Prozent. Wärmepumpenstromkosten betragen circa 600 Euro pro Jahr. Die Anlage amortisiert sich in knapp 8 Jahren und es verbleiben über 20 Jahre knapp 36.000 Euro. Die Umweltentlastung beträgt circa 7,1 Tonnen CO_2 pro Jahr.

78% **Variante 9c-2:** Bei einer Luft-Wasser-Wärmepumpe mit einer Jahresarbeitszahl von nur noch 4,3 sinken die Investitionskosten auf circa 43.000. Die verbleibenden Kosten nach Abzug von Förderung und Instandhaltungsanteil betragen circa 12.670 Euro. Autarkie bezogen auf Strom und Wärme erreicht knapp 78 Prozent. Wärmepumpenstromkosten betragen circa 780 Euro pro Jahr. Die Anlage amortisiert sich in knapp 5 Jahren und es verbleiben über 20 Jahre knapp 42.000 Euro. Die Umweltentlastung beträgt circa 6,7 Tonnen CO_2 pro Jahr.

74 % **Variante 9d:** Die A's möchten keine Erdbohrung und entscheiden sich deswegen für ein System mit 19,3 Quadratmetern (circa 10 Metern Länge) Energiezaun und 12 Kubikmetern Eisspeicher. Das System erreicht eine Jahresarbeitszahl von circa 5. Allerdings trägt der Energiezaun nicht direkt zur Warmwasserbereitung und Heizungsunterstützung bei. Er dient nur als Wärmequelle für die Wärmepumpe. Deswegen sinkt der Autarkiegrad und die Stromkosten steigen. Die Gesamtkosten betragen circa 62.650 Euro. Für den Eisspeicher gibt es keine Bundesförderung. Die verbleibenden Kosten nach Abzug von Förderung und Instandhaltungsanteil betragen circa 32.320 Euro. Die Autarkie bezogen auf Strom und Wärme erreicht gut 74 Prozent. Wärmepumpenstromkosten betragen circa 1.070 Euro pro Jahr. Die Anlage amortisiert sich in gut 13 Jahren und es verbleiben über 20 Jahre gut 16.000 Euro. Die Umweltentlastung beträgt circa 6,1 Tonnen CO_2 pro Jahr.

79 % **Variante 9e:** Der innovative Langzeit-Erdreichspeicher erscheint Haushalt A als sinnvolle Lösung. Es werden 17,5 Quadratmeter normale Flachkollektoren auf dem Dach installiert. Das System erreicht eine Jahresarbeitszahl von 5,2. Die Gesamtkosten betragen circa 65.250 Euro. Auch für den Erdspeicher gibt es keine Bundesförderung. Die verbleibenden Kosten nach Abzug von Förderung und Instandhaltungsanteil betragen circa 34.920 Euro. Autarkie bezogen auf Strom und Wärme erreicht gut 79 Prozent. An Wärmepumpenstromkosten ergeben sich circa 660 Euro pro Jahr. Die Anlage amortisiert sich in gut 12 Jahren und es verbleiben über 20 Jahre gut 21.000 Euro. Die Umweltentlastung beträgt circa 6,9 Tonnen CO_2 pro Jahr.

Fazit: Für Haushalt A ist das wirtschaftlichste System die Kombination von Luftwärmepumpe mit kleiner solarer Heizungsunterstützungsanlage. Nur etwas weniger wirtschaftlich ist die Kombination Luftwärmepumpe mit Brauchwasser-Solaranlage. Alle Kombinationen mit Erdwärmepumpen sind etwas unwirtschaftlicher.

CHECKLISTE

Wärmepumpe plus Solarthermie

- ☐ Haben Sie einen ausreichend großen Wärmebedarf?
- ☐ Soll auf Erdsonde oder Erdkollektor verzichtet werden?
- ☐ Ist sommerliche Kühlung gewünscht?
- ☐ Pufferspeicher muss Anschlussmöglichkeit für Wärmepumpe haben
- ☐ Beachten Sie die Checklisten „Thermische Solaranlage“ und „Wärmepumpe“ (→ Seiten 113 und 152).

VORTEILE UND NACHTEILE

+ Wärmepumpe plus Solarthermie

- Bewährte Technik
- Guter Primärenergiefaktor
- Kein Brennstofflager nötig
- Auch bei gut gedämmten Häusern kein Überhitzungsproblem
- Hoher Autarkiegrad Wärme möglich
- Stromverbrauch geringer als bei reiner Wärmepumpe
- Niedrige Wartungs- und niedrige Energiekosten, keine Schornsteinfegerkosten
- Günstiges System für Warmwasser und Heizung, wenn hoher Wärmebedarf
- Wegen guter Förderung mittlere Investitionskosten
- Durch die thermische Solaranlage kann eine kleinere, günstigere Wärmepumpe eingebaut werden.
- Kein Schornstein nötig und bei einigen Systemen auch keine Erdbohrung oder Erdkollektor
- Bei erdgebundenen Anlagen ist sommerliche Kühlung wenig aufwendig
- Pufferspeicher wird doppelt genutzt
- Keine Überhitzungsprobleme der Solaranlage
- Zukunftsfähig, entspricht GEG 2024.
- Geringe Klimabelastung
- Klimabelastung sinkt, wenn der Anteil an erneuerbarem Strom zunimmt

− Wärmepumpe plus Solarthermie

- Erdwärmepumpe nur möglich, wenn der Untergrund geologisch geeignet ist
- Luftwärmepumpe nur möglich, wenn Lärmbelästigung ausgeschlossen werden kann
- Dach muss für thermische Solaranlage geeignet sein
- Strombedarf steigt
- Strompreise können steigen
- Nur wenige Anbieter von Wärmepumpen-Sondertarifen
- Wärmequelle nötig; am sinnvollsten Erdwärmenutzung
- Bei geringem Wärmebedarf können die Investitionskosten zu hoch werden.
- Mittlere bis hohe Kosten
- Pufferspeicher nötig
- Gute Planung und Ausführung nötig
- Für hohe Jahresarbeitszahl ist Einbau einer Flächenheizung nötig
- Die Anlagen mit Hybridkollektoren können lediglich die kühle Nachtluft zur Raumkühlung nutzen.
- Belastung des Stromnetzes im Winter

Das gilt auch für die innovativen Systeme, wobei dasjenige mit herkömmlichen Kollektoren und Erdspeicher dem Eisspeicher vorzuziehen ist. Alle diese Varianten amortisieren sich weit unterhalb der Lebensdauer und sind sinnvoll einsetzbar.

Unter dem Gesichtspunkt Umweltentlastung und hohe Autarkie hat das System Erdwärmepumpe mit Heizungsunterstützungsanlage die Nase vorn.

Der Anschluss von Kollektoren an eine Brauchwasserwärmepumpe ist für die A's durchaus sinnvoll, da sie so auch die hohen Verluste Ihres alten Systems verringern.

Haushalt B

Auch die B's beabsichtigen im Rahmen ihrer Umbauplanung die Kopplung der Wärmepumpe mit Sonnenkollektoren. Die Varianten sind ähnlich zu den Planungen des Haushalts A. Da Haushalt B einen geringeren Wärmebedarf hat, reicht eine kleinere Wärmepumpe, die günstiger ist.

16 % **Variante 9a:** Haushalt B schließt wegen des höheren Warmwasserbedarfs 6 Quadratmeter Flachkollektoren an eine Brauchwasserwärmepumpe an. So verbessert sich die Jahresarbeitszahl nicht. Abzüglich Förderung bleiben 3.200 Euro Investition, die sich im Gegensatz zu den A's erst in knapp 12 Jahren amortisiert, da das Warmwassersystem bereits verlustarm arbeitet. Die Umweltentlastung beträgt circa 0,6 Tonnen CO_2 pro Jahr.

72 % **Variante 9b-1:** Das System aus Brauchwasser-Solaranlage und Erdwärmepumpe erreicht eine Jahresarbeitszahl von 4,9. Eine Sondengesamtlänge von circa 110 Metern reicht nun aus. Die Gesamtkosten für Erdwärmepumpe, Flächenheizung und Solaranlage betragen circa 43.980 Euro. Die verbleibenden Kosten nach Abzug von Förderung und Instandhaltungsanteil betragen circa 14.980 Euro. Autarkie bezogen auf Strom und Wärme erreicht circa 72 Prozent. Mit Wärmepumpenstromkosten von circa 570 Euro pro Jahr amortisiert sich die Anlage in gut 12 Jahren. Die Umweltentlastung beträgt circa 2,5 Tonnen CO_2 pro Jahr.

70 % **Variante 9b-2:** Bei einer Luft-Wasser-Wärmepumpe ist die Jahresarbeitszahl nur noch 4,1, Investitionskosten sind circa 36.000 Euro, verbleibende Kosten circa 7.000 Euro, die Autarkie bezogen auf Strom und Wärme liegt bei gut 70 Prozent, bei Wärmepumpenstromkosten von circa 670 Euro pro Jahr. Die Anlage amortisiert sich in gut 6 Jahren. Die Umweltentlastung beträgt circa 2,3 Tonnen CO_2 pro Jahr.

76 % **Variante 9c-1:** Die Heizungsunterstützungs-Solaranlage entspricht derjenigen von Haushalt A. Das System erreicht eine Jahresarbeitszahl von 5,5 dank der Erwärmung des Erdreichs durch die Solaranlagenüberschüsse. Eine etwas kürzere Son-

dengesamtlänge von circa 80 Metern reicht nun aus. Die Gesamtkosten für Erdwärmepumpe, Flächenheizung und Solaranlage betragen circa 41.440 Euro. Die verbleibenden Kosten nach Abzug von Förderung und Instandhaltungsanteil betragen circa 12.440 Euro. Die Autarkie bezogen auf Strom und Wärme erreicht knapp 76 Prozent. Wärmepumpenstromkosten belaufen sich auf circa 370 Euro pro Jahr. Die Anlage amortisiert sich in knapp 9 Jahren. Die Umweltentlastung beträgt circa 2,9 Tonnen CO_2 pro Jahr.

73 % **Variante 9c-2:** Wieder die Werte für die Anlage mit Luft-Wasser-Wärmepumpe: Jahresarbeitszahl ist nur noch 4,4, Investitionskosten sind circa 37.000 Euro, verbleibende Kosten circa 8.000 Euro, Autarkie bezogen auf Strom und Wärme gut 73 Prozent und Wärmepumpenstromkosten circa 520 Euro pro Jahr. Die Anlage amortisiert sich in knapp 7 Jahren. Die Umweltentlastung beträgt circa 2,6 Tonnen CO_2 pro Jahr.

69 % **Variante 9d:** Auch die B's möchten ein Eisspeichersystem. Wegen des geringeren Wärmebedarfs reichen 8 Quadratmeter (circa 4 Meter Länge) Energiezaun und 12 Kubikmeter Eisspeicher. Das System erreicht eine Jahresarbeitszahl von circa 4,6. Wie bei den A's dient der Energiezaun nur als Wärmequelle für die Wärmepumpe. Die Gesamtkosten betragen circa 48.000 Euro, verbleibende Kosten nach Abzug von Förderung und Instandhaltungsanteil sind circa 19.000 Euro. Autarkie bezogen auf Strom und Wärme erreicht knapp 69 Prozent. Mit Wärmepumpenstromkosten von circa 730 Euro pro Jahr ist die Anlage in knapp 18 Jahren erwirtschaftet. Die Umweltentlastung beträgt circa 2,2 Tonnen CO_2 pro Jahr.

75 % **Variante 9e:** Die Anlage mit Langzeit-Erdreichspeicher für Haushalt B benötigt nur 12 Quadratmeter Kollektorfläche. Das System erreicht eine Jahresarbeitszahl von 5,2. Die Gesamtkosten betragen circa 52.400 Euro, die verbleibenden Kosten nach Abzug von Förderung und Instandhaltungsanteil circa 23.400 Euro. Autarkie bezogen auf Strom und Wärme erreicht knapp 75 Prozent. Wärmepumpenstromkosten belaufen sich auf circa 440 Euro pro Jahr. Die Anlage erwirtschaftet sich in knapp 18 Jahren. Die Umweltentlastung beträgt circa 2,7 Tonnen CO_2 pro Jahr.

Fazit: Für Haushalt B sind die wirtschaftlichsten Systeme die Kombinationen von Luftwärmepumpe mit thermischer Solaranlage. In Bezug auf Umweltentlastung und hohe Autarkie haben die Erd-Wärmepumpen etwas die Nase vorn. Die Unterschiede zwischen den Varianten sind gering. Alle herkömmlichen Kombinationen von Wärmepumpen mit Solaranlagen amortisieren sich unterhalb der Lebensdauer und sind sinnvoll einsetzbar.

Die innovativen Systeme sind beim geringeren Wärmebedarf von Haushalt B weniger wirtschaftlich. Der erhöhte Aufwand lohnt sich insbesondere bei größeren Wärmeverbräuchen.

Auch der Anschluss einer Kollektoranlage an eine Brauchwasserwärmepumpe ist für die B's sinnvoll.

Haushalt C

Keine der oben beschriebenen Varianten kommt für das Passivhaus der C's infrage: Für die meisten Komponenten (Erdwärmepumpe, Eisspeicher ...) gibt es keine Ausführung, die so leistungsschwach ist, wie für Haushalt C passend. Oder die Variante ist zwar machbar (Varianten 9a und Variante 9b-2 **interaktive Tabelle 8**), aber es ergeben sich Amortisationszeiten von weit über 20 Jahren.

Wärmepumpe plus Photovoltaik

Eine Wärmepumpe beheizt Ihr Haus zum großen Teil mit Umweltwärme. So erreichen Sie eine große Unabhängigkeit. Allerdings benötigt die Wärmepumpe Strom. Da liegt es nahe, diesen Strom auf dem eigenen Grundstück zu gewinnen, mit einer Photovoltaik- oder auch, eher selten, mit einer Kleinwindanlage (→ Tipp oben).

Eine Wärmepumpe zusammen mit Photovoltaik zu betreiben, ist relativ einfach und bereits weitverbreitet.

→ TIPP

Kleinwindanlagen kommen nur in wenigen Fällen in Betracht – windgünstige Standorte in der Nähe von Ein- und Zweifamilienhäusern sind selten. Falls Sie jedoch über einen windgünstigen Standort verfügen, so ist die Kombination Wärmepumpe mit Kleinwindanlage besonders interessant, da in der kalten Jahreszeit, wenn eine Wärmepumpe den meisten Strom benötigt, der Wind bläst. Die Hinweise im Abschnitt „Kleinwindanlagen" (→ Seite 51) helfen bei der ersten Einschätzung. Ob eine solche Kombination in Ihrem Fall tatsächlich sinnvoll ist, kann im Rahmen einer Energieberatung beurteilt werden.

Fast alle Wärmepumpen sind für den Anschluss an eine Photovoltaikanlage vorgesehen und tragen das **„SG-Ready"-Label** (SG = „Smart Grid", intelligentes Stromnetz). Eine Liste von Geräten finden Sie auf der Seite des BWP: www.waermepumpe.de, Suchwort: sg-ready. Eine solche Wärmepumpe kann durch einen digitalen Steuerbefehl des Wechselrichters oder Energiemanagementsystems anlaufen, wenn ausreichend Photovoltaikstrom zur Verfügung steht. Sie kann auf ein solches Signal hin auch den angeschlossenen Speicher auf eine etwas höhere Temperatur bringen, um Überschüsse zu speichern. Besonders gut klappt die Zusammen-

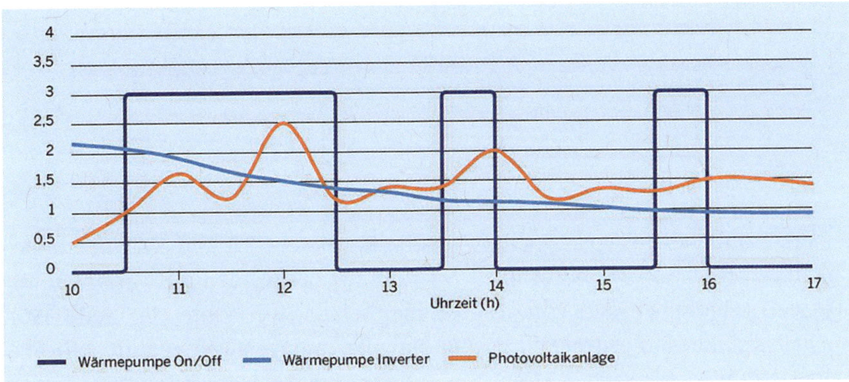

Abb. 40: Leistungsverlauf von Wärmepumpen mit und ohne Invertertechnik im Vergleich zur Photovoltaikerzeugung

arbeit mit der Photovoltaikanlage, wenn die Wärmepumpe ihre Leistung anpassen kann.

In Abb. 40 ist dargestellt, wie der zeitliche Verlauf des Photovoltaikstroms zu zwei verschiedenen Wärmepumpentypen passt. Ein Wärmepumpenmodell mit fester Leistung muss abschalten, wenn kein Wärmebedarf besteht. Diese „An-Aus"-Betriebsweise passt schlecht zur Produktion der Photovoltaikanlage, mit der Folge, dass nur wenig Photovoltaikstrom für diese Wärmepumpe genutzt werden kann. Anders ist dies bei einer Wärmepumpe, die ihre Leistung mithilfe von Invertertechnik anpasst. Im Beispiel kann diese ab der Mittagszeit vollständig mit selbst erzeugtem Strom betrieben werden, da sie moduliert und lange im Teillastbereich arbeitet.

Brauchwasserwärmepumpen haben einen größeren Warmwasserspeicher und können diesen aufladen, wenn ausreichend Photovoltaikstrom zur Verfügung steht. Wie im Abschnitt „Elektrische Warmwasserbereitung"(→ Seite 115) beschrieben, wird ein Warmwasserbereiter mit Heizstab ohne Netzanschluss direkt mit einer Photovoltaikanlage verbunden. Genauso kann eine Brauchwasserwärmepumpe betrieben werden. Ein Anschluss ans öffentliche Stromnetz ist nicht nötig. Allerdings braucht die Photovoltaikanlage einen sogenannten Wechselrichter (→ Seite 37), denn die Wärmepumpe braucht Wechselstrom. Zeiten ohne ausreichende Sonneneinstrahlung können entweder durch einen Elektroheizstab mit Netzanschluss, einen Wärmetauscher im Speicher der vorhandenen Heizungsanlage oder den Betrieb der Wärmepumpe mit Netzstrom überbrückt werden. Wenn ausreichend Solarstrom vorhanden ist, kann die Wärmepumpe den Brauchwasserspeicher auf eine etwas höhere Temperatur bringen und so warmes Wasser für die Nacht speichern.

Heizungswärmepumpen haben manchmal einen Pufferspeicher oder sie nutzen bei Fußbodenheizung den Heizestrich zur Zwischenspeicherung. Auch hier ist eine geringe Temperaturerhöhung zur Überbrückung von sonnenarmen Zeiten möglich. Der Strombedarf für die Wärmepumpe ist aber so groß, dass eine herkömmliche, netzgekoppelte Photovoltaikanlage (→ Seite 37) nötig ist. Diese Anlage wird so betrieben, dass vorrangig der Haushaltsstrombedarf gedeckt wird; denn Haushaltsstrom ist mit circa 40 Cent pro Kilowattstunde die teuerste Energieart. Die Wärmepumpe wird dann mit dem überschüssigen Strom betrieben, der ansonsten ins Netz eingespeist würde. Auf den günstigen Wärmepumpentarif müssen Sie dann in vielen Fällen verzichten. Das ist jedoch zu verschmerzen, da Sie bei der Kopplung mit einer großen Photovoltaikanlage etwa 30 Prozent des Stroms zu circa 28 Cent pro Kilowattstunde durch die entgangene Einspeisevergütung von zurzeit 8,2 Cent pro Kilowattstunde ersetzen (bis 10 Kilowatt-Peak). (Ihre Photovoltaikanlage produziert den Strom zu etwa diesen Kosten und Sie können den Strom an den Netzbetreiber verkaufen.) Außerdem sparen Sie die Grundgebühr für Wärmepumpenstrom, sodass der Verzicht auf den Sondertarif meistens sinnvoll ist. Bedenken Sie auch, dass die Einspeisevergütung über 20 Jahre gleich bleibt, während der Wärmepumpenstromtarif vermutlich steigen wird. Und: Sie erhöhen erheblich Ihre Unabhängigkeit, Ihre Autarkie.

Beispielvarianten

Die Beispielhaushalte testen nun zahlreiche Varianten. Die Grundannahmen entsprechen denjenigen in den Abschnitten „Photovoltaik“ (→ Seite 37) und „Wärmepumpe“ (→ Seite 129). Es werden nur Varianten mit Flächenheizung betrachtet (→ Seite 150). Photovoltaikanlagen werden durch die BEG nicht gefördert. Speicherverluste werden bei den Wirtschaftlichkeitsberechnungen, der Autarkie und der Umweltbelastung berücksichtigt, die Autarkie sinkt und die Umweltbelastung steigt. Die Ergebnisse der Beispielvarianten sehen Sie in Tabelle 9 im Internet und Sie können dort die **interaktive Tabelle 9** nutzen, um Ihre eigenen Daten einzugeben (Download → Seite 7). Oder Sie rechnen selbst: Auf den Seiten 43 und 47 finden Sie Tipps zur Anpassung der Ergebnisse für andere Investitionskosten und andere solare Einstrahlungen. Bei der Berechnung der Autarkie wird die Stromeinspeisung berücksichtigt.

Haushalt A

Haushalt A möchte eine Wärmepumpe einbauen und diese mit einer Photovoltaikanlage betreiben.

24 %

Variante 10a: Eine Brauchwasserwärmepumpe benötigt zwar nur 1 Kilowatt Leistung, die A's wollen aber auch einen Teil des Haushaltsstroms ersetzen und installieren daher eine 4-Kilowatt-Peak-Photovoltaikanlage. Diese Anlage zusammen mit der Brauchwasserwärmepumpe kostet circa 12.000 Euro und wird nicht gefördert. Sie rechnet sich in circa 13 Jahren, da die Autarkie Strom und Wärme gut 24 Prozent beträgt. Es werden circa 2.220 Kilowattstunden ins öffentliche Netz eingespeist. Die Umweltentlastung beträgt circa 3 Tonnen CO_2 pro Jahr.

85 % **Variante 10b-1.1:** Haushalt A baut sich eine Heizungswärmepumpe ein, die auch die Warmwasserbereitung übernimmt. Der Strom für die Wärmepumpe soll zum Teil von einer Photovoltaikanlage geliefert werden. Als Wärmepumpe wählen die A's zunächst eine Erdwärmepumpe mit Sondenbohrung (→ Seite 134). Zunächst wird die kleine Photovoltaikanlage mit 4 Kilowatt-Peak betrachtet. Die Gesamtkosten für Erdwärmepumpe, Flächenheizung und Solaranlage betragen circa 69.250 Euro. Davon wird die Bundesförderung und ein Instandhaltungsanteil (→ Seite 260) abgezogen und es verbleiben circa 38.920 Euro. Die Autarkie bezogen auf Strom und Wärme erreicht knapp 85 Prozent. Die Betriebskosten belaufen sich auf circa 2.270 Euro pro Jahr – weniger als die Hälfte ihrer derzeitigen Kosten für Wärme und Strom. Es werden circa 2.040 Kilowattstunden ins öffentliche Netz eingespeist. Die Anlage amortisiert sich in knapp 13 Jahren und es verbleiben über 20 Jahre knapp 22.000 Euro. Die Umweltentlastung beträgt circa 7,9 Tonnen CO_2 pro Jahr.

97 % **Variante 10b-1.2:** Setzen sich die A's die größere Photovoltaikanlage mit 8 Kilowatt-Peak aufs Dach, so betragen die Gesamtkosten für Erdwärmepumpe, Flächenheizung und Solaranlage circa 74.550 Euro. Davon wird die Bundesförderung und ein Instandhaltungsanteil abgezogen und es verbleiben circa 44.220 Euro. Die Warmwasserbereitung kann ganzjährig und die Heizungswärme in der Übergangszeit durch Photovoltaikstrom gedeckt werden. Lediglich im Winter benötigt die Wärmepumpe Netzstrom. Die Autarkie bezogen auf Strom und Wärme erreicht durch die große Photovoltaik knapp 97 Prozent, die Betriebskosten sinken auf circa 1.910 Euro pro Jahr. Es werden circa 5.360 Kilowattstunden ins öffentliche Netz eingespeist. Die Anlage amortisiert sich in circa 13 Jahren und es verbleiben über 20 Jahre knapp 24.000 Euro. Die Umweltentlastung beträgt circa 9,9 Tonnen CO_2 pro Jahr.

96 % **Variante 10b-1.3:** Die A's fragen sich, ob es sinnvoll ist, einen Batteriespeicher einzubauen, um nicht mehr so viel Strom ins Netz einzuspeisen. Sie entscheiden sich für ein Gerät mit 8 Kilowattstunden Speicherkapazität. Dadurch steigen ihre Kosten unter dem Strich auf circa 53.020 Euro. Autarkie bezogen auf Strom und Wärme knapp 96 Prozent. Sie können nun circa 67 Prozent ihres Haushaltsstroms gewinnen. Es werden nur noch circa 3.240 Kilowattstunden ins öffentliche Netz eingespeist. Die Betriebskosten sinken auf circa

1.640 Euro pro Jahr. Die Anlage amortisiert sich wegen der hohen Investitionskosten erst in knapp 15 Jahren und es verbleiben über 20 Jahre gut 20.000 Euro. Die Umweltentlastung sinkt wegen der Verluste des Speichers auf circa 9,7 Tonnen CO_2 pro Jahr.

83 % **Variante 10b-2.1:** Falls sich Haushalt A für eine Luft-Wasser-Wärmepumpe entscheidet, so sinken die Investitionskosten im Fall der kleinen Photovoltaikanlage unter dem Strich auf circa 16.670 Euro. Die Autarkie bezogen auf Strom und Wärme erreicht circa 83 Prozent, die Betriebskosten steigen im Vergleich zu Variante 10b-1.1 auf circa 2.410 Euro pro Jahr. Es werden circa 1.990 Kilowattstunden ins öffentliche Netz eingespeist. Die Anlage amortisiert sich in knapp 7 Jahren und es verbleiben über 20 Jahre gut 39.000 Euro. Die Umweltentlastung beträgt circa 7,6 Tonnen CO_2 pro Jahr.

95 % **Variante 10b-2.2:** Bei der großen Photovoltaikanlage betragen die Kosten unter dem Strich circa 23.970 Euro. Die Autarkie bezogen auf Strom und Wärme erreicht knapp 95 Prozent, und die Betriebskosten sinken auf circa 2.050 Euro pro Jahr. Es werden circa 5.300 Kilowattstunden ins öffentliche Netz eingespeist. Die Anlage amortisiert sich in gut 7 Jahren und es verbleiben über 20 Jahre gut 41.000 Euro. Die Umweltentlastung beträgt circa 9,6 Tonnen CO_2 pro Jahr.

94 % **Variante 10b-1.3:** Auch die Anlage mit Luftwärmepumpe wird durch einen 8-Kilowattstunden-Batteriespeicher ergänzt. Dadurch steigen die Kosten unter dem Strich auf circa 32.770 Euro. Die Autarkie bezogen auf Strom und Wärme beträgt knapp 94 Prozent. Die A's können auch in diesem Fall circa 67 Prozent ihres Haushaltsstroms gewinnen. Es werden nur noch circa 3.120 Kilowattstunden ins öffentliche Netz eingespeist. Die Betriebskosten sinken auf circa 1.770 Euro pro Jahr. Auch in diesem Fall erhöht sich die Amortisationszeit auf gut 9 Jahre und es verbleibt weniger über 20 Jahre, nämlich knapp 38.000 Euro. Die Umweltentlastung sinkt wegen der Verluste des Speichers auf circa 9,4 Tonnen CO_2 pro Jahr.

Fazit: Die Brauchwasserwärmepumpe mit Photovoltaikanlage gekoppelt ist für die A's ein sinnvolles System. Noch kürzere Amortisationszeiten erreichen sie mit Heizungswärmepumpen. Bei höheren Investitionskosten ergibt sich eine größere Einsparung über 20 Jahre. Am günstigsten sind die Varianten mit Luftwärmepumpe bei etwas schlechteren Autarkiewerten.

Die Wirtschaftlichkeit durch Kopplung mit einer Photovoltaikanlage ist besser als bei einer reinen Wärmepumpe oder der Kopplung mit einer thermischen Solaranlage. Insbesondere die große Anlage ist zu empfehlen. Diese erzielt wie zu erwarten die größte Autarkie in Bezug auf Strom und Wärme. Der Batteriespeicher erhöht die Autarkie Strom deutlich, verschlechtert aber etwas die Wirtschaftlichkeit.

Haushalt B

Im Rahmen der Umbauplanungen möchte auch Haushalt B eine Wärmepumpe einbauen und diese mit einer Photovoltaikanlage betreiben.

30% **Variante 10a:** Wegen des höheren Warmwasserbedarfs benötigt die Brauchwasserwärmepumpe 2 Kilowatt Leistung. Auch die B's wollen einen Teil des Haushaltsstroms ersetzen. Da sie weniger Strom als Haushalt A brauchen, installieren sie eine 3-Kilowatt-Peak-Photovoltaikanlage. Diese Anlage zusammen mit der Brauchwasserwärmepumpe kostet circa 10.300 Euro und wird nicht gefördert. Sie rechnet sich erst in gut 19 Jahren. Sie ist weniger wirtschaftlich als diejenige von Haushalt A, da die Warmwasserbereitung erheblich geringere Verluste hat. Es werden circa 1.490 Kilowattstunden ins öffentliche Netz eingespeist. Die Umweltentlastung beträgt circa 1,8 Tonnen CO_2 pro Jahr.

82% **Variante 10b-1.1:** Als Wärmepumpe wählen die B's zunächst eine Erdwärmepumpe mit Sondenbohrung (→ Seite 134). Zunächst wird die kleine Photovoltaikanlage mit 3 Kilowatt-Peak betrachtet. Die benötigte Leistung der Wärmepumpe und damit der Preis sind niedriger. Auch die Sonden werden kürzer und günstiger. Gesamtkosten für Erdwärmepumpe, Flächenheizung und Solaranlage betragen circa 50.760 Euro. Davon werden die Bundesförderung und ein Instandhaltungsanteil (→ Seite 260) abgezogen und es verbleiben circa 21.760 Euro. Die Autarkie bezogen auf Strom und Wärme erreicht gut 82 Prozent. Betriebskosten belaufen sich auf circa 1.670 Euro pro Jahr – etwas mehr als die Hälfte ihrer derzeitigen Kosten für Wärme und Strom. Es werden circa 1.560 Kilowattstunden ins öffentliche Netz eingespeist. Die Anlage amortisiert sich in knapp 15 Jahren. Die Umweltentlastung beträgt circa 3,5 Tonnen CO_2 pro Jahr.

97% **Variante 10b-1.2:** Setzen sich die B's die größere Photovoltaikanlage mit 6 Kilowatt-Peak aufs Dach, so betragen die Gesamtkosten für Erdwärmepumpe, Flächenheizung und Solaranlage circa 55.460 Euro. Davon werden die Bundesförderung und ein Instandhaltungsanteil abgezogen und es verbleiben circa 26.460 Euro. Autarkie bezogen auf Strom und Wärme erreicht gut 97 Prozent. Betriebskosten sinken auf circa 1.410 Euro pro Jahr. Circa 4.050 Kilowattstunden gehen ins öffentliche Netz . Die Anlage amortisiert sich in gut 15 Jahren bei einer Umweltentlastung von 5 Tonnen CO_2 pro Jahr.

96 % **Variante 10b-1.3:** Auch die B's möchten die Eigenstromnutzung verbessern und bauen deswegen einen Batteriespeicher mit 6 Kilowattstunden Speicherkapazität ein. Dadurch steigen ihre Kosten unter dem Strich auf circa 33.660 Euro. Autarkie bezogen auf Strom und Wärme erreicht knapp 96 Prozent. Sie können nun circa 67 Prozent ihres Haushaltsstroms gewinnen. Es werden nur noch circa 2.490 Kilowattstunden ins öffentliche Netz eingespeist. Die Betriebskosten sinken zwar auf circa 1.260 Euro pro Jahr, aber die Anlage liegt bei knapp 18 Jahren Amortisationszeit. Die Umweltentlastung sinkt etwas wegen der Verluste des Speichers auf circa 4,9 Tonnen CO_2 pro Jahr.

80 % **Variante 10b-2.1:** Falls sich Haushalt B für eine Luft-Wasser-Wärmepumpe entscheidet, so sinken die Investitionskosten im Fall der kleinen Photovoltaikanlage unter dem Strich auf circa 9.300 Euro. Die Autarkie bezogen auf Strom und Wärme erreicht gut 80 Prozent. Die Betriebskosten steigen im Vergleich zu Variante 10b-1.1 auf circa 1.770 Euro pro Jahr. Es werden circa 1.530 Kilowattstunden ins öffentliche Netz eingespeist. Die Anlage amortisiert sich in knapp 7 Jahren und es verbleiben über 20 Jahre gut 18.000 Euro. Die Umweltentlastung beträgt circa 3,3 Tonnen CO_2 pro Jahr.

95 % **Variante 10b-2.2:** Bei der großen Photovoltaikanlage betragen die Kosten unter dem Strich circa 14.000 Euro. Autarkie bezogen auf Strom und Wärme erreicht gut 95 Prozent und die Betriebskosten sinken auf circa 1.510 Euro pro Jahr. Es werden circa 4.010 Kilowattstunden ins öffentliche Netz eingespeist. Die Anlage amortisiert sich in knapp 9 Jahren und es verbleiben über 20 Jahre knapp 19.000 Euro. Die Umweltentlastung beträgt circa 4,8 Tonnen CO_2 pro Jahr.

94 % **Variante 10b-1.3:** Auch die Anlage mit Luftwärmepumpe wird durch einen 6-Kilowattstunden-Batteriespeicher ergänzt. Dadurch steigen die Kosten unter dem Strich auf circa 21.200 Euro. Autarkie bezogen auf Strom und Wärme erreicht knapp 94 Prozent. Sie können auch in diesem Fall circa 67 Prozent ihres Haushaltsstroms gewinnen. Es werden nur noch circa 2.410 Kilowattstunden ins öffentliche Netz eingespeist. Die Betriebskosten sinken auf circa 1.340 Euro pro Jahr. Auch in diesem Fall erhöht sich die Amortisationszeit auf knapp 12 Jahre und es verbleibt weniger über 20 Jahre, nämlich circa 15.000 Euro. Die Umweltentlastung sinkt wegen der Verluste des Speichers auf circa 4,7 Tonnen CO_2 pro Jahr.

Fazit: Die Brauchwasserwärmepumpe gekoppelt mit einer Photovoltaikanlage ist für Haushalt B weniger sinnvoll. Kürzere Amortisationszeiten erreichen sie mit den Varianten mit allen Heiz- und insbesondere Luftwärmepumpen. Bei höheren Investitionskosten ergibt sich eine größere Einsparung über 20 Jahre. Ungünstiger sind die Varianten mit Erdwärmepumpe bei etwas höheren Autarkiewerten.

Die Wirtschaftlichkeit durch Kopplung mit einer Photovoltaikanlage ist schlechter als diejenige einer reinen Wärmepumpe oder der Kopplung mit einer thermischen Solaranlage. Insbesondere die große Photovoltaikanlage ohne Batteriespeicher mit Luftwärmepumpe ist zu empfehlen. Diese erzielt eine hohe Autarkie in Bezug auf Strom und Wärme. Der Batteriespeicher erhöht die Autarkie Strom deutlich, verschlechtert aber die Wirtschaftlichkeit. In Kombination mit einer Erdwärmepumpe führt das fast zur Unwirtschaftlichkeit.

HINTERGRUND

Strom-Flatrate

Es gibt einige Stromhändler und Speicherhersteller, die ein Kombipaket von Stromlieferung und Batteriespeicher anbieten. Sie erhalten beispielsweise eine „Strom-Flatrate", wenn Sie den Speicher bei einem bestimmten Hersteller gekauft haben und die Be- und Entladung Ihres Speichers dem Anbieter überlassen. Der kann dann mehrere solcher Speicher bündeln und so Regelleistung im Strommarkt zur Verfügung stellen, um beispielsweise Spitzen und Senken der Windstromerzeugung auszugleichen. Es gibt unterschiedliche Geschäftsmodelle. Näheres unter: www.pv-magazine.de, Suchwort: Stromflatrate.

Haushalt C

Haushalt C überlegt, ob es möglich sein könnte, die schlechte Wirtschaftlichkeit von Wärmepumpen bei ihrem Passivhaus mit einer Photovoltaikanlage zu verbessern.

64 % **Variante 10a:** Diese Variante entspricht bis auf den Autarkiegrad vollständig derjenigen von Haushalt B.

83 % **Variante 10b-1.1:** Als Wärmepumpe wählen die C's zunächst eine Erdwärmepumpe mit Sondenbohrung (→ Seite 134). Zunächst wird die kleine Photovoltaikanlage mit 3 Kilowatt-Peak betrachtet. Die benötigte Leistung der Wärmepumpe und damit der Preis sind erheblich niedriger. Auch die Sonde wird viel kürzer und günstiger. Gesamtkosten für Erdwärmepumpe, Flächenheizung und Solaranlage betragen circa 23.030 Euro. Im Neubau gibt es keine Bundesförderung für Einzelmaßnahmen (→ Seite 215), aber die eingesparten Kosten für eine Gasanlage werden abgezogen und es verbleiben circa 17.030 Euro. Die Autarkie bezogen auf Strom und Wärme erreicht gut 83 Prozent. Die Betriebskosten liegen bei circa 1.210 Euro

pro Jahr – gut über der Hälfte der Kosten ohne Photovoltaik und mit Gasanlage. Es werden circa 1.730 Kilowattstunden ins öffentliche Netz eingespeist. Die Anlage ist leider unwirtschaftlich. Die Umweltentlastung beträgt circa 2,2 Tonnen CO_2 pro Jahr.

115 % **Variante 10b-1.2:** Mit einer Photovoltaikanlage von 6 Kilowatt-Peak betragen die Gesamtkosten für Erdwärmepumpe, Flächenheizung und Solaranlage circa 27.730 Euro. Abzüglich der Kosten für eine Gasanlage verbleiben circa 21.730 Euro. Die Autarkie bezogen auf Strom und Wärme erreicht über 115 Prozent. Das heißt, ihre Photovoltaikanlage übertrifft den Bedarf für Wärmepumpen- und Haushaltsstrom um über 15 Prozent. Sie haben nun ein Plus-Energiehaus, allerdings nur in der Jahresbilanz. Im Winter kann die Photovoltaikanlage den Bedarf nicht decken. Dafür gibt es große Überschüsse im Sommerhalbjahr. Betriebskosten sinken auf circa 950 Euro pro Jahr. Es werden circa 4.250 Kilowattstunden ins öffentliche Netz eingespeist. Diese Anlage ist leider ebenfalls unwirtschaftlich. Die Umweltentlastung beträgt circa 3,7 Tonnen CO_2 pro Jahr. Das ist mehr, als die ursprüngliche Planung verursacht hat. Die Umweltbilanz dieser Variante ist nämlich negativ. Als Plusenergiehaus wirken sie als kleines, sauberes Kraftwerk und tragen dazu bei, den von Kohlekraftwerken stammenden Strom ein wenig zu verdrängen.

112 % **Variante 10b-1.3:** Verbesserung der Eigenstromnutzung durch einen 6-Kilowattstunden-Batteriespeicher lässt die Kosten für Haushalt C unter dem Strich auf circa 28.930 Euro steigen. Sie erhalten wieder ein Plusenergiehaus mit gut 12 Prozent Überschuss. Sie können nun circa 67 Prozent ihres Haushaltsstroms gewinnen. Es werden nur noch circa 2.890 Kilowattstunden ins öffentliche Netz eingespeist. Die Betriebskosten sinken weiter auf circa 830 Euro pro Jahr, aber die Anlage ist noch unwirtschaftlicher. Die Umweltentlastung sinkt etwas wegen der Verluste des Speichers auf circa 3,6 Tonnen CO_2 pro Jahr.

HINTERGRUND

Wärmepumpe im Winter

Wird eine Erdwärmepumpe in einem Altbau teilweise mit Photovoltaikstrom betrieben, so reicht dies ganzjährig für Warmwasser und in der Übergangszeit für die Heizung. Im Winter allerdings, wenn die Wärmepumpe den meisten Strom benötigt, wird sie vorwiegend mit Netzstrom betrieben, der heute noch zum großen Teil aus Kohlekraftwerken mit hoher Klimabelastung stammt. Mit zunehmendem Anteil der erneuerbaren Stromerzeugung ändert sich dies.

VORTEILE UND NACHTEILE

⊕ Wärmepumpe plus Photovoltaik

- Bewährte Technik
- Guter Primärenergiefaktor
- Feste Einspeisevergütung für 20 Jahre
- Kein Gasanschluss oder Brennstofflager nötig
- Kein Schornstein nötig
- Mittlere Wartungs- und keine Schornsteinfegerkosten
- Hohe Autarkie Wärme
- Geringe, mit Batteriespeicher mittlere Autarkie Strom
- Gute Fördermöglichkeiten für Wärmepumpe
- Förderung durch Land und Kommune für Batteriespeicher möglich
- Durch die Wärmepumpe Nutzung von Umweltenergie
- Durch die Photovoltaikanlage Nutzung von Sonnenenergie
- Bei geringem Wärmebedarf und großer Photovoltaikanlage wird Plusenergiehaus erreicht
- Erdwärmeanlagen können im Sommer kühlen.
- Unter günstigen Bedingungen ist wirtschaftlicher Betrieb möglich
- Bei guter Planung und Ausführung hohe Effizienz
- Zukunftsfähig
- Passt ins regenerative Versorgungssystem
- Klimaentlastung durch Nutzung von Umweltwärme und Verdrängung von Kohlestrom

⊖ Wärmepumpe plus Photovoltaik

- Luftwärmepumpe nur möglich, wenn Lärmbelästigung der Nachbarn ausgeschlossen ist
- Erdwärmepumpe nur möglich, wenn der Untergrund geologisch geeignet ist
- Für kleine Leistungen gibt es keine Erdwärmeanlagen auf dem Markt.
- Dach muss für Photovoltaikanlage geeignet sein
- Gute Planung und Ausführung nötig
- Für hohe Jahresarbeitszahl ist Einbau einer Flächenheizung nötig
- Abhängigkeit von Stromlieferanten
- Wärmepumpen-Sondertarif nicht immer möglich
- Strompreise können steigen
- Im Winter kann die Photovoltaikanlage den Bedarf nicht vollständig decken.
- Mittlere bis hohe Kosten
- Belastung des Stromnetzes im Winter

82 % **Variante 10c-1:** Wie sieht es bei einem Zentralgerät mit einer Luft-Luft-Wärmepumpe aus? Die Mehrkosten gegenüber der reinen Lüftungsanlage mit Wärmerückgewinnung betragen etwa 10.000 Euro. Die Investitionskosten im Fall der kleinen Photovoltaikanlage sinken unter dem Strich auf circa 10.300 Euro, denn die Mehrkosten der Photovoltaik entsprechen fast den eingesparten Kosten der Gasanlage. Autarkie bezogen auf Strom und Wärme erreicht knapp 82 Prozent. Betriebskosten steigen im Vergleich zu Variante 10b-1.1 um ganz wenig auf circa 1.240 Euro pro Jahr. Es werden circa 1.720 Kilowattstunden ins öffentliche Netz eingespeist. Die Anlage amortisiert sich in gut 13 Jahren und es verbleiben über 20 Jahre gut 5.000 Euro. Die Umweltentlastung beträgt circa 2,1 Tonnen CO_2 pro Jahr.

113 % **Variante 10c-2:** Bei der großen Photovoltaikanlage betragen die Kosten unter dem Strich circa 15.000 Euro. Die Autarkie bezogen auf Strom und Wärme erreicht gut 113 Prozent. Auch diese Variante führt zu einem ein Plus-Energiehaus in der Jahresbilanz. Die Betriebskosten sinken auf circa 980 Euro pro Jahr. Es werden circa 4.240 Kilowattstunden ins öffentliche Netz eingespeist. Die Anlage amortisiert sich in knapp 15 Jahren und es verbleiben über 20 Jahre knapp 6.000 Euro. Die Umweltentlastung beträgt circa 3,6 Tonnen CO_2 pro Jahr – auch bei dieser Variante wird Kohlestrom verdrängt.

111 % **Variante 10c-3:** Verbesserung der Eigenstromnutzung durch einen 6-Kilowattstunden-Batteriespeicher lässt die Kosten für Haushalt C unter dem Strich auf circa 22.200 Euro steigen. Sie erhalten wieder ein Plusenergiehaus mit knapp 11 Prozent Überschuss. Sie können auch in diesem Fall circa 67 Prozent ihres Haushaltsstroms gewinnen. Es werden nur noch circa 2.860 Kilowattstunden ins öffentliche Netz eingespeist. Betriebskosten sinken weiter auf circa 870 Euro pro Jahr, aber die Anlage liegt mit knapp 20 Jahren Amortisationszeit an der Grenze der Wirtschaftlichkeit. Die Umweltentlastung sinkt etwas wegen der Verluste des Speichers auf circa 3,5 Tonnen CO_2 pro Jahr.

Fazit: Die Brauchwasserwärmepumpe mit Photovoltaikanlage gekoppelt ist auch für die C's weniger sinnvoll. Kürzere Amortisa-

CHECKLISTE

Wärmepumpe plus Photovoltaik

- ☐ Haben Sie einen hohen oder einen niedrigen Wärmebedarf?
- ☐ Beachten Sie bitte die Checklisten zu „Photovoltaik" (→ Seite 50) und „Wärmepumpe" (→ Seite 152) und gegebenenfalls „Speicher" (→ Seite 72).

tionszeiten erreichen sie mit den Varianten mit Zentralgerät ohne Batteriespeicher. Bei vergleichbaren Investitionskosten ergibt sich eine größere Einsparung über 20 Jahre. Unwirtschaftlich sind alle Varianten mit Erdwärmepumpe bei etwas höheren Autarkiewerten.

Die Wirtschaftlichkeit durch Kopplung mit einer Photovoltaikanlage ist schlechter als die eines reinen Zentralgeräts, aber erheblich besser als die Kopplung mit einer thermischen Solaranlage. Insbesondere die große Photovoltaikanlage ohne Batteriespeicher mit Zentralgerät ist zu empfehlen. Diese führt zum Plusenergiehaus mit hoher Autarkie in Bezug auf Strom und Wärme und ist nur etwas weniger wirtschaftlich als die Kombination mit kleiner Photovoltaikanlage. Der Batteriespeicher erhöht die Autarkie Strom deutlich, führt aber fast zur Unwirtschaftlichkeit.

Ausgeklügelte Regelungen

Die hier beschriebenen Systeme der Beispielhaushalte sind recht komplex, erst recht, wenn Sie weiterhin die Kopplung mit einer thermischen Solaranlage betreffen (→ nächstes Unterkapitel). Sie benötigen deswegen eine Regelung, die die Komponenten passend zueinander schaltet, beispielsweise sollte die Wärmepumpe möglichst weitgehend mit Strom aus der Photovoltaikanlage versorgt werden. Die SG-Ready-Schnittstelle ist dafür eine einfache Möglichkeit (→ Seite 184), es gibt jedoch ausgeklügelte Regelungen, die der Wärmepumpe vorgeben, mit welcher Leistung sie arbeiten darf. Das geht allerdings nur bei Wärmepumpen mit Invertertechnik (→ Seite 133). Auch muss die Regelung merken, ob Wärmebedarf vorliegt, ob die thermische Solaranlage vermutlich in nächster Zeit Wärme liefern kann, ob Solarstrom zu erwarten ist. Es gibt Regelungen, die eine solche Wetterprognose enthalten.
Es besteht weiterhin die Möglichkeit, diese Regelungsanlage mit der gesamten Haustechnik zu vernetzen und durch Ihr Smartphone zu steuern (Smarthome → Seite 73 – mehr dazu → **www.verbraucherzentrale.de**, Suchwort: Smarthome). Fragen Sie Ihren Haustechniker, ob er Erfahrung mit solch komplexen Systemen hat und ob es möglicherweise sogar Referenzobjekte zur Besichtigung gibt. Ideal ist eine Firma, die alle Maßnahmen durchführt.

Erdwärmepumpe plus thermische Solaranlage plus Photovoltaik

Die Kopplung einer Erdwärmepumpe mit einer thermischen Solaranlage verringert den Strombedarf der Wärmepumpe. Einerseits nutzen Sie direkt die Wärme des Sonnenkollektors für Warmwasserbereitung und Heizungsunterstützung. Dadurch verringert sich die Wärmemenge, die die Wärmepumpe liefern muss. Andererseits gibt es Überschüsse des Sonnenkollektors, die über die Erdsonde ins Erdreich geleitet werden und so die Erdreichtemperatur anheben. Dann arbeitet die Wärmepumpe mit einer höheren Wärmequellentemperatur, was die Jahresarbeitszahl verbessert (→ Seite 174).

Da liegt es nahe, den benötigten Strom zum Teil mit einer Photovoltaikanlage zu gewinnen (→ Seite 184). So kann das Dach optimal genutzt werden, es wird besonders viel von der auf das Haus fallenden Sonnenenergie als Strom und Wärme genutzt und so der Autarkiegrad vergrößert. Die dazu nötigen Techniken sind in den beiden vorigen Kapiteln beschrieben worden.

Beide Anlagen benötigen jedoch Platz. Da kann es auf dem Dach eng werden. Da bietet sich die doppelte Nutzung der Dachfläche mit speziell für diesen Zweck konstruierten Hybridkollektoren an (→ Abb. 41). Solche PVT-Kollektoren bestehen aus Solarmodulen mit darunter angebrachten Wasserroh-

Abb. 41: PVT-Kollektor

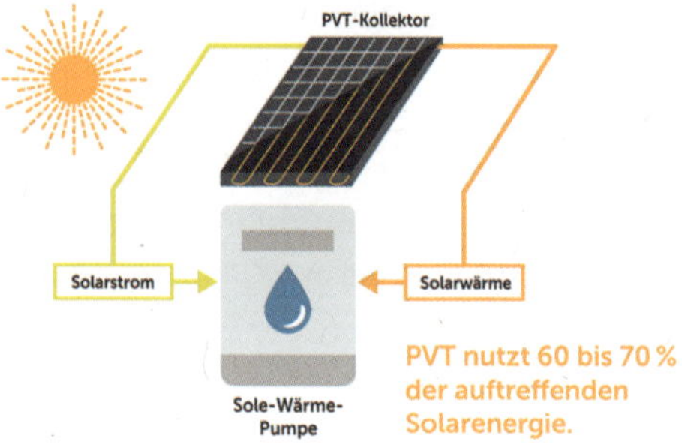

Abb. 42: Sonnennutzung durch PVT

ren, die einerseits die Module kühlen und so die Stromausbeute erhöhen und andererseits eine gute Wärmequelle für eine Wärmepumpe darstellen.

PVT nutzt etwa 60 bis 70 Prozent der auffallenden Sonnenenergie. Das ist erheblich mehr als übliche Sonnenkollektoren, die maximal 50 Prozent, und Photovoltaikmodule, die circa 15 bis 20 Prozent erreichen (→ Abb. 42).

Ein typischer PVT-Kollektor hat eine Fläche von circa 1,6 Quadratmetern, eine elektrische Leistung von circa 325 Watt (entsprechend einem Standardmodul) und eine thermische Leistung von circa 724 Watt. Ein solcher Kollektor liefert typischerweise knapp 830 Kilowattstunden pro Jahr Wärme und gut 290 Kilowattstunden pro Jahr Strom. Er kann als Wärmequelle für eine Wärmepumpe circa 14 Meter Sondenbohrung ersetzen.

Eine Erdwärmepumpe kann bereits mit geringen Temperaturen aus dem PVT-Kollek-

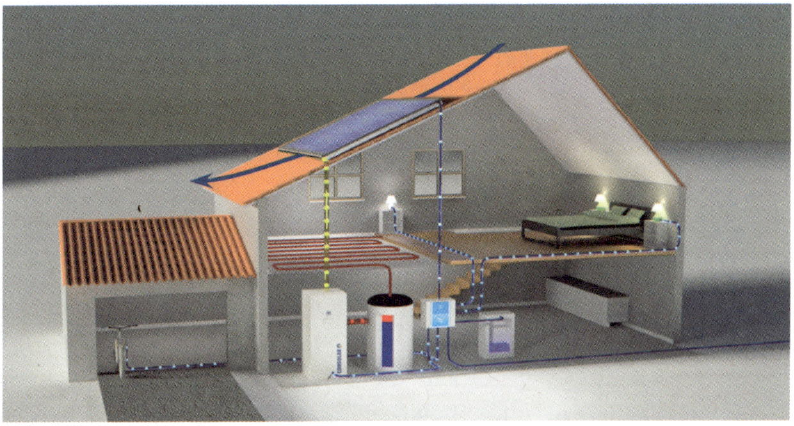

Abb. 43: Einbindung von PVT in die Haustechnik

tor eine gute Jahresarbeitszahl erzielen. Der PVT-Kollektor nutzt deswegen nicht nur die auffallende Sonnenstrahlung, sondern auch die in der Umgebungsluft enthaltene Wärme aus. Abb. 43 und 44 zeigen schematisch die Einbindung in die Haustechnik.

Über die gelben Rohre gewinnt die Wärmepumpe die Umgebungsenergie und über die blauen Leitungen wird eine Wärmepumpe, der Haushalt und gegebenenfalls eine Ladestation für ein Elektroauto mit Strom versorgt. Auch ein Batteriespeicher kann integriert werden.

Diese Technik ist in Deutschland noch nicht sehr verbreitet. Im europäischen Ausland gibt es bereits mehr Anlagen. Das Fraunhofer Institut ISE hat das Projekt „Integrate" gestartet, um PVT-Anlagen bekannter zu machen: **www.ise.fraunhofer.de**, Suchwort: Integrate. Auf diesen Seiten finden Sie auch einen Katalog mit ausgeführten Anlagen und zugehörigen Messwerten.

Falls die Dachfläche ausreicht, ist keine Sondenbohrung erforderlich. So bieten PVT-Kollektoren die Möglichkeit, hocheffiziente Wärmepumpenanlagen ohne Geräuschbelästigung, Probleme mit Nachbarn oder Genehmigung von Erdbohrungen zu installieren. Mit ausreichender Dachfläche können Anlagen auch im Wasserschutzgebiet oder geologisch sensiblen Bereichen realisiert werden. Ist das Dach größer als die für PVT benötigte Fläche, so bietet es sich an, die restliche geeignete Dachfläche mit herkömmlichen Solarmodulen zu belegen, um möglichst viel Sonnenstrom zu ernten und eine möglichst hohe Autarkie zu erreichen.

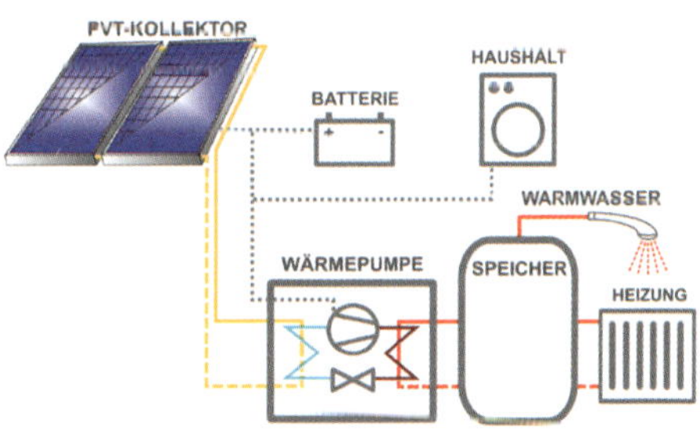

Abb. 44: Schema einer Wärmepumpe mit PVT-Kollektor

Beispielvarianten

Die Beispielhaushalte testen auch hier wieder zahlreiche Varianten. Die Grundannahmen entsprechen denjenigen in den Abschnitten „Photovoltaik" (→ Seite 37) „Thermische Solaranlage" (→ Seite 96) und „Wärmepumpe" (→ Seite 129). Es werden nur Varianten mit Flächenheizung betrachtet (→ Seite 150). Photovoltaikanlagen werden durch die BEG nicht gefördert. Das gilt auch für den Photovoltaik-Anteil des PVT-Kollektors. Speicherverluste werden bei den Wirtschaftlichkeitsberechnungen, der Autarkie und der Umweltbelastung berücksichtigt, wobei die Autarkie sinkt und die Umweltbelastung steigt. Die Ergebnisse der Beispielvarianten sehen Sie in Tabelle 10 im Internet und Sie können die **interaktive Tabelle 10** nutzen, um Ihre eigenen Daten einzugeben (Download → Seite 7). Oder Sie berechnen es selbst: Auf den Seiten 43 und 47 finden Sie Tipps zur Anpassung der Ergebnisse für andere Investitionskosten und andere solare Einstrahlungen.

Haushalt A

Die A's möchten ihre Erdwärmepumpe mit einer thermischen Solaranlage unterstützen und den Wärmepumpenstrom zum Teil mit einer Photovoltaikanlage gewinnen.

92 % **Variante 11a-1:** Haushalt A baut sich eine Erdwärmepumpe und eine Heizungsunterstützungsanlage mit 12 Quadratmetern Flachkollektor ein. Der Strom für die Wärmepumpe soll zum Teil von einer 4-Kilowatt-Peak-Photovoltaikanlage geliefert werden. Die thermische Solaranlage verringert die benötigte Leistung der Wärmepumpe auf 6,2 Kilowatt und die Länge der Sondenbohrung auf 130 Meter. Dadurch wird die Wärmepumpenanlage günstiger und die Gesamtkosten für Erdwärmepumpe, Flächenheizung und Solaranlagen betragen circa 61.340 Euro. Davon wird die Bundesförderung und ein Instandhaltungsanteil (→ Seite 260) abgezogen und es verbleiben circa 31.010 Euro. Die Autarkie bezogen auf Strom und Wärme erreicht knapp 92 Prozent. Die Betriebskosten belaufen sich auf circa 1.830 Euro pro Jahr – ein gutes Drittel ihrer derzeitigen Kosten für Wärme und Strom. Es werden circa 2.240 Kilowattstunden ins öffentliche Netz eingespeist. Die Anlage amortisiert sich in knapp 9 Jahren und es verbleiben über 20 Jahre gut 38.000 Euro. Die Umweltentlastung beträgt circa 9,1 Tonnen CO_2 pro Jahr.

103 % **Variante 11a-2:** Setzen sich die A's die größere Photovoltaikanlage mit 8 Kilowatt-Peak aufs Dach, so betragen die Gesamtkosten für Erdwärmepumpe, Flächenheizung und Solaranlage circa 66.640 Euro. Davon wird die Bundesförderung und ein Instandhaltungsanteil abgezogen und es verbleiben circa 36.310 Euro. Autarkie bezogen auf Strom und Wärme erreicht gut 103 Pro-

zent. Haushalt A hat nun in der Jahresbilanz ein Plusenergiehaus. Das heißt allerdings nicht, dass sie die Stromleitungen kappen können. Im Winter benötigt die Wärmepumpe nach wie vor Netzstrom. Im Sommer dagegen sind die Überschüsse groß und werden ins Netz eingespeist. Die Betriebskosten sinken auf circa 1.480 Euro pro Jahr. Es werden circa 5.600 Kilowattstunden ins öffentliche Netz eingespeist. Die Anlage amortisiert sich in knapp 10 Jahren und es verbleiben über 20 Jahre gut 40.000 Euro. Die Umweltentlastung beträgt circa 11,1 Tonnen CO_2 pro Jahr. Das ist mehr als im Ist-Zustand. Die Umweltbilanz dieser Variante ist nämlich negativ, das heißt, durch den überschüssigen Photovoltaikstrom wird Kohlestrom verdrängt.

102 % **Variante 11a-3:** Die A's fragen sich, ob es sinnvoll ist, einen Batteriespeicher einzubauen, um nicht mehr so viel Strom ins Netz einzuspeisen. Sie entscheiden sich für ein Gerät mit 8 Kilowattstunden Speicherkapazität. Dadurch steigen ihre Kosten unter dem Strich auf circa 45.110 Euro. Die Autarkie bezogen auf Strom und Wärme beträgt gut 102 Prozent. Sie können nun circa 67 Prozent ihres Haushaltsstroms gewinnen. Es werden nur noch circa 3.710 Kilowattstunden ins öffentliche Netz eingespeist. Die Betriebskosten sinken auf circa 1.270 Euro pro Jahr. Die Anlage amortisiert sich wegen der hohen Investitionskosten erst in gut 11 Jahren und es verbleiben über 20 Jahre gut 35.000 Euro. Die Umweltentlastung sinkt wegen der Verluste des Speichers auf circa 10,9 Tonnen CO_2 pro Jahr – immer noch mehr als im Ist-Zustand.

92 % **Variante 11b-1:** Haushalt A möchte nicht in die Erde bohren und entscheidet sich für PVT-Kollektoren. Die Leistung der Wärmepumpe wird durch sie nicht verringert, da sie nicht direkt Warmwasser und Heizungswärme bereitstellen können, sondern nur über die Wärmepumpe. Diese benötigt 10,6 Kilowatt und ist dadurch teurer. Allerdings entfallen die Sondenkosten. Als Wärmequelle benötigt die Wärmepumpe 28,8 Quadratmeter PVT-Kollektoren, die eine Solarstromleistung von 5,8 Kilowatt-Peak zur Verfügung stellen. Von den Kosten der PVT-Anlage wird nur der thermische Anteil im Rahmen der BEG gefördert. Die A's müssen unter dem Strich Investitionskosten von circa 44.550 Euro aufbringen. Ihre Autarkie bezogen auf Strom und Wärme erreicht knapp 92 Prozent. Die Betriebskosten steigen im Vergleich zu Variante 11a-1 auf circa 2.290 Euro pro Jahr. Es werden circa 4.020 Kilowattstunden ins öffentliche Netz eingespeist. Die Anlage amortisiert sich in knapp 15 Jahren und es verbleiben über 20 Jahre knapp 16.000 Euro. Die Umweltentlastung beträgt circa 9,1 Tonnen CO_2 pro Jahr.

108 % **Variante 11b-2:** Das Süddach der A's ist circa 66 Quadratmeter groß. Es

bleibt neben der PVT-Anlage noch Platz für 5,6 Kilowatt-Peak Photovoltaik, sodass sich eine Gesamtleistung von 11,4 Kilowatt-Peak ergibt. Nun betragen die Kosten unter dem Strich circa 54.750 Euro. Die Autarkie bezogen auf Strom und Wärme erreicht gut 108 Prozent, dies entspricht einem Plusenergiehaus. Die Betriebskosten sinken auf circa 1.800 Euro pro Jahr. Es werden circa 8.610 Kilowattstunden ins öffentliche Netz eingespeist. Die Anlage amortisiert sich in knapp 16 Jahren und es verbleiben über 20 Jahre gut 15.000 Euro. Die Umweltentlastung beträgt circa 11,9 Tonnen CO_2 pro Jahr. Durch den überschüssigen Photovoltaikstrom wird Kohlestrom verdrängt.

107 % **Variante 11b-3:** Auch diese Anlage wird durch einen 8-Kilowattstunden-Batteriespeicher ergänzt. Dadurch steigen ihre Kosten unter dem Strich auf circa 63.550 Euro. Die Autarkie bezogen auf Strom und Wärme beträgt gut 107 Prozent, was einem Plusenergiehaus entspricht. Sie können in diesem Fall gut 73 Prozent ihres Haushaltsstroms gewinnen. Es werden nur noch circa 6.440 Kilowattstunden ins öffentliche Netz eingespeist. Die Betriebskosten sinken auf circa 1.520 Euro pro Jahr. In diesem Fall erhöht sich die Amortisationszeit auf knapp 17 Jahre und es verbleibt weniger über 20 Jahre, nämlich gut 12.000 Euro. Die Umweltentlastung sinkt wegen der Verluste des Speichers auf circa 11,7 Tonnen CO_2 pro Jahr.

Fazit: Die Kopplung Wärmepumpe mit thermischer Solaranlage und Photovoltaik ist für die A's ein sinnvolles System. Die kleine und die große Photovoltaikanlage sind fast gleich wirtschaftlich, aber mit der großen Anlage erzielen sie eine wesentlich höhere Autarkie und Umweltentlastung. Sie haben dann in der Jahresbilanz ein Plusenergiehaus.

Die Wirtschaftlichkeit durch Kopplung mit der thermischen Solaranlage verbessert die Wirtschaftlichkeit der Erd-Wärmepumpen gegenüber der Kopplung nur mit Photovoltaikanlage und sie sind sogar noch günstiger in den Investitionskosten.

Die Anlagen mit PVT-Kollektor sind teurer und unwirtschaftlicher als diejenigen mit herkömmlichen Kollektoren, bringen aber eine höhere Autarkie und bei voll belegtem Dach auch eine höhere Umweltentlastung. Haushalt A kann dann bei guter Wirtschaftlichkeit auf Erdbohrungen verzichten.

Ein Batteriespeicher erhöht die Autarkie Strom deutlich, verschlechtert aber die Wirtschaftlichkeit.

Haushalt B

Im Rahmen ihrer Umbauplanungen möchten auch die B's eine mit thermischer Solaranlage gekoppelte Erdwärmepumpe einbauen und diese mit einer Photovoltaikanlage betreiben.

91 % **Variante 11a-1:** Haushalt B baut sich eine Erdwärmepumpe und eine Heizungsunterstützungsanlage mit 12 Quadratmetern Flachkollektor ein. Der Strom für die Wärmepumpe soll zum Teil von einer 3-Kilowatt-Peak-Photovoltaikanlage geliefert werden. Die thermische Solaranlage verringert die benötigte Leistung der Wärmepumpe auf 4,1 Kilowatt und die Länge der Sondenbohrung auf 80 Meter. Dadurch wird die Wärmepumpenanlage günstiger und die Gesamtkosten für Erdwärmepumpe, Flächenheizung und Solaranlagen betragen circa 47.740 Euro. Davon wird die Bundesförderung und ein Instandhaltungsanteil (→ Seite 260) abgezogen und es verbleiben circa 18.740 Euro. Die Autarkie bezogen auf Strom und Wärme erreicht knapp 91 Prozent, die Betriebskosten belaufen sich auf circa 1.340 Euro pro Jahr – gut 40 Prozent ihrer derzeitigen Kosten für Wärme und Strom. Es werden circa 1.710 Kilowattstunden ins öffentliche Netz eingespeist. Die Anlage amortisiert sich in gut 10 Jahren und es verbleiben über 20 Jahre gut 17.000 Euro. Die Umweltentlastung beträgt circa 4,4 Tonnen CO_2 pro Jahr.

106 % **Variante 11a-2:** Setzen sich die B's die größere Photovoltaikanlage mit 6 Kilowatt-Peak aufs Dach, so betragen die Gesamtkosten für Erdwärmepumpe, Flächenheizung und Solaranlage circa 52.440 Euro. Davon wird die Bundesförderung und ein Instandhaltungsanteil abgezogen und es verbleiben circa 23.440 Euro. Autarkie bezogen auf Strom und Wärme erreicht knapp 106 Prozent. Auch Haushalt B hat nun in der Jahresbilanz ein Plusenergiehaus. Betriebskosten sinken auf circa 1.080 Euro pro Jahr. Es werden circa 4.230 Kilowattstunden ins öffentliche Netz eingespeist. Die Anlage amortisiert sich in gut 11 Jahren und es verbleiben über 20 Jahre knapp 18.000 Euro. Die Umweltentlastung beträgt circa 5,9 Tonnen CO_2 pro Jahr. Durch den überschüssigen Photovoltaikstrom wird Kohlestrom verdrängt.

105 % **Variante 11a-3:** Die B's bauen einen Batteriespeicher ein, um nicht mehr so viel Strom ins Netz einzuspeisen. Sie entscheiden sich für ein Gerät mit 6 Kilowattstunden Speicherkapazität. Dadurch steigen ihre Kosten unter dem Strich auf circa 30.640 Euro. Autarkie bezogen auf Strom und Wärme ist bei knapp 105 Prozent. Sie können nun circa 67 Prozent ihres Haushaltsstroms decken. Es werden nur noch circa 2.840 Kilowattstunden ins öffentliche Netz eingespeist. Die Betriebskosten sinken auf circa 960 Euro pro Jahr. Die Anlage amortisiert sich wegen der hohen Investitionskosten erst in circa 14 Jahren und es verbleiben über 20 Jahre gut 13.000 Euro. Die Umweltentlastung sinkt wegen der Verluste des Speichers auf circa 5,8 Tonnen CO_2 pro Jahr – immer noch mehr als im Ist-Zustand.

89 % **Variante 11b-1:** Auch Haushalt B traut der Erdbohrung nicht und entscheidet sich für PVT-Kollektoren. Die Leistung der Wärmepumpe wird durch sie nicht verringert. Die Wärmepumpe benötigt 7,3 Kilowatt und ist dadurch teurer. Es entstehen keine Sondenkosten. Als Wärmequelle benötigt die Wärmepumpe 19,7 Quadratmeter PVT-Kollektoren, die eine Solarstromleistung von 4,0 Kilowatt-Peak zur Verfügung stellen. Die B's müssen unter dem Strich Investitionskosten von circa 24.600 Euro aufbringen. Die Autarkie bezogen auf Strom und Wärme erreicht gut 89 Prozent. Die Betriebskosten steigen im Vergleich zu Variante 11a-1 auf circa 1.710 Euro pro Jahr. Es werden circa 2.730 Kilowattstunden ins öffentliche Netz eingespeist. Die Anlage amortisiert sich in gut 17 Jahren. Die Umweltentlastung beträgt circa 4,2 Tonnen CO_2 pro Jahr.

124 % **Variante 11b-2:** Auch das Süddach der B's ist circa 66 Quadratmeter groß. Es bleibt neben der PVT-Anlage noch Platz für 6,9 Kilowatt-Peak Photovoltaik, sodass sich eine Gesamtleistung von 10,9 Kilowatt-Peak ergibt. Nun betragen die Kosten unter dem Strich circa 36.700 Euro. Autarkie bezogen auf Strom und Wärme erreicht knapp 124 Prozent, dies entspricht einem Plusenergiehaus. Betriebskosten sinken auf circa 1.040 Euro pro Jahr. Es werden circa 8.140 Kilowattstunden ins öffentliche Netz eingespeist. Die Anlage amortisiert sich in gut 17 Jahren. Die Umweltentlastung beträgt circa 7,7 Tonnen CO_2 pro Jahr. Durch den überschüssigen Photovoltaikstrom wird Kohlestrom verdrängt.

122 % **Variante 11b-3:** Auch diese Anlage wird durch einen 6-Kilowattstunden-Batteriespeicher ergänzt. Dadurch steigen ihre Kosten unter dem Strich auf circa 43.900 Euro. Autarkie bezogen auf Strom und Wärme liegt bei gut 122 Prozent, was einem Plusenergiehaus entspricht. Sie können in diesem Fall circa 76 Prozent ihres Haushaltsstroms decken. Es werden nur circa 6.880 Kilowattstunden ins öffentliche Netz eingespeist. Die Betriebskosten sinken auf circa 940 Euro pro Jahr. Diese Anlage ist mit knapp 20 Jahren Amortisation nahezu unwirtschaftlich. Die Umweltentlastung sinkt wegen der Verluste des Speichers auf circa 7,5 Tonnen CO_2 pro Jahr. Durch den überschüssigen Photovoltaikstrom wird Kohlestrom verdrängt.

Fazit: Die Kopplung von Wärmepumpe mit thermischer Solaranlage und Photovoltaik ist auch für die B's ein sinnvolles System. Sie erzielen allerdings erheblich kleinere Einsparungen, da ihre Anlage nicht so hohe Verluste hat wie diejenige der A's.

Die kleine und die große Photovoltaikanlage sind auch in diesem Fall fast gleich wirtschaftlich, aber mit der großen Anlage erzielt Haushalt B eine wesentlich höhere

Autarkie und Umweltentlastung. Auch die B's haben dann in der Jahresbilanz ein Plusenergiehaus.

Die Wirtschaftlichkeit durch Kopplung mit der thermischen Solaranlage verbessert die Wirtschaftlichkeit von Erd-Wärmepumpen gegenüber der Kopplung nur mit einer Photovoltaikanlage bei in etwa gleichen Investitionskosten.

Die Anlagen mit PVT-Kollektor sind teurer und unwirtschaftlicher als diejenigen mit herkömmlichen Kollektoren, bringen aber eine höhere Autarkie und bei voll belegtem Dach auch eine höhere Umweltentlastung. Haushalt B kann dann wie gewünscht bei grenzwertiger Wirtschaftlichkeit auf Erdbohrungen verzichten. Der Batteriespeicher erhöht die Autarkie Strom deutlich, verschlechtert aber die Wirtschaftlichkeit. In Kombination mit der PVT-Anlage führt das fast zur Unwirtschaftlichkeit.

Haushalt C

Haushalt C sucht für sich nach der Möglichkeit, die schlechte Wirtschaftlichkeit von Wärmepumpen bei ihrem Passivhaus mit einer thermischen Solaranlage und einer Photovoltaikanlage zu verbessern. Erdwärmepumpenanlagen mit so kleiner Leistung, wie sie das Haus der C's benötigt, wenn eine thermische Solaranlage einen Großteil der Wärme liefert, sind auf dem Markt nicht verfügbar. Die Varianten 11a entfallen daher.

Denkbar wäre der Einbau einer etwas größeren Sole-Wasser-Wärmepumpe ohne die Kombination mit einer thermischen Solaranlage. Diese Wärmepumpe nutzt dann als Wärmequelle nicht das Erdreich, sondern PVT-Kollektoren.

69 % **Variante 11b-1:** Auch Haushalt C traut der Erdbohrung nicht und entscheidet sich für PVT-Kollektoren. Die Leistung der Wärmepumpe wird durch sie nicht verringert. Die Wärmepumpe benötigt 2,8 Kilowatt. Es entstehen keine Sondenkosten. Als Wärmequelle benötigt die Wärmepumpe 7,5 Quadratmeter PVT-Kollektoren, die eine Solarstromleistung von nur 1,5 Kilowatt-Peak zur Verfügung stellen. Eine Bundesförderung für Einzelmaßnahmen gibt es im Neubau nicht, nur für nachhaltige Effizienzhäuser (→ Seite 215). Sie können jedoch die wegfallenden Kosten für die Gasanlage abziehen. Haushalt C muss unter dem Strich Investitionskosten von circa 14.130 Euro aufbringen. Die Autarkie bezogen auf Strom und Wärme erreicht gut 69 Prozent. Die Betriebskosten betragen circa 1.380 Euro pro Jahr. Es werden circa 680 Kilowattstunden ins öffentliche Netz eingespeist. Die Anlage ist unwirtschaftlich. Die Umweltentlastung beträgt circa 1,5 Tonnen CO_2 pro Jahr.

162 % **Variante 11b-2:** Auch das Süddach der C's wird circa 66 Quadratmeter groß werden. Neben die PVT-Anlage passen noch

8,8 Kilowatt-Peak Photovoltaik, sodass sich eine Gesamtleistung von 10,3 Kilowatt-Peak ergibt. Nun betragen die Kosten unter dem Strich circa 28.030 Euro. Die Autarkie bezogen auf Strom und Wärme erreicht circa 162 Prozent, dies entspricht einem Plusenergiehaus. Die Betriebskosten sinken auf circa 520 Euro pro Jahr. Circa 7.500 Kilowattstunden gehen ins öffentliche Netz. Die Anlage amortisiert sich in knapp 19 Jahren. Die Umweltentlastung beträgt circa 6 Tonnen CO_2 pro Jahr. Durch den überschüssigen Photovoltaikstrom wird Kohlestrom verdrängt.

159 % **Variante 11b-3:** Auch diese Anlage wird durch einen 6-Kilowattstunden-Batteriespeicher ergänzt. Dadurch steigen ihre Kosten unter dem Strich auf circa 35.230 Euro. Autarkie bezogen auf Strom und Wärme beträgt knapp 159 Prozent, was einem Plusenergiehaus entspricht. Sie können in diesem Fall circa 75 Prozent ihres Haushaltsstroms decken. Es werden nur noch circa 6.580 Kilowattstunden ins öffentliche Netz eingespeist. Die Betriebskosten sinken auf circa 480 Euro pro Jahr. Diese Anlage ist unwirtschaftlich.

Die Umweltentlastung sinkt wegen der Verluste des Speichers auf circa 5,8 Tonnen CO_2 pro Jahr. Durch den überschüssigen Photovoltaikstrom wird Kohlestrom verdrängt.

Fazit: Die Kopplung Wärmepumpe mit thermischer Solaranlage und Photovoltaik ist für die C's nur in der Form einer Anlage mit PVT-Kollektor realisierbar.

Eine Anlage mit PVT-Kollektor und zusätzlich voll mit Photovoltaik belegtem Süddachs ist zwar teuer, amortisiert sich aber noch in absehbarer Zeit. So erzielen sie eine sehr hohe Autarkie als Plusenergiehaus und auch eine hohe Umweltentlastung. Die C's können dann wie gewünscht auf Erdbohrungen verzichten.

Der Batteriespeicher erhöht die Autarkie Strom deutlich, führt aber zur Unwirtschaftlichkeit.

CHECKLISTE

Wärmepumpe plus thermische Solaranlage plus Photovoltaik

- ☐ Beachten Sie bitte die Checklisten zu „Photovoltaik“ (→ Seite 50) und „Wärmepumpe“ (→ Seite 152) sowie „thermische Solaranlage“ (→ Seite 113) und gegebenenfalls „Speicher“ (→ Seite 72).

VORTEILE UND NACHTEILE

+ Erdwärmepumpe plus thermische Solaranlage

- Bewährte Technik
- Guter Primärenergiefaktor
- Feste Einspeisevergütung für 20 Jahre
- Kein Gasanschluss oder Brennstofflager und Schornstein nötig
- Bei PVT-Kollektor keine (oder eine wesentlich kleinere) Erdbohrung nötig
- PVT-Kollektor nutzt die Sonnenstrahlung besonders effizient
- PVT-Kollektor und zusätzliche Photovoltaikanlage nutzen die Dachfläche vollständig
- Mittlere Wartungs- und keine Schornsteinfegerkosten
- Hohe Autarkie Wärme
- Mittlere, mit Batteriespeicher hohe Autarkie Strom, Plusenergiehaus möglich
- Gute Fördermöglichkeiten für Wärmepumpe
- Förderung durch Land und Kommune für Batteriespeicher möglich
- Durch die Wärmepumpe Nutzung von Umweltenergie
- Durch die thermische Solaranlage und die Photovoltaikanlage Nutzung von Sonnenenergie
- Erdwärmeanlagen können im Sommer kühlen.
- Wirtschaftlicher Betrieb möglich
- Bei guter Planung und Ausführung hohe Effizienz
- Zukunftsfähig, passt ins regenerative Versorgungssystem
- Klimaentlastung durch Nutzung von Umweltwärme und Verdrängung von Kohlestrom

− Erdwärmepumpe plus thermische Solaranlage

- Erdwärmepumpe nur möglich, wenn der Untergrund geologisch geeignet ist oder mit PVT-Kollektor
- Dach muss für thermische Solaranlage und Photovoltaikanlage oder PVT-Kollektor geeignet und ausreichend groß sein
- Hohe Investitionskosten
- Insbesondere PVT-Kollektor ist teuer
- Für kleine Leistungen gibt es keine Erdwärmeanlagen auf dem Markt.
- Gute Planung und Ausführung nötig
- Für hohe Jahresarbeitszahl ist Einbau einer Flächenheizung nötig
- Komplexes System benötigt gute Regelung und Energiemanagementsystem
- Abhängigkeit von Stromlieferanten
- Wärmepumpen-Sondertarif nicht immer möglich
- Strompreise können steigen
- Im Winter kann die thermische Solaranlage und die Photovoltaikanlage den Bedarf nicht vollständig decken.
- Belastung des Stromnetzes im Winter

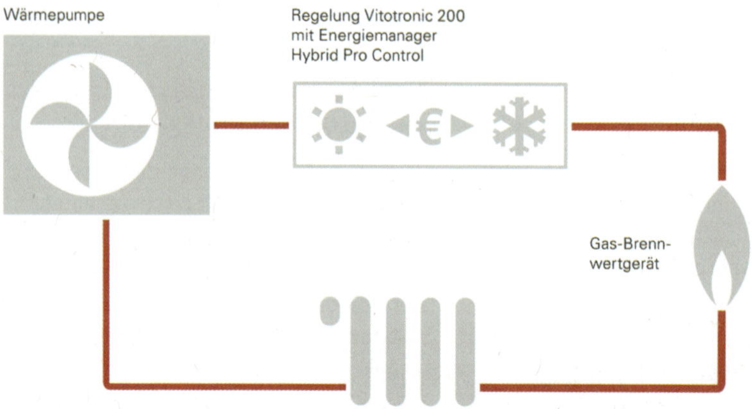

Abb. 45: Schema einer Hybridwärmepumpe, bestehend aus Luft-Wärmepumpe und Brennwertgerät

Hybridwärmepumpe

Eine Luft-Wasser-Wärmepumpe ist im kältesten Winter nicht sehr effizient. Sie benötigt Unterstützung durch eine weitere Wärmequelle – diese Kombination wird Hybridwärmepumpe genannt. Sie besteht aus einem Heizkessel (meist ein Gas-Brennwertgerät), der über eine intelligente Regelung mit einer Luft-Wasser-Wärmepumpe gekoppelt ist. Diese Regelung errechnet anhand des Gas- und Strompreises sowie der Temperaturbedingungen, ob es günstiger ist, mit dem Brennwertkessel zu heizen oder die Wärmepumpe zu nutzen.

Es gibt wandhängende Geräte, die direkt gegen eine Heiztherme ausgetauscht werden können – nur die Außeneinheit mit Ventilator und Verdampfer muss über dünne Kühlmittelleitungen angeschlossen werden. Andere Hersteller bieten zwei getrennte Geräte an. Auch vorhandene Öl- oder Gasheizungen können über spezielle Regelungen mit der entsprechenden Luft-Wasser-Wärmepumpe gekoppelt werden. Wegen des Brennwertkessels kann die Wärmepumpe im günstigen Bereich betrieben werden und erreicht dadurch hohe Arbeitszahlen (JAZ → Seite 130). Außerdem ist es nun möglich, ein Heizsystem mit höherer Vorlauftemperatur zu nutzen. Heizkörper können weiter genutzt werden und der Einbau einer Flächenheizung ist nicht nötig. Bundesförderung kann für die Wärmepumpe beantragt werden, wenn sie die Effizienzanforderungen einhält. Die Art des bereits bestehenden Heizsystems ist weniger entscheidend. Die Kosten, die mit der fossilen Heizung zusammenhängen, werden nicht mehr gefördert. Ihr Heizsystem wird üblicherweise für den Wärmepumpenbetrieb optimiert.

Beispielvarianten

Nun testen die Beispielhaushalte zwei Varianten. Die Variante 12a bezieht sich auf ein Hybridsystem, bestehend aus dem vorhandenen Heizkessel gekoppelt mit Luftwärmepumpe. Bei Variante 12b lassen die Haushalte eine Pellet-Hybridwärmepumpe einbauen. Die Grundannahmen entsprechen denjenigen im Abschnitt „Wärmepumpe" (→ Seite 142). Wegen des Hybridsystems werden höhere Vorlauftemperaturen erzielt (das macht der Heizkessel) und die Haushalte können die vorhandenen Heizkörper nutzen. Sie haben jedoch festgestellt (→ Seite 139) dass im kältesten Winter 55 °C Vorlauftemperatur ausreichen. Die Werte für die Jahresarbeitszahl werden wie bei den normalen Wärmepumpen aus dem Tool des Bundesverbands Wärmepumpen entnommen (→ Seite 133). Es wird angenommen, dass 80 Prozent der benötigten Wärme durch die Wärmepumpe bereitgestellt wird. Der Anteil ist so hoch, weil es nur wenige sehr kalte Tage im Jahr gibt, an denen die Wärmepumpe nur mit schlechtem Wirkungsgrad arbeiten kann und der Heizkessel einspringt. Die Temperatur, bei der das geschieht, wird „Bivalenzpunkt" genannt. Üblicherweise sind das 0 °C. Der auf die Gasanlage entfallende Anteil der Kosten wird durch die BEG nicht mehr gefördert. Bei Variante 12a wird aber nur eine Wärmepumpe ergänzt und die normale Wärmepumpenförderung gilt. Allerdings gibt es keinen Klimageschwindigkeitsbonus, da ja nach wie vor zum Teil mit fossilen Brennstoffen geheizt wird. Das gilt jedoch nicht für die Pellet-Hybridwärmepumpe. Hier wird das gesamte Gerät gefördert und es gibt den Bonus. Die Ergebnisse der Beispielvarianten sehen Sie in Tabelle 11 im Internet und Sie können die **interaktive Tabelle 11** nutzen, um Ihre eigenen Daten einzugeben (Download → Seite 7). Oder Sie berechnen es selbst: Auf Seite 43 finden Sie Tipps zur Anpassung der Ergebnisse für andere Investitionskosten.

GUT ZU WISSEN

Hybridanlagen

Auch die in den vorigen Abschnitten beschriebenen Kopplungen mit Solarthermie oder Photovoltaik werden bisweilen als Hybridanlagen bezeichnet.
Und die Entwicklungen schreiten voran: Eine Hybridwärmepumpe als Kombination mit einem Pelletkessel (→ Seite 153) wurde von einem österreichischen Anbieter auf den Markt gebracht. Sie ist eine der Varianten für die Beispielhaushalte. Eine solche Anlage kann insbesondere sinnvoll sein, wenn Sie keinen Gasanschluss möchten und es absehbar kein erneuerbares Gas geben wird (→ Seite 212).
Ein anderer Anbieter hat eine Anlage entwickelt, die zwischen den Wärmequellen Luft, Erde und Solarthermie umschaltet, je nachdem, welche gerade am günstigsten ist. Hier liegen jedoch noch keine Langzeiterfahrungen vor.

Haushalt A

Haushalt A möchte die Heizkörper behalten und will deswegen eine Hybridwärmepumpe einbauen.

37 % **Variante 12a:** Haushalt A baut sich eine Luftwärmepumpe ein und behält den alten Ölkessel. Die Wärmepumpe hat eine Leistung von 10,6 Kilowatt. Der höhere Gebäudewärmebedarf von knapp 16 Kilowatt kann ohne Probleme vom vorhandenen Kessel gedeckt werden. Die Kosten liegen bei circa 35.000 Euro. Davon wird die Bundesförderung abgezogen und es verbleiben circa 17.000 Euro. Einen Instandhaltungsanteil können die A's nicht abziehen, da ja der alte Kessel bleibt. Die Autarkie bezogen auf Strom und Wärme erreicht circa 37 Prozent. Die Betriebskosten belaufen sich auf circa 4.460 Euro pro Jahr. Die Anlage ist mit gut 20 Jahren unwirtschaftlich. Die Umweltentlastung beträgt circa 2,5 Tonnen CO_2 pro Jahr.

58 % **Variante 12b:** Haushalt A möchte keinen Gasanschluss, will den Ölkessel loswerden und baut sich die Pellet-Hybridwärmepumpe ein. Auch diese Anlage hat eine Leistung von 10,6 Kilowatt. Der höhere Gebäudewärmebedarf von knapp 16 Kilowatt kann ohne Probleme vom Pelletkessel gedeckt werden. Die Kosten liegen bei circa 43.000 Euro. Davon wird die Bundesförderung und ein Instandhaltungsanteil (→ Seite 260) abgezogen und es verbleiben circa 12.670 Euro. Die Autarkie bezogen auf Strom und Wärme erreicht circa 58 Prozent. Die Anlage benötigt etwa 4.030 Kilowattstunden Strom pro Jahr für die Wärmepumpe und zusätzlich circa 0,9 Tonnen Pellets pro Jahr. Da reicht ein kleines Lager. Die Betriebskosten betragen circa 3.480 Euro pro Jahr. Die Anlage amortisiert sich in circa 7 Jahren und es verbleiben über 20 Jahre knapp 24.000 Euro. Die Umweltentlastung beträgt circa 5,8 Tonnen CO_2 pro Jahr, wobei allerdings die Anmerkungen zur Holzverbrennung gelten (→ Seite 154).

Fazit: Eine Hybridanlage mit dem vorhandenen Kessel ist für Haushalt A nicht zu empfehlen. Die Pellet-Hybridwärmepumpe ist sinnvoll, insbesondere, wenn kein Gasanschluss gewünscht ist, der Ölkessel verschwindet und keine Flächenheizung eingebaut werden soll.

CHECKLISTE

Hybridwärmepumpe

- ☐ Beachten Sie bitte die Checklisten zu „Wärmepumpe" (→ Seite 152) „Brennwertkessel" (→ Seite 214) und eventuell „Holzheizung" (→ Seite 165).

VORTEILE UND NACHTEILE

Hybridwärmepumpe (Vorteile)

- Einsatz fast immer möglich
- Guter Primärenergiefaktor
- Für die Wärmepumpe ist kein Brennstofflager nötig.
- Die Pellet-Hybridwärmepumpe benötigt lediglich ein kleines Lager und keinen Gasanschluss.
- Auch für höhere Vorlauftemperaturen geeignet
- Für hohe Jahresarbeitszahl ist keine Flächenheizung nötig.
- Konkurrenz zwischen den Anbietern kann günstige Brennstoffpreise ergeben
- Mittlere Wartungskosten
- Bei guter Planung und Ausführung hohe Effizienz
- Keine hohe Belastung des Stromnetzes im Winter
- Passt ins regenerative Versorgungssystem, wenn im Gasnetz zunehmend Bio-, Wind- und Sonnengas transportiert wird. Die Pellet-Hybridwärmepumpe nutzt erneuerbare Biomasse.
- Klimabelastung sinkt, wenn der Anteil an erneuerbarem Strom zunimmt
- Mittlere Autarkie Wärme
- Eine Hybrid-Wärmepumpe erfüllt die Bedingungen im GEG 2024 für eine Anlage mit 65 Prozent erneuerbarer Energie, wenn die Leistung der Wärmepumpe bei bivalent parallelem Betrieb (→ Seite 139) mindestens 30 Prozent der Heizlast beträgt.

Hybridwärmepumpe (Nachteile)

- Schornstein nötig
- Hohe Investitionskosten
- Bei Gas-Hybridwärmepumpe Gasanschluss nötig
- Abhängigkeit von Gaslieferanten
- Gastarife können geändert werden – es kann Preissteigerungen geben
- Hybridwärmepumpe nur möglich, wenn Lärmbelästigung der Nachbarn ausgeschlossen ist
- Gute Planung und Ausführung nötig
- Nur wenige Anbieter von Wärmepumpen-Sondertarifen
- Strompreise können steigen
- Mittlerer Energieverbrauch
- Umweltbelastung durch CO_2 und andere Stoffe
- Wärmepumpe in Kombination mit Photovoltaik und eventuell Solarthermie oder Scheitholzheizung in Kombination mit Solarthermie ist wirtschaftlicher
- Aussterbende Technik, falls kein Bio-, Wind- oder Sonnengas im Gasnetz.
- Vermutlich wird erneuerbar erzeugtes Gas für Industrie und Schwerverkehr benötigt und für Haushalte bleibt nichts übrig.
- Erneuerbares Gas könnte sehr teuer sein.
- Bei Erdgas Abhängigkeit von unzuverlässigen Staaten
- Unsichere Preisentwicklung
- Oft ist es sinnvoller, das Haus zu dämmen oder Heizkörper zu tauschen und eine übliche Wärmepumpe zu nutzen.

Haushalt B

Auch Haushalt B möchte auf den Einbau einer Fußbodenheizung verzichten.

43 % **Variante 12a:** Auch Haushalt B baut sich eine Luftwärmepumpe ein und behält den vorhandenen Kessel. Die Wärmepumpe hat eine Leistung von 7,3 Kilowatt. Der höhere Gebäudewärmebedarf von knapp 11 Kilowatt kann ohne Probleme vom vorhandenen Kessel gedeckt werden. Die Kosten liegen wegen der kleineren Leistung bei circa 26.000 Euro. Davon wird die Bundesförderung abgezogen und es verbleiben circa 10.400 Euro. Die Autarkie bezogen auf Strom und Wärme erreicht knapp 43 Prozent. Betriebskosten belaufen sich auf circa 2.720 Euro pro Jahr. Die Anlage ist unwirtschaftlich. Die Umweltentlastung beträgt circa 1 Tonne CO_2 pro Jahr.

50 % **Variante 12b:** Auch Haushalt B will ihren Kessel loswerden und baut sich die Pellet-Hybridwärmepumpe ein. Auch diese Anlage hat eine Leistung von 7,3 Kilowatt. Der höhere Gebäudewärmebedarf von knapp 11 Kilowatt kann ohne Probleme vom Pelletkessel gedeckt werden. Die Kosten liegen bei circa 34.000 Euro. Davon wird die Bundesförderung und ein Instandhaltungsanteil (→ Seite 260) abgezogen und es verbleiben circa 5.000 Euro. Die Autarkie bezogen auf Strom und Wärme erreicht knapp 50 Prozent. Die Anlage benötigt etwa 2.760 Kilowattstunden Strom pro Jahr für die Wärmepumpe und zusätzlich circa 0,6 Tonnen Pellets pro Jahr. Auch in diesem Fall reicht ein kleines Lager. Die Betriebskosten betragen circa 2.620 Euro pro Jahr. Die Anlage hat dank guter Förderung eine Amortisationszeit von gut 9 Jahren. Die Umweltentlastung beträgt circa 1,9 Tonnen CO_2 pro Jahr, wobei allerdings die Anmerkungen zur Holzverbrennung gelten (→ Seite 154).

Fazit: Die Pellet-Hybridanlage ist auch für Haushalt B zu empfehlen. Es gibt jedoch sinnvollere Lösungen (→ vorige Kapitel).

Haushalt C

Im Passivhaus der C's ist der Aufwand für Hybridwärmepumpen nicht angemessen. Sie werden deswegen hier nicht besprochen, sind aber in der **interaktiven Tabelle 11** dokumentiert.

Brennwertkessel

Solarthermische Anlagen können im Winter den Wärmebedarf nicht decken. Ein weiterer Wärmeerzeuger ist nötig. Eine Kopplung mit einer Holzheizung ist oft sinnvoll → Seite 166. Sollte dies nicht möglich sein, so bleiben die fossilen Energieträger Öl und Gas. Oder Sie hoffen auf erneuerbare Brennstoffe? (Hintergrund → Seite 212) Dann sind Brennwertkessel zur Standardtechnik avanciert: Man kann damit sparsamer heizen und

Kosten senken. Sie erfüllen die Mindestanforderungen der Ökodesign-Richtlinie der EU. Die alten sogenannten Heizwertkessel können da nicht mithalten – sie sind nahezu komplett vom Markt verschwunden. Zum Brennwert → Hintergrund, Seite 28.

→ TIPP Heiz-Check

Die Verbraucherzentrale bietet einen Heiz-Check an, Termine können unter der kostenfreien Telefonnummer 0800–809 802 400 vereinbart werden. Ein Experte misst vor Ort und macht Verbesserungsvorschläge. Kosten: 30 Euro, für nachweislich einkommensschwache Haushalte kostenlos.
www.verbraucherzentrale-energieberatung.de/beratung

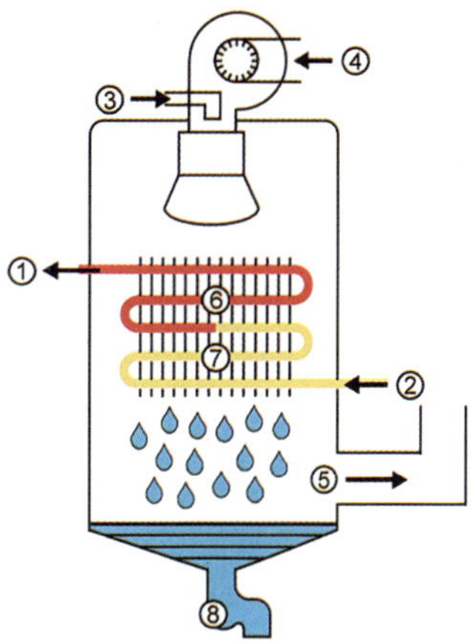

Abb. 46: Schematische Darstellung eines Brennwertkessels: 1 Vorlauf 2 Rücklauf 3 Brennstoff 4 Zuluft zum Gebläsebrenner 5 Abgas 6 + 7 Wärmetauscher 8 Kondensatablauf

Der Brennwertkessel enthält einen vergrößerten Wärmetauscher, der die Abgase mithilfe des kalt von den Heizkörpern zurückkommenden Heizungswassers unter die Kondensationstemperatur des Wasserdampfs abkühlt. Die Verdampfungswärme erwärmt dann wieder das Heizungswasser. So erreicht ein Brennwertgerät eine um etwa 10 Prozent bessere Ausnutzung des Brennstoffs.

Dieser Brennwerteffekt lässt sich allerdings nur dann erzielen, wenn das Wasser von den Heizkörpern tatsächlich gut abgekühlt zum Kessel kommt. Viele Brennwertkessel arbeiten nicht optimal, wie der bundesweite Brennwertcheck der Verbraucherzentralen gezeigt hat. Zu kleine Heizkörper und ein fehlender Abgleich des Heizungssystems (→ Seite 241) können die Kondensation behindern.

Die entstandenen kalten Abgase verlassen den Schornstein nicht freiwillig, sie benötigen ein Gebläse, beispielsweise in Form eines Gebläsebrenners. Weil sie damit „unter Druck“ geraten, muss die Abgasanlage – das sind die feuchteunempfindlichen, gasdichten und säurebeständigen Rohre vom Brennwertgerät durch den Schornstein – auch druckdicht sein. Zur kostengünstigen Schornsteinsanierung werden wegen der

HINTERGRUND

Wasserstoff und synthetische Gase

Klimaneutraler (grüner) Wasserstoff kann durch Elektrolyse aus Wasser hergestellt werden. Dafür ist Strom aus erneuerbaren Energien nötig – die Herstellung von (grauem) Wasserstoff aus fossilem Erdgas hat in diesem Ratgeber keinen Platz. Die Herstellung von klimaneutralem Wasserstoff ist aber mit Verlusten verbunden. Typisch werden aus 1 Kilowattstunde erneuerbarem Strom 0,7 Kilowattstunden Wasserstoff.
Dieser kann nahezu verlustfrei im Brennwertkessel genutzt werden und es entsteht so aus 1 Kilowattstunde erneuerbarem Strom 0,7 Kilowattstunden Wärme. Andererseits kann der erneuerbare Strom auch direkt in einer Wärmepumpe genutzt werden (→ Seite 129). Dann entstehen aus 1 Kilowattstunde erneuerbarem Strom mindestens 3 Kilowattstunden Wärme. Das ist das 4,3-fache im Vergleich zum Brennwertkessel. Ein Energiesystem mit Gasheizungen würde demnach die 4,3-fache Leistung an erneuerbaren Stromerzeugern wie Wind- und Photovoltaikanlagen benötigen. Es ist wenig wahrscheinlich, dass dies zukunftsfähig ist. Aus Wasserstoff kann auch synthetisches Gas mit den Eigenschaften von Erdgas gemacht werden. Damit wird der Vergleich zur Wärmepumpe noch ungünstiger, da dieser Schritt ebenfalls mit Verlusten behaftet ist. Wasserstoff ist im regenerativen Energiesystem unbedingt notwendig für stoffliche Prozesse in der Industrie (Chemie und Stahl), für Schiffe und Flugzeuge und als Langzeitspeicher für erneuerbare Energie. Es wird aber nicht so viel grüner Wasserstoff vorhanden sein, dass damit private Haushalte geheizt oder Wasserstoffautos betrieben werden können.

kühlen Abgase spezielle Kunststoffrohre genutzt. Vorteilhaft ist es, wenn die Verbrennungsluft von außen kommt und das Gerät somit raumluftunabhängig betrieben wird. Auf diese Weise wird die oben angesaugte Verbrennungsluft vorerwärmt. Hierbei wird ungefähr die Hälfte des gesamten Brennwertnutzens erzielt.

Das Kondensat im Brennwertkessel muss abgeleitet werden. Es darf bei kleineren Anlagen unbehandelt in die Kanalisation gelangen. Bei Öl-Brennwertkesseln allerdings nur, wenn schwefelarmes Heizöl eingesetzt wird, was mit Plaketten an der Tankanlage gekennzeichnet ist.

Sanieren Sie die Heizungsanlage mithilfe von Brennwerttechnik, gibt es keine Förderung mehr für alle Kosten, die mit der Brennwertheizung zusammenhängen. (BEG, → Seite 216), auch nicht bei einer Sanierung zum Effizienzhaus (→ Seite 20), wo Sie zur Antragstellung einen anerkannten Energieberater oder eine anerkannte Energieberaterin (www.energie-effizienz-experten.de) benötigen. Geht es lediglich um die Heizungsanlage, so ist dies nicht erforderlich.

VORTEILE UND NACHTEILE

+ Brennwertkessel

- Weitverbreitete Technik
- Mittlerer Energieverbrauch
- Mittlere Wartungskosten
- Konkurrenz zwischen den Anbietern kann günstigen Bio-, Wind- oder Sonnengas- oder Bioölpreis ergeben
- Bei guter Planung und Ausführung hohe Effizienz
- Passt ins regenerative Versorgungssystem, wenn im Gasnetz zunehmend Bio-, Wind- und Sonnengas transportiert wird
- Im GEG 2024 werden H_2-ready-Brennwertkessel als eine mögliche Option zur Erfüllung der Bedingungen angesehen, unter der Voraussetzung, dass es verbindliche Pläne gibt, dass das betreffende Gasnetz in absehbarer Zeit auf Wasserstoff umgerüstet wird. Nur die Umstellungskosten können gefördert werden, aber nicht die üblichen Kosten für den Brennwertkessel, Es muss sich nach der Umstellung nicht um grünen Wasserstoff handeln, blauer (→ Seite 259) ist ebenfalls zulässig.

− Brennwertkessel

- Schlechter Primärenergiefaktor
- Mittlere Investitionskosten
- Gasanschluss nötig
- Vorlauftemperatur des Heizungssystems muss niedrig sein
- Abhängigkeit von Öl- oder Gaslieferanten
- Tarife können geändert werden – es kann Preissteigerungen geben
- Umweltbelastung durch CO_2 und andere Stoffe
- Keine Förderung
- Wärmepumpe mit Photovoltaik und eventuell Solarthermie oder Scheitholzheizungen in Kombination mit Solarthermie sind wirtschaftlicher
- Sorgfältige Planung und Ausführung nötig
- Aussterbende Technik: Das wenige erneuerbare Gas geht an Industrie, Schwerverkehr und Luftfahrt, da es dort alternativlos ist.
- Bei Erdgas Abhängigkeit von unzuverlässigen Staaten, unsichere Preisentwicklung
- Erneuerbares Gas könnte sehr teuer sein.

Beispielvarianten

Unsere Beispielhaushalte haben kein Interesse an einer Nutzung von fossilem Gas oder Öl, da sie das ihrem Ziel „Energieautarkes Haus" nicht näherbringt und es auch nicht zum Klimaschutz beiträgt. Es gibt zahlreiche andere Möglichkeiten für sie, wie oben dargestellt. Ein Brennwertgerät könnte zur Autarkie beitragen, wenn sie einen landwirtschaftlichen Betrieb mit Biogasanlage hätten. Das ist aber nicht der Fall. Deswegen finden Sie hier keine Abschätzungen für den Ersatz alter Heizkessel durch neue Brennwertkessel.

CHECKLISTE

Brennwertkessel (Gas, Öl)

- ☐ Sind Bio,- Wind- oder Sonnengas oder Bioöl verfügbar?
- ☐ Energieberatung kontaktieren
- ☐ Besteht laut GEG eine Austauschpflicht für den Heizkessel?
- ☐ Kesselleistung auf den Wärmebedarf des Gebäudes abstimmen, ggf. Wärmebedarfsberechung durchführen lassen
- ☐ Ist die Vorlauftemperatur des Heizungssystems niedrig (höchstens 70 Grad im kältesten Winter – besser niedriger)? Eventuell größere Heizkörper einbauen oder die Wärmedämmung des Gebäudes verbessern
- ☐ Moderne Gas-Brennwertkessel verfügen über leistungsvariable Brenner (modulierend). Der Modulationsbereich sollte eine möglichst niedrige untere Grenze haben.
- ☐ Ist die Einleitung des Kondensats problemlos möglich? Wird eine Hebeanlage benötigt? Ist eine Neutralisation notwendig?
- ☐ Bei Öl-Brennwertkessel: Wurde die Tankanlage überprüft? Muss schwefelarmes Heizöl verwendet werden?
- ☐ Wurde die entsprechende Plakette angebracht?
- ☐ Hocheffiziente Pumpe einbauen (Energielabel A)
- ☐ Alle im kalten Bereich liegenden Rohre und Armaturen sorgfältig dämmen lassen
- ☐ Möglichst auf zentrale Warmwasserversorgung umstellen
- ☐ Überprüfen, ob sich im Rahmen der Sanierung eine thermische Solaranlage einbauen ließe – eventuell bereits vorsorglich einen Solarspeicher einbauen lassen (→ Seite 96)
- ☐ Prüfen, ob Kaminsanierung oder Abgasleitung erforderlich und im Angebot enthalten ist
- ☐ Möglichst raumluftunabhängigen Betrieb vorsehen, d.h. die Verbrennungsluft wird von außen zugeführt, zum Beispiel durch ein Luft-Abgas-System
- ☐ Hydraulischen Abgleich (→ Seite 241) durchführen lassen
- ☐ Lassen Sie sich in die Bedienung einweisen. Fordern Sie eine gut verständliche Bedienungs- und Wartungsanleitung
- ☐ Die zentrale Regelung der Heizungsanlage sollte gut zugänglich, gut lesbar sowie verständlich und der Wärmeerzeuger gut erreichbar sein.

Neubau- und Altbauförderung

Die BEG-Förderung (BEG-Neubau)

Der Bund fördert energieeffiziente Neubauten durch Kredite zu stark verbilligten Zinssätzen über Ihre Hausbank. Den Antrag muss ein gelisteter Energieberater vor Baubeginn stellen. www.energie-effizienz-experten.de. Das Honorar und dasjenige eines Nachhaltigkeitsexperten zählen zu den Kosten. Näheres unter www.kfw.de/BEG. Es wird das Effizienzhaus 40 mit NH-Klasse gefördert, außerdem ohne NH-Klasse, aber mit dem Nachweis, dass über den Lebenszyklus die CO_2-Anforderungen des Nachhaltigkeitssiegels Plus erfüllt werden. Das Effizienzhaus 40 darf höchstens 40 Prozent des Primärenergiebedarfs des Referenzhauses haben (→ Seite 20). Gleichzeitig muss der bauliche Wärmeschutz verbessert werden. Zur Nachhaltigkeitszertifizierung informiert: www.nachhaltigesbauen.de

Die maximale Kredithöhe pro Wohneinheit beträgt in der Förderstufe 1 (EH 40 ohne Nachhaltigkeitssiegel) 100.000 Euro. Das EH 40-NH wird mit maximal 150.000 Euro je Wohneinheit gefördert. Bei voller Ausschöpfung der Summe (es können die gesamten Baukosten berücksichtigt werden) beträgt der geldwerte Vorteil der Kreditverbilligung in der ersten Förderstufe über 10 Jahre weit über 30.000 Euro, beim Effizienzhaus 40 NH sind es über 45.000 Euro pro Wohneinheit. Öl- Gas- und Biomasseanlagen sind von der Förderung ausgeschlossen.

Fördermittel für Altbausanierung (BEG-EM)

Es gibt Zuschüsse für Einzelmaßnahmen. Förderfähige Kosten sind diejenigen, die mit der Maßnahme in Zusammenhang stehen. Sie sind begrenzt: Bei Heizungsmaßnahmen für die erste Wohneinheit maximal 30.000 Euro, mit zusätzlichen Maßnahmen an Gebäudehülle und/oder sonstiger Haustechnik bis zu 90.000 Euro. Weitere Wohneinheiten vergrößern die Höchstsumme. Bei Heizungsmaßnahmen vor dem 1.9.2024 darf der Förderantrag nachgereicht werden (Beantragung bei der KfW). Danach muss der Antrag vor Beginn gestellt werden. Sie brauchen immer einen Vertrag mit voraussichtlichem Einbaudatum inklusive der Bedingung, dass der Vertrag nur gilt, falls die Förderzusage erteilt wurde.

Die Förderung hat diese Bestandteile:

→ **Grundförderung von 30 Prozent** für alle förderfähigen Anlagen: thermische Solaranlagen, Holzheizungen, Wärmepumpen, Brennstoffzellenheizungen mit grünem oder blauem Wasserstoff (→ Seite 259, 260) oder Biogas betrieben, die Mehrausgaben für eine auf 100 Prozent Wasserstoff umrüstbare Anlage, Anschluss an ein Gebäudenetz

(Nahwärme) mit mindestens 25 Prozent erneuerbarer Energie oder Abwärme, Anschluss an ein Wärmenetz (Fernwärme), egal wie gewonnen. Bei Hybrid-Heizungen ist nur der Anteil für erneuerbare Energien förderfähig.

- **Effizienz-Bonus einmalig 5 Prozent** für Wärmepumpen mit den Wärmequellen Wasser, Erde oder Abwasser oder mit natürlichem Kältemittel (beispielsweise Propan, CO_2).
- **Klimageschwindigkeits-Bonus 20 Prozent** nur für selbst nutzende Eigentümer bei Austausch einer intakten Gas-Etagen-, Öl-, Kohle- oder Nachtspeicherheizung (egal wie alt). Ein Gas- oder Biomassekessel muss über 20 Jahre alt sein. Die neue Biomasseheizung muss mindestens die Warmwasserbereitung durch Sonnenenergie oder Wärmepumpe decken. Nach der Sanierung darf im Gebäude kein fossiler Brennstoff mehr genutzt werden. Der Bonus sinkt ab 2028 und entfällt ab 2037.
- **Einkommens-Bonus 30 Prozent** für selbst nutzende Eigentümer, sofern das zu versteuernde Haushaltseinkommen unter 40.000 Euro liegt
- **iSFP-Bonus 5 Prozent** für die Heizungsoptimierung und bauliche Maßnahmen, wenn die Maßnahme im Rahmen der Bundesförderung für Energieberatung (→ Seite 240) in einem individuellen Sanierungsfahrplan (iSFP → Seite 260) vorgeschlagen wurde
- Außerdem werden Mietkosten gefördert, falls die Anlage vorzeitig ausfällt, es gibt einen Zusatzbonus für emissionsarme Holzheizungen und einkommensabhängig einen zinsverbilligten Ergänzungskredit.
- Wichtig: Der maximale Fördersatz liegt bei **70 Prozent**.

Technische Mindestvoraussetzungen müssen eingehalten werden. Näheres siehe www.bafa.de/beg, www.kfw.de/beg und www.energiewechsel.de/beg

Es kann zusätzlich Förderungen von Ländern und/oder Kommunen geben: www.foerderdatenbank.de

Eine Zusammenfassung mehrerer Förderungen ist möglich, jedoch nur bis höchstens 60 Prozent. Eine gleichzeitige Nutzung mehrerer Bundesförderungen für dieselbe Maßnahme, beispielsweise steuerliche Förderung und BEG, ist nicht möglich.

HINTERGRUND

Gebäudeenergiegesetz (GEG) 2024

Im Gebäudeenergiegesetz (GEG) 2024 werden Anforderungen an Heizungsanlagen gestellt, deswegen wird es auch als „Heizungsgesetz" bezeichnet:
Seit dem 1.1.2024 gilt:

- Neubauten in Neubaugebieten müssen die Heizlast mindestens zu 65 Prozent aus erneuerbaren Energien decken.
- Bestehende Heizungen können bleiben und auch repariert werden.
- Lässt sich die Heizung nicht reparieren, gibt es lange Übergangsfristen, bis die 65-Prozent-Forderung greift.

Bis zur Erstellung eines kommunalen Wärmeplans gilt:

- Neue Öl- und Gasheizungen sind zulässig.
- Diese müssen jedoch ab 2029 zunehmend Bio-Öl oder Bio-Gas oder grünen oder blauen Wasserstoff (→ Seiten 259, 260) nutzen.
- Ab 2045 dürfen keine fossilen Brennstoffe mehr genutzt werden.

Nach Erstellung eines kommunalen Wärmeplans, aber spätestens ab

- 1.7.2026 bei Städten über 100.000 Einwohnern und
- 1.7.2028 bei Städten unter 100.000 Einwohnern

gilt die Pflicht zu 65 Prozent erneuerbarer Energie. Folgende Möglichkeiten sind dafür ohne Nachweis anerkannt:

- Der Anschluss an ein Wärmenetz, egal womit dieses zurzeit betrieben wird
- Jede Art von Wärmepumpe
- Biomasseheizungen (Holz, Hackschnitzel, Pellets)
- Eine Stromdirektheizung im selbst genutzten Ein- oder Zweifamilienhaus, sonst nur in gut gedämmten Gebäuden
- Wärmepumpen- oder Solarthermie-Hybridheizungen, wenn bestimmte Bedingungen erfüllt sind
- Heizung mit Solarthermie, falls dadurch die komplette Deckung des Wärmebedarfs erfolgt
- Eine Gasheizung, die nachweislich mindestens 65 Prozent Biogas oder Bio-Flüssiggas nutzt
- Gasheizungen, die auf 100 Prozent Wasserstoff umgerüstet werden können, wenn ein verbindlicher Plan für die Umrüstung des Gasnetzes auf grünen oder blauen Wasserstoff (-> Seiten 259, 260) vorliegt

Es gibt lange Übergangsfristen für Gasetagenheizungen, bis 65 Prozent erreicht werden müssen. Dies gilt sowohl für eine Umstellung auf eine zentrale Anlage als auch für die Beibehaltung der Etagenheizungen. Und es gibt lange Übergangsfristen, wenn der Wärmenetzbetreiber den Anschluss des Gebäudes geplant hat.
Veröffentlichung: **www.recht.bund.de/bgbl/1/2023/280/VO.html**

Wege zum energieautarken Haus

Es gibt bereits etliche errichtete, mehr oder weniger energieautarke Häuser. Einige Beispiele und Wege zur Energieautarkie werden in diesem Kapitel vorgestellt, auch Möglichkeiten und Grenzen werden aufgezeigt. So ist die Dachfläche zur Nutzung der Sonnenenergie leider stets begrenzt. Ihr Autarkiegrad kann aber umso höher werden, je kleiner der Bedarf an Strom und Wärme wird. Wir zeigen, wie das gut funktionieren kann.

Beispiele für energieautarke Häuser

Es gibt zwei Denkrichtungen und zwei unterschiedliche Wege zum energieautarken Haus. Beide nutzen zwar die aufs Gebäude fallende Sonnenenergie, aber mit unterschiedlicher Gewichtung. Sonnenhaus oder Effizienzhaus Plus, was passt besser zu Ihren Bedürfnissen? Anhand der Beispielhaushalte A, B und C zeigen wir, wie auf beiden Wegen bei Sanierung und Neubau ein hoher Autarkiegrad für Strom und Wärme erzielt werden kann und was das kostet und bringt.

Der erste Weg – ein Sonnenhaus

Weitgehend direkt mit Sonnenwärme heizen, ohne die Umwandlung in Strom, so ist das Konzept des Sonnenhauses (www.sonnenhaus-institut.de). Eine große Solarkollektorfläche, möglichst Richtung Süden und wegen der tief stehenden Wintersonne möglichst steil aufgestellt, beheizt einen großen Pufferspeicher. Aus dem Pufferspeicher werden Flächenheizung und Warmwasserversorgung bedient. So können hohe solare Deckungsgrade in Bezug auf Heizung und Warmwasserbereitung erzielt werden. Ein insbesondere im Winter verbleibender

Rest wird dann mit einem Holzofen zugeheizt (→ Seite 166). Die Wärmegewinnung erfolgt demnach CO_2-neutral zu 100 Prozent aus erneuerbaren Energien (zur Bewertung der Holzverbrennung → Seite 154). Dieses ursprüngliche Konzept des Sonnenhaus-Instituts wurde noch erweitert, indem für die Stromversorgung zusätzlich eine Photovoltaikanlage genutzt wird.

„Das energieautarke Haus" gibt es „von der Stange" bei einem Haussystemanbieter. Für die Wärmeversorgung der 162 Quadratmeter Wohnfläche ist eine 48 Quadratmeter große dachintegrierte Solarkollektoranlage zuständig. Für die Entkopplung von Wärmelieferung und Wärmeverbrauch sorgt ein 9 Kubikmeter großer Schichtspeicher, der vom Keller bis ins Obergeschoss reicht. An einem Standort in Sachsen wird so ein solarer Deckungsgrad von über 65 Prozent erreicht. Die noch fehlende Wärme im Pufferspeicher liefert im kältesten Winter ein Scheitholzkaminofen mit Wassertasche. 2 bis 3 Raummeter Holz werden jährlich benötigt.

Das Haus ist zwar gut wärmegedämmt, entspricht aber nicht den Vorgaben an ein Passivhaus. Insbesondere wurde keine Lüftungsanlage eingebaut. Dies auch unter dem Gesichtspunkt, möglichst wenig Strom zu benötigen. Konsequent wurde ebenso bei Haushaltsgeräten, Beleuchtung und Umwälzpumpen auf möglichst geringen Stromverbrauch geachtet, sodass eine vierköpfige Familie mit unter 2.000 Kilowattstunden jährlich auskommt. Nun ist es möglich, sich mithilfe einer 8-Kilowatt-Peak-Photovoltaikanlage und einem 58-Kilowattstunden-Batteriespeicher vollständig abgekoppelt vom Stromnetz zu versorgen (es handelt sich um einen Bleispeicher – leider wurde nicht angegeben, ob sich die 58 Kilowattstunden auf eine effektive Kapazität beziehen oder ob diese lediglich 29 Kilowattstunden beträgt, was bei dem geringen Stromverbrauch auch ausreichen dürfte). So ergibt sich ein Autarkiegrad in Bezug auf Strom und Wärme von über 80 Prozent.

Die Stromüberschüsse werden für das Laden von Elektroautos genutzt. Es gibt eine Kooperation mit dem örtlichen Energieversorger, der den großen Batteriespeicher und auch den Pufferspeicher nutzen darf, wenn es Überschüsse an erneuerbarem Strom im Netz gibt, beispielsweise weil der Wind stark bläst. Zunächst wird die Batterie geladen, und wenn das nicht reicht, der Pufferspeicher über einen Heizstab aufgeheizt. Das Haus ohne Keller und Grundstück wird schlüsselfertig für etwa 400.000 Euro angeboten: **www.timoleukefeld.de/autarke-gebaeude**

Ein preisgekröntes Haus in der Oberpfalz mit etwa 147 Quadratmetern Wohnfläche in den Wohnetagen ist ebenfalls ein Sonnenhaus (Abb. 1). Es wurde gut gedämmt in Holz-Lehmbauweise mit Wandflächenheizungen errichtet. Der Planer legte besonderen Wert auf eine hohe Ausbeute der Solarthermie im Winter. Die senkrecht an der Fassade hängenden 18 Quadratmeter Vakuumröhrenkollektoren sind gerade bei tief stehender Wintersonne und niedrigen Außentemperaturen effizient. Sie sind zwar teurer, es wird aber auch weniger Fläche benötigt. Röhrenkollektoren frieren dank der Vakuumdämmung nicht ein, sodass auf ein Frostschutzmittel im Solarkreislauf und einen Wärmetauscher zum Pufferspeicher verzichtet werden kann – dies effektive System nennt sich Aquasystem. Die hohe thermische Ausbeute auch im Winter erlaubt es, den Speicher kleiner zu wählen: ein 3.000-Liter-Solar-Schichtenspeicher reicht nun. Daneben steht ein Stückholzkessel, der sich mit etwa 3 bis 5 Raummetern Holz pro Jahr begnügt.

Auf dem Dach findet die Photovoltaikanlage mit etwa 6,5 Kilowatt-Peak für die Hausstromversorgung Platz. Sie ist zwar mit einer Batterie von vermutlich 4 Kilowattstunden effektiver Kapazität verbunden, kann aber im Winter den Haushaltsstromverbrauch nicht decken. Nach Aussage des Planers wird ein Autarkiegrad bei Strom und Wärme von etwa 85 Prozent erzielt mit Mehrkosten von etwa 37.000 Euro. Die Nutzung von Stromüberschüssen für das Laden von Elektroautos ist geplant: www.baubiologie-schoen.de/klimaschutzpreis-2015

Abb. 1: Preisgekröntes Sonnenhaus Schön in der Oberpfalz

Zu diesem klassischen Sonnenhaus Baujahr 2020/21 (Abb. 2) gibt es einen Erfahrungsbericht der Baufamilie (www.sonnenhaus-institut.de, Suchwort: Holzner). Es handelt sich um ein Zweifamilienhaus mit 216 Quadratmetern Wohnfläche im KfW-Effizienzhaus 40 Standard. Geheizt wird mit der 45 Quadratmeter großen thermischen Solaranlage (75 Grad Neigung Richtung Süd) und einem Holzofen. Beide Wärmequellen sind am 7.260-Liter-Wasserspeicher angeschlossen. Holzners brauchen circa 5 Raummeter Holz pro Jahr. So ergibt sich ein solarer Deckungsgrad für Heizung und Warmwasser von circa 60 Prozent. Durch die 9,86-Kilowatt-Peak-Photovoltaikanlage (15 Grad Neigung Richtung Nord) mit einem 10-Kilowattstunden-Batteriespeicher können gut 70 Prozent

Abb. 2: Sonnenhaus Holzner (Quelle: Sonnenhaus-Institut)

des Haushaltsstroms gedeckt werden. Die Familie fühlt sich wohl in einem Haus, das eine Grundwärme hat, und die Kinder erzählen stolz, dass sie mit der Sonne heizen.

Der zweite Weg – das Effizienzhaus Plus

In Berlin wurde vom Bundesbauministerium als experimenteller, bewohnter Bau das „Effizienzhaus Plus mit Elektromobilität" errichtet. Das Energiekonzept beruht auf Strom, der durch große Photovoltaikanlagen von insgesamt 22 Kilowatt-Peak an der Südfassade und auf dem Dach erzeugt wird. Der Strom wird für den Haushaltsbedarf, das Laden der Elektroautos und eine Wärmepumpe benötigt und Überschüsse in einer 40-Kilowattstunden-Lithium-Ionen-Batterie zwischengespeichert. Die Wärme wird durch eine Luft-Wasser-Wärmepumpe an den Brauchwasserspeicher, die Fußbodenheizungen und ein Nachheizregister in der Lüftungsanlage mit Wärmerückgewinnung geliefert (Abb. 3).

Das Haus ist ein Plus-Energiehaus, solange die Jahresbilanz betrachtet wird, das heißt, über das ganze Jahr gerechnet produziert die Solarstromanlage mehr, als für den Betrieb von Haushalt und Wärmepumpe benötigt wird, sodass etwas für die Elektromobilität übrig bleibt. Das haben auch die Auswertungen der Messreihen gezeigt (www.forschungsinitiative.de/effizienzhaus-plus/). Wie sieht es aber mit echter Autarkie aus? Das Haus benötigt unbedingt einen Stromanschluss und Austausch mit dem Netz. Im Winter produziert selbst diese große Photovoltaikanlage nicht genug zum Heizen und für den Haushalt – Strom aus dem Netz ist nötig. Im Sommer dagegen gibt es einen großen Überschuss, der nicht vollständig von den Elektroautos aufgenommen werden kann und so ins Netz eingespeist wird (Abb. 3 → Seite 20).

Gibt es viele dieser Haustypen, dann belasten sie das Stromnetz: Im Sommer liefern alle Photovoltaikanlagen Überschüsse und im Winter gibt es einen Strommangel. Trotz des im Winter besonders reichlichen Windenergiestroms müssten zurzeit noch Kohlekraftwerke anlaufen. In Zukunft, im 100 Prozent erneuerbaren Stromsystem, wird dann Strom aus Langzeitspeichern genutzt.

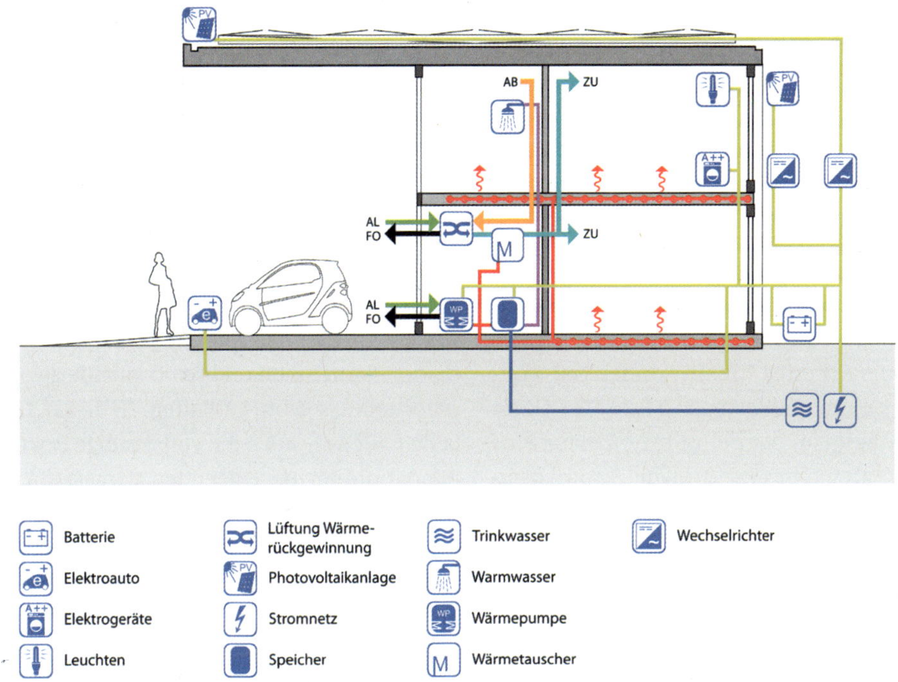

Abb. 3: Schematische Darstellung der Haustechnik im Effizienzhaus Plus Berlin

Das Effizienzhaus Plus in Berlin war der Ausgangspunkt für eine Reihe wissenschaftlich begleiteter Plus-Energiehäuser. Nach diesem Standard wurde in Augsburg eine ganze Siedlung errichtet. Diese Häuser werden sehr gut wärmegedämmt und sie erhalten eine Lüftungsanlage mit Wärmerückgewinnung. Knapp 12 Kilowatt-Peak Photovoltaik versorgen den Haushalt und eine Luft-Wasser-Wärmepumpe, die mit einem 1.500-Liter-Pufferspeicher gekoppelt ist. Stromüberschüsse werden in einer Lithium-Ionen-Batterie oder, durch die Wärmepumpe in Wärme umgewandelt, in diesem Pufferspeicher zwischengespeichert. Der Anbieter spricht von einer Autarkie bezogen auf Strom und Wärme von etwa 70 Prozent.

Im Winter benötigen auch diese Häuser verstärkt Strom aus dem Netz (www.iwr.de/druckansicht.php?id=30248 und https://www.tga-praxis.de, Suchwort „Augsburg", Artikel „Effizienzhaus-Plus-Siedlung füllt sich mit Leben", nach unten scrollen zur pdf-Datei.

Es gibt Musterhäuser von Fertighausanbietern, die als Plus-Energiehäuser mit großer Photovoltaikanlage, Stromspeicher, guter Wärmedämmung und Wärmepumpe ausgestattet sind (Internetsuche, Suchwort: Plusenergiehaus).

Beispielvarianten

Wie können diese zwei Wege zum energieautarken Haus führen? Anhand der Beispielhaushalte betrachten wir mögliche Lösungen. Die Kriterien für ein Sonnenhaus (unter anderem mindestens 50 Prozent solarer Deckungsgrad) oder ein Effizienzhaus Plus (unter anderem eine größere Stromerzeugung als Stromverbrauch) werden bei den Beispielhaushalten nicht immer eingehalten. Die Grundvoraussetzungen sind jedoch da: Schwerpunkte auf Sonnenwärme oder Sonnenstrom. Beim zweiten Weg wird darauf geachtet, den Stromverbrauch für die Wärmepumpe im Winter möglichst gering zu halten. Deswegen testen wir für Haushalt A und Haushalt B eine Erdwärmepumpe mit Unterstützung durch eine solarthermische Anlage.

Zunächst suchen wir nach einer guten Kombination zur weitgehenden Deckung von Strom- und Wärmebedarf. Eine höhere Autarkie durch die weitere Vergrößerung der Photovoltaikanlage ist möglich und wird ab Seite 245 untersucht. Zum Vergleich der Wirtschaftlichkeit der Varianten dient die Amortisationszeit, das heißt, die Zeit, in der sich die jährlichen Einsparungen zur Investitionssumme angehäuft haben. Die Wirtschaftlichkeit einer Variante ist umso größer, je kleiner die Amortisationszeit ist. Sie ist abhängig von Annahmen zur Energiepreisentwicklung. Dies können Sie durchspielen, indem Sie in der **interaktiven Tabelle 12** (Download → Seite 7) unterschiedliche Energiepreise eingeben. Dort können Sie auch weitere Anpassungen an Ihre persönliche Situation vornehmen und so ein auf Sie zugeschnittenes Ergebnis erhalten. In dieser Tabelle finden Sie auch die vollständige Dokumentation der im Folgenden dargestellten Varianten.

Die Varianten gehen von Energiepreisen Stand 2023, teilweise orientiert an den Preisbremsen ohne Preissteigerung und mittleren Investitionskosten, aus. Die Bundesförderung ab 2024 (→ Seite 215) wird bei den Kosten berücksichtigt. Die Varianten und die zugehörigen Annahmen entsprechen weitgehend denjenigen aus den Kapiteln „Strom“ und „Wärme“. Der Autarkiegrad des Systems aus Photovoltaik und Batteriespeicher (→ Seite 68) verringert sich bei den Varianten mit Wärmepumpe gegenüber den Werten im Kapitel „Strom“, da der Stromverbrauch der Wärmepumpe dazukommt. Bei den Holzheizungen wird von zugekauftem Holz ausgegangen.

→ TIPP

Bei Ländern und Kommunen kann es weitere Fördermittel geben, die in den besprochenen Varianten nicht enthalten sind. Sie können diese Zuschüsse in der **interaktiven Tabelle 12** eingeben (Download → Seite 7).

Bei allen Beispielhaushalten ist der Einbau eines neuen Heizgeräts erforderlich. Deswegen wird bei den Varianten ein Instandhaltungsanteil (→ Seite 260) abgezogen. Die hohe Umweltentlastung durch die großen Photovoltaikanlagen beruht auf der Verdrängung der umweltbelastenden Stromproduktion in Großkraftwerken.

Haushalt A

Haushalt A möchte bei Strom und Wärme möglichst unabhängig von Lieferanten werden. Es soll aber bezahlbar bleiben.

38 %

Variante 13a-1: Die A's möchten den Weg „Sonnenhaus" gehen, Wärme möglichst ohne Umweg durch eine solarthermische Anlage beziehen und im Winter mit Holz heizen. Eine Heizungsunterstützungsanlage mit 12 Quadratmetern Kollektorfläche auf dem Süddach und ein 1.000-Liter-Pufferspeicher werden installiert. Ein Holz-Vergaserkessel übernimmt die Beheizung des Speichers in sonnenarmen Zeiten. Flächenheizung und Warmwasserbereitung beziehen die Wärme bei Bedarf aus dem Speicher. Die A's wollten keine Großbaustelle und haben sich deswegen für eine Wandflächenheizung (→ Seite 150) entschieden. Zur teilweisen Stromversorgung des Haushalts bauen die A's zusätzlich eine Photovoltaikanlage ein mit 4 Kilowatt-Peak Leistung (Flächenbedarf knapp 27 Quadratmeter) und einem Lithium-Ionen-Batteriespeicher mit 4 Kilowattstunden effektiver Kapazität.

Die Kosten liegen bei circa 48.600 Euro. Davon werden die Bundesförderung und ein Instandhaltungsanteil abgezogen und es verbleiben circa 18.270 Euro. Die Autarkie bezogen auf Strom und Wärme erreicht knapp 38 Prozent. Die Autarkie Strom erreicht fast 52 Prozent. Die A's benötigen knapp 10 Raummeter Holz pro Jahr und erzielen einen solaren Deckungsgrad von knapp 31 Prozent – damit haben sie aber noch kein Sonnenhaus. Die Betriebskosten belaufen sich auf circa 2.160 Euro pro Jahr. Die Anlage erwirtschaftet sich in knapp 6 Jahren und über 20 Jahre verbleibt ein Gewinn von gut 44.000 Euro. Die Umweltentlastung beträgt circa 9,8 Tonnen CO_2 pro Jahr, wobei allerdings die Anmerkungen zur Holzverbrennung gelten (→ Seite 154).

60 %

Variante 13a-2: Die A's möchten weniger Holz verheizen und lassen eine größere solarthermische Anlage mit 39 Quadratmetern Kollektorfläche und einem 8.000-Liter-Pufferspeicher einbauen. Die Photovoltaikanlage entspricht Variante 13a-1. Das Dach ist nun mit insgesamt 66 Quadratmetern für beide Anlagen voll belegt.

Die Kosten liegen bei circa 60.600 Euro. Davon werden die Bundesförderung und ein Instandhaltungsanteil abgezogen und es verbleiben circa 30.270 Euro. Die Autarkie bezogen auf Strom und Wärme erreicht knapp 60 Prozent. Die Autarkie Strom erreicht wieder fast 52 Prozent. Haushalt A benötigt nur noch gut 6 Raummeter Holz pro Jahr und hat nun mit einem solaren Deckungsgrad von gut 56 Prozent ein Sonnenhaus. Die Betriebskosten belaufen sich auf circa 1.860 Euro pro Jahr. Die Anlage erwirtschaftet sich in knapp 9 Jahren und über 20 Jahre verbleibt ein Gewinn von gut 38.000 Euro. Die Umweltentlastung beträgt circa 9,9 Tonnen CO_2 pro Jahr, wobei ebenfalls die Anmerkungen zur Holzverbrennung gelten (→ Seite 154).

102 % **Variante 11a-1:** Haushalt A bevorzugt den zweiten Weg, möchte jedoch die elektrische Versorgung mit einer Solarkollektoranlage unterstützen. Die Erdwärmepumpe wird mit einer Heizungsunterstützungsanlage von 12 Quadratmetern Kollektorfläche und einem 1.000-Liter-Speicher kombiniert, sodass sie eine gute Jahresarbeitszahl erreicht und kleiner dimensioniert werden kann. Auch die Sondenbohrung muss nun nur noch 130 Meter Länge haben. Haushalt und Wärmepumpe werden mit einer Photovoltaikanlage mit 8 Kilowatt-Peak (Flächenbedarf gut 53 Quadratmeter) und 8 Kilowattstunden Speicher versorgt. Damit ist das Dach der A's voll ausgenutzt.

Die Kosten liegen bei circa 75.440 Euro. Davon werden die Bundesförderung und ein Instandhaltungsanteil abgezogen und es verbleiben circa 45.110 Euro. Die Autarkie bezogen auf Strom und Wärme erreicht gut 102 Prozent. Sie haben nun ein Plusenergiehaus, da ihre große Photovoltaikanlage mehr Strom erzeugt, als das Haus für Strom und Wärme benötigt, die Autarkie Strom liegt bei circa 67 Prozent. Die A's können sich aber nicht vom Stromnetz abkoppeln: Die Wärmepumpe benötigt in den Wintermonaten circa 1.670 Kilowattstunden. Dagegen werden in den Sommermonaten circa 3.710 Kilowattstunden eingespeist. Der Batteriespeicher kann nur kurze Zeiträume überbrücken, aber nicht vom Sommer in den Winter speichern. An Betriebskosten fallen circa 1.270 Euro pro Jahr an. Die Anlage erwirtschaftet sich in gut 11 Jahren und über 20 Jahre verbleibt ein Gewinn von gut 35.000 Euro. Die Umweltentlastung beträgt circa 10,9 Tonnen CO_2 pro Jahr – mehr als im Ist-Zustand, weil die Anlage mehr Strom produziert, als das Haus benötigt und so Kohlestrom verdrängt wird.

107 % **Variante 11b-1:** Haushalt A möchte keine Erdbohrung und entscheidet sich für PVT-Kollektoren. Die Leistung der Wärmepumpe wird durch sie nicht verringert. Die Wärmepumpe benötigt 10,6 Kilowatt und ist dadurch teurer. Sondenkosten entstehen nicht. Als Wärmequelle benötigt die Wärmepumpe 28,8 Quadratmeter PVT-Kollektoren, die eine Solarstromleistung von 5,8 Kilowatt-Peak zur Verfügung stellen. Sie möchten

das Dach voll ausnutzen und ergänzen mit 5,6 Kilowatt-Peak normalen Photovoltaikmodulen auf 11,4 Kilowatt-Peak. Zusätzlich wird ein 8-Kilowattstunden-Batteriespeicher installiert. Die A's müssen unter dem Strich Investitionskosten von circa 63.550 Euro aufbringen. Ihre Autarkie bezogen auf Strom und Wärme erreicht gut 107 Prozent, sie haben so also ein Plusenergiehaus. Die Betriebskosten steigen im Vergleich zu Variante 11a-1 auf circa 1.520 Euro pro Jahr. Es werden circa 6.440 Kilowattstunden ins öffentliche Netz eingespeist. Die Anlage amortisiert sich in knapp 17 Jahren und es verbleiben über 20 Jahre gut 12.000 Euro. Die Umweltentlastung steigt durch die sehr große Photovoltaik auf circa 11,7 Tonnen CO_2 pro Jahr.

Fazit: Die Wirtschaftlichkeit der Sonnenhaus-Varianten ist etwas besser als diejenige des Plusenergiehauses mit herkömmlicher Technik bei geringerer Anfangsinvestition. Die kleineren Anlagen haben eine kürzere Amortisationszeit. Wollen die A's mit PVT-Kollektoren auf eine Sondenbohrung verzichten, so müssen sie dafür eine schlechtere Wirtschaftlichkeit in Kauf nehmen. Die Varianten mit Holzheizung ergeben einen geringeren Autarkiegrad, weil Haushalt A das Holz vom Holzhandel bekommt. Die Wärmepumpe nutzt Umweltwärme vom eigenen Grundstück, hier wird ein hoher Autarkiegrad erreicht. Sie benötigt allerdings im Winter zusätzlichen Strom – ohne Netzanschluss wird's im Winter kalt. Beim Sonnenhaus liefert die eigene Photovoltaikanlage gut die Hälfte des benötigten Stroms. Wie sich eine Vergrößerung auswirkt → Seite 248. Im Jahresverlauf ergibt sich bei allen Varianten im Sommer eine Einspeisung und im Winter Strombezug. Der Unterschied ist bei den Wärmepumpen allerdings größer.

Haushalt A hat nun die Entscheidung zwischen vier sinnvollen Lösungen. Am kostengünstigsten ist Variante 13a-1. Die Varianten 13a-1 und 13a-2 nutzen 100 Prozent erneuerbare Energien. Einen hohen Autarkiegrad und gute Wirtschaftlichkeit vereinigt Variante 11a-1. Variante 11b-1 ist zwar am teuersten, ergibt aber bei Verzicht auf eine Erdbohrung den höchsten Autarkiegrad und recht geringen Netzbezug.

Haushalt B

Auch Haushalt B möchte bei Strom und Wärme möglichst unabhängig von Lieferanten werden.

38 % **Variante 13a-1:** Diese Variante entspricht weitgehend derjenigen von Haushalt A. Nur die Photovoltaikanlage der B's ist wegen des geringeren Strombedarfs kleiner ausgelegt: 3 Kilowatt-Peak Leistung (Flächenbedarf circa 20 Quadratmeter) und ein Lithium-Ionen-Batteriespeicher mit 3 Kilowattstunden effektiver Kapazität.

Die Kosten liegen bei circa 45.800 Euro. Davon werden die Bundesförderung und ein Instandhaltungsanteil abgezogen und es verbleiben circa 16.800 Euro. Die Autarkie bezogen auf Strom und Wärme erreicht knapp 38 Prozent. Die Autarkie Strom erreicht wieder fast 52 Prozent. Die B's benötigen knapp 6 Raummeter Holz pro Jahr und erzielen einen solaren Deckungsgrad von knapp 29 Prozent – damit haben sie jedoch noch kein Sonnenhaus. Ihre Betriebskosten belaufen sich auf circa 1.550 Euro pro Jahr. Die Anlage erwirtschaftet sich in gut 10 Jahren und über 20 Jahre verbleibt ein Gewinn von gut 15.000 Euro. Die Umweltentlastung beträgt circa 4,8 Tonnen CO_2 pro Jahr, wobei allerdings die Anmerkungen zur Holzverbrennung gelten (→ Seite 154).

76 % **Variante 13a-2:** Die Variante entspricht bis auf die kleinere Photovoltaikanlage derjenigen von Haushalt A. Auf dem Dach ist nun mit insgesamt 59 Quadratmetern für beide Anlagen noch etwas Platz.

Die Kosten liegen bei circa 57.800 Euro. Davon werden die Bundesförderung und ein Instandhaltungsanteil abgezogen und es verbleiben circa 28.800 Euro. Die Autarkie bezogen auf Strom und Wärme erreicht gut 76 Prozent, die Autarkie Strom wieder fast 52 Prozent. Die B's benötigen nur noch circa 2 Raummeter Holz pro Jahr und haben mit einem solaren Deckungsgrad von knapp 75 Prozent ein Sonnenhaus. Betriebskosten belaufen sich auf circa 1.240 Euro pro Jahr. Die Anlage erwirtschaftet sich in gut 15 Jahren und über 20 Jahre verbleibt ein Gewinn von gut 9.000 Euro. Die Umweltentlastung beträgt circa 5 Tonnen CO_2 pro Jahr, wobei ebenfalls die Anmerkungen zur Holzverbrennung gelten (→ Seite 154).

105 % **Variante 11a-1:** Vom Aufbau her entspricht sie derjenigen von Haushalt A. Wegen des geringeren Wärmebedarfs genügt eine kleinere Wärmepumpe mit nur noch 80 Meter Sonde. Auch die Photovoltaikanlage wird kleiner (6 Kilowatt-Peak und 6 Kilowattstunden Speicher). Auf dem Dach ist nun mit insgesamt 52 Quadratmetern für beide Anlagen noch etwas Platz.

Die Kosten liegen bei circa 59.640 Euro. Davon werden die Bundesförderung und ein Instandhaltungsanteil abgezogen und es verbleiben circa 30.640 Euro. Die Autarkie bezogen auf Strom und Wärme erreicht knapp 105 Prozent. Auch die B's haben nun ein Plusenergiehaus. Die Autarkie Strom liegt bei circa 67 Prozent. Auch Haushalt B hat Strombedarf im Winter und Überschüsse im Sommer und kann sich nicht vom Stromnetz abkoppeln. Die Betriebskosten belaufen sich auf circa 940 Euro pro Jahr. Die Anlage erwirtschaftet sich in knapp 14 Jahren und über 20 Jahre verbleibt ein Gewinn von gut 13.000 Euro. Die Umweltentlastung beträgt circa 5,8 Tonnen CO_2 pro Jahr. Auch bei dieser Anlage wird Kohlestrom verdrängt.

122 %

Variante 11b-1: Auch Haushalt B möchte auf die Erdbohrung verzichten und PVT-Kollektoren nutzen. Die Wärmepumpe benötigt 7,3 Kilowatt und ist dadurch teurer als bei der vorigen Variante. Allerdings entstehen keine Sondenkosten. Als Wärmequelle benötigt die Wärmepumpe 19,7 Quadratmeter PVT-Kollektoren, die eine Solarstromleistung von 4 Kilowatt-Peak zur Verfügung stellen. Sie möchten das Dach voll ausnutzen und ergänzen mit 6,9 Kilowatt-Peak normalen Photovoltaikmodulen auf 10,9 Kilowatt-Peak. Diese Leistung ist etwas geringer als diejenige von Haushalt A, da die PVT-Kollektoren die Dachfläche besser nutzen. Zusätzlich wird ein 6-Kilowattstunden-Batteriespeicher installiert. Die B's müssen unter dem Strich Investitionskosten von circa 43.800 Euro aufbringen. Ihre Autarkie bezogen auf Strom und Wärme erreicht gut 122 Prozent, sie haben ein Plusenergiehaus. Die Betriebskosten sinken auf circa 920 Euro pro Jahr. Es werden circa 6.880 Kilowattstunden ins öffentliche Netz eingespeist. Die Betriebskosteneinsparung kann die hohen Investitionskosten kaum erbringen, sodass die Anlage mit knapp 20 Jahren Amortisationszeit fast unwirtschaftlich ist. Die Umweltentlastung steigt durch die sehr große Photovoltaik auf circa 7,5 Tonnen CO_2 pro Jahr.

Fazit: Die Einschätzung der Varianten ist für die Haushalte A und B ähnlich. Die Investitionskosten sind für Haushalt B geringer, weil sie weniger Strom und Wärme benötigen und dadurch kleinere Anlagen ausreichen. Die Wirtschaftlichkeit der Sonnenhaus-Varianten ist ähnlich wie diejenige des Plusenergiehauses mit herkömmlicher Technik. Die kleineren Anlagen haben eine kürzere Amortisationszeit. Wollen die B's mit PVT-Kollektor auf eine Sondenbohrung verzichten, so wird die Anlage fast unwirtschaftlich. Sie könnten durch Verzicht auf einen Batteriespeicher die Amortisationszeit auf gut 17 Jahre verbessern. Die Varianten mit Holzheizung ergeben einen geringeren Autarkiegrad, weil auch Haushalt B das Holz vom Holzhandel bezieht. Die Wärmepumpe nutzt Umweltwärme vom eigenen Grundstück und ein hoher Autarkiegrad wird erreicht. Sie benötigt allerdings im Winter zusätzlichen Strom – ohne Netzanschluss wird's im Winter kalt. Beim Sonnenhaus liefert die eigene Photovoltaikanlage gut die Hälfte des benötigten Stroms. Wie sich eine Vergrößerung auswirkt → Seite 251. Im Jahresverlauf ergibt sich bei allen Varianten im Sommer eine Einspeisung und im Winter Strombezug. Der Unterschied ist bei den Wärmepumpen allerdings größer.

Haushalt B hat nun die Entscheidung zwischen drei sinnvollen Lösungen. Am kostengünstigsten ist Variante 13a-1. Variante 13a-1 und 13a-2 nutzen 100 Prozent erneuerbare Energie. Einen hohen Autarkiegrad und gute Wirtschaftlichkeit vereinigt Variante 11a-1. Variante 11b-1 ist leider fast unwirtschaftlich.

Haushalt C

Wie sieht es nun im Passivhaus der C's mit den Wegen zum Autarkhaus aus?

44 %

Variante 13b-1: Haushalt C benötigt hauptsächlich Wärme für die Warmwasserbereitung. Als solarthermische Anlage wird eine kleine Brauchwassersolaranlage mit 6 Quadratmetern Kollektorfläche und einem 400-Liter-Pufferspeicher installiert. Ein Holz-Kaminofen übernimmt die Beheizung des Speichers in sonnenarmen Zeiten. Ein Nachheizregister im Zuluftkanal der Lüftungsanlage und die Warmwasserbereitung beziehen Wärme bei Bedarf aus dem Speicher. Die Photovoltaikanlage entspricht derjenigen von Haushalt B.

Die Kosten liegen bei circa 24.800 Euro. Bundesförderung für Einzelmaßnahmen gibt es im Neubaubereich nicht. Sie können jedoch die ersparten Kosten der ansonsten nötigen Gasanlage abziehen und es verbleiben circa 18.800 Euro. Die Autarkie bezogen auf Strom und Wärme erreicht circa 44 Prozent, die Autarkie Strom wieder fast 52 Prozent. Die C's benötigen gut 2 Raummeter Holz pro Jahr und erzielen einen solaren Deckungsgrad von knapp 22 Prozent, damit ist ihr Haus noch kein Sonnenhaus. Die Betriebskosten belaufen sich auf circa 1.060 Euro pro Jahr. Die Anlage erwirtschaftet sich in knapp 20 Jahren. Die Umweltentlastung beträgt circa 2,7 Tonnen CO_2 pro Jahr, wobei allerdings die Anmerkungen zur Holzverbrennung gelten (→ Seite 154).

77 %

Variante 13b-2: Die C's möchten nur ein kleines Holzlager errichten und lassen eine größere solarthermische Anlage mit 12 Quadratmetern Kollektorfläche und einem 1.000-Liter-Pufferspeicher einbauen. Die Photovoltaikanlage entspricht der vorigen Variante. Auf dem Dach ist nun neben den 32 Quadratmetern für beide Anlagen noch reichlich Platz.

Die Kosten liegen unter dem Strich bei circa 23.800 Euro. Die Autarkie bezogen auf Strom und Wärme erreicht knapp 77 Prozent, die Autarkie Strom wieder fast 52 Prozent. Die C's benötigen nur noch circa 0,8 Raummeter pro Jahr Holz und haben mit einem solaren Deckungsgrad von knapp 73 Prozent ein Sonnenhaus. Diese geringe Holzmenge könnten sie sogar auf dem eigenen Grundstück gewinnen und wären somit zu knapp 95 Prozent autark. Ihre Betriebskosten belaufen sich auf circa 940 Euro pro Jahr. Die Anlage ist aber unwirtschaftlich, mit gekauftem wie mit eigenem Holz. Die Umweltentlastung beträgt circa 2,7 Tonnen CO_2 pro Jahr, wobei ebenfalls die Anmerkungen zur Holzverbrennung gelten.

80 % **Variante 11c-1:** Beim geringen Wärmebedarf des Passivhauses lohnt sich der Einbau einer Erdwärmepumpe und einer Sonnenkollektoranlage nicht. Außerdem würden sie auf dem Markt eine solche Anlage nicht finden. Haushalt C wählt ein Lüftungsanlagen-Zentralgerät mit eingebauter Wärmepumpe für die Nachheizung der Zuluft und die Warmwasserbereitung. Haushalt und Wärmepumpe werden mit der Photovoltaikanlage der vorigen Varianten versorgt (3 Kilowatt-Peak und ein 3-Kilowattstunden-Speicher).

Die Kosten liegen unter dem Strich bei circa 15.800 Euro. Die Autarkie bezogen auf Strom und Wärme erreicht knapp 80 Prozent, das Haus ist so kein Plusenergiehaus. Die Autarkie Strom liegt bei knapp 52 Prozent, bei Betriebskosten von circa 1.130 Euro pro Jahr. Die Anlage erwirtschaftet sich in circa 18 Jahren und über 20 Jahre verbleibt ein Gewinn von knapp 2.000 Euro. Die Umweltentlastung beträgt circa 2 Tonnen CO_2 pro Jahr. Bei dieser Anlage wird kein Kohlestrom verdrängt.

111 % **Variante 11c-2:** Die C's möchten ihren Autarkiegrad verbessern und lassen eine größere Photovoltaikanlage einbauen (6 Kilowatt-Peak und ein 6-Kilowattstunden-Speicher). Einen PVT-Kollektor könnten sie nur im Zusammenhang mit einer Erdwärmepumpe nutzen, was für das Passivhaus zu aufwendig wäre.

Die C's müssen unter dem Strich Investitionskosten von circa 23.200 Euro aufbringen. Die Autarkie bezogen auf Strom und Wärme erreicht knapp 111 Prozent, damit haben sie ein Plusenergiehaus. Ihre Betriebskosten sinken auf circa 850 Euro pro Jahr. Es werden circa 2.860 Kilowattstunden ins öffentliche Netz eingespeist. Die Betriebskosteneinsparung kann die Investitionskosten gerade erbringen und die Anlage liegt mit circa 20 Jahren Amortisationszeit an der Grenze zur Wirtschaftlichkeit. Die Umweltentlastung steigt durch die große Photovoltaikanlage auf circa 3,5 Tonnen CO_2 pro Jahr – Kohlestrom wird verdrängt.

Fazit: Die Investitionskosten sind für Haushalt C geringer als bei den beiden anderen Beispielhaushalten, weil sie den großen Schritt zum Passivhaus bereits getan haben und nun nur noch sehr wenig Wärme benötigen. Die Wirtschaftlichkeit der Sonnenhaus-Varianten ist schlechter als diejenige des Plusenergiehauses mit kleiner Photovoltaik. Nur die kleineren Anlagen sind wirtschaftlich. Die Varianten mit Holzheizung ergeben einen geringeren Autarkiegrad, wenn auch Haushalt C das Holz vom Holzhandel bezieht. Das ändert sich allerdings, wenn es ihnen möglich ist, diese geringen Mengen auf dem eigenen Grundstück zu ernten. Der Autarkiegrad Strom und Wärme beträgt dann bei den Varianten circa 97 be-

VORTEILE UND NACHTEILE

Erster Weg – Sonnenhaus (Schwerpunkt Solarthermie)

- Wärmelieferung unabhängig vom Netzstrom
- Vorlauftemperatur des Heizungssystems muss nicht niedrig sein
- Hoher Autarkiegrad möglich
- 100 Prozent erneuerbare Wärmelieferung
- Besonders günstiges System bei hohem Wärmebedarf
- Fördermöglichkeiten
- Thermische Speicherung ist kostengünstig.
- Durch die Photovoltaikanlage wird wertvoller Strom gewonnen.
- Geringe Belastung des Stromnetzes
- Unter günstigen Bedingungen wirtschaftlicher Betrieb möglich
- Bei guter Planung und Ausführung hohe Effizienz
- Bei geringem Wärmebedarf kann das Grundstück zur Holzgewinnung ausreichen.

Erster Weg – Sonnenhaus (Schwerpunkt Solarthermie)

- Holzofen muss bedient werden
- Lagerplatz nötig für gute Austrocknung des Holzes
- Im Winter kann die Solarkollektoranlage den Bedarf nicht vollständig decken.
- Für Solarkollektoren geeignetes Dach nötig
- Bei niedrigem Wärmebedarf ist Wärmepumpe in Lüftungsanlage besser geeignet
- Mittlere bis hohe Kosten
- Schornstein notwendig
- Keine Kühlung durch die Anlage möglich
- Lange Amortisationszeiten verlangen hohe Qualität der Anlage
- Sorgfältige Planung und Ausführung nötig
- Nachhaltig gewinnbares Holz steht nur begrenzt zur Verfügung
- Durch Holzverbrennung Belastung der Luft mit Schadstoffen
- Kurzfristige Klimaentlastung nur durch thermische Solaranlage

VORTEILE UND NACHTEILE

Zweiter Weg – Plusenergiehaus (Schwerpunkt Wärmepumpe)

- Mit zahlreichen Wärmequellen einsetzbar
- Bei PVT-Kollektoren kann auf Erdbohrung verzichtet werden
- Hoher Autarkiegrad möglich
- Strom aus der Photovoltaikanlage verbessert die Wirtschaftlichkeit
- Günstiges System bei geringem Wärmebedarf
- Gute Fördermöglichkeiten
- Thermische Speicherung ist kostengünstig
- Nutzung von Umweltwärme
- Durch die Photovoltaikanlage wird wertvoller Strom gewonnen
- Bei mittlerem bis hohem Wärmebedarf und Kopplung mit solarthermischer Anlage wird bei großer Photovoltaikanlage Plusenergiehaus erreicht
- Bei geringem Wärmebedarf und großer Photovoltaikanlage wird Plusenergiehaus auch ohne Kopplung mit Solarthermie erreicht
- Erdwärmeanlagen können im Sommer kühlen
- Unter günstigen Bedingungen wirtschaftlicher Betrieb möglich
- Bei guter Planung und Ausführung hohe Effizienz

Zweiter Weg – Plusenergiehaus (Schwerpunkt Wärmepumpe)

- Vorlauftemperatur des Heizungssystems muss niedrig sein
- Im Winter kann die Photovoltaikanlage den Bedarf nicht vollständig decken.
- Wärmepumpensondertarif meistens nicht nutzbar
- Geeignetes Dach für Photovoltaikanlage und gegebenenfalls Solarkollektoranlage nötig
- Bei normalem bis hohem Wärmebedarf ist thermische Solaranlage mit Holzheizung besser geeignet
- Mittlere bis hohe Kosten
- Netzanschluss notwendig
- Netzbelastung nimmt zu
- Große Photovoltaikanlage nötig
- Luft-Wasser-Wärmepumpen können laut sein.
- Erdwärmenutzung nicht immer möglich
- Lange Amortisationszeiten verlangen hohe Qualität der Anlage
- Sorgfältige Planung und Ausführung nötig

CHECKLISTE

Sonnenhaus – Plusenergiehaus

- ☐ Haben Sie einen hohen oder einen niedrigen Wärmebedarf?

Beachten Sie bitte die Checklisten zu

- ☐ „Solarthermie" (→ Seite 113),
- ☐ „Holzheizung" (→ Seite 165),
- ☐ „Photovoltaik" (→ Seite 50),
- ☐ „Speicher" (→ Seite 72) und
- ☐ „Wärmepumpe" (→ Seite 152).

ziehungsweise knapp 95 Prozent. Die Wärmepumpe nutzt Umweltwärme vom eigenen Grundstück und ein hoher Autarkiegrad wird erreicht. Sie benötigt allerdings im Winter zusätzlichen Strom – ohne Netzanschluss wird's im Winter kalt. Beim Sonnenhaus liefert die eigene Photovoltaikanlage gut die Hälfte des benötigten Stroms. Wie sich eine Vergrößerung auswirkt → Seite 255. Im Jahresverlauf ergibt sich bei allen Varianten im Sommer eine Einspeisung und im Winter Strombezug. Der Unterschied ist bei den Wärmepumpen allerdings größer.

Haushalt C hat nun die Entscheidung zwischen zwei sinnvollen Lösungen. Am kostengünstigsten bei hohem Autarkiegrad ist Variante 11c-1. Variante 13b-1 nutzt 100 Prozent erneuerbare Energie, eventuell sogar vom eigenen Grundstück. Die Variante 13b-2 ist leider unwirtschaftlich. Das echte Plusenergiehaus Variante 11c-2 liegt an der Grenze der Wirtschaftlichkeit. Ohne Batteriespeicher bleibt das Haus ein Plusenergiehaus und die Amortisationszeit verbessert sich auf gut 16 Jahre.

Steine aus dem Weg räumen: Energiedienstleistung statt Energieeinsatz

Öl- oder Gas- oder Stromverbrauch ist nicht Ihr Ziel. Sie wünschen jedoch die dadurch möglichen Annehmlichkeiten: eine warme, gemütliche Wohnung, warmes Wasser, helle Räume, gute Musik etc. Das sind die **Energiedienstleistungen.** Als Erstes sollten Sie also fragen: „Was möchte ich?" Und dann: „Wie kann ich dieses Ziel mit möglichst wenig Aufwand erreichen?" Je nach Ihrer persönlichen Lebenseinstellung kann die Einschätzung des Aufwands sehr unterschiedlich sein: Dem einen kommt es darauf an, viel Geld zu sparen, der anderen ist der Klimaschutz am wichtigsten oder eine unkomplizierte Bedienung oder möglichst wenig Platzbedarf oder ... Die energiesparsame Variante erfordert meistens eine Anfangsinvestition oder eine Verhaltensänderung.

BEISPIEL

In Energiedienstleistungen denken

Sie bereiten Ihren Kaffee mit der Kaffeemaschine zu und möchten auch noch in zwei Stunden ein warmes Getränk genießen. Dann wäre die Energiedienstleistung „warmer Kaffee während zwei Stunden".

Erste Möglichkeit: Sie lassen den Kaffee in der Kaffeemaschine stehen und nutzen die eingebaute Heizplatte. Diese benötigt zum Warmhalten Strom. Sie müssen sich um nichts kümmern. Nach zwei Stunden schmeckt der Kaffee jedoch etwas abgestanden.

Zweite Möglichkeit: Sie füllen den Kaffee sofort in eine Thermoskanne und schalten die Maschine ab. Resultat: Stromverbrauch null, Anschaffung einer soliden Thermoskanne, etwas Arbeit durch das Umschütten, besseres Kaffeearoma.

Stromanwendungen

Der Stromverbrauch wird in **Kilowattstunden** angegeben. Diese Einheit ist das Produkt von zwei Faktoren: Dem **Kilowatt** für die **Leistung** und der **Stunde** für die **Zeit**. Ein Produkt ist groß, wenn einer der beiden Faktoren groß ist, und nur klein, wenn beide Faktoren klein sind. In Abb. 4 sehen Sie vier Felder: Geringer Verbrauch, wenn Geräte kleiner Leistung nur selten betrieben werden (z. B. elektrische Brotschneidemaschine). Hoher Verbrauch bei Geräten mit geringer Leistung, die lange Zeit in Betrieb sind (z. B. Steckernetzteil) oder bei Geräten mit hoher Leistung, die nur kurz betrieben werden (z. B. Staubsauger). Und schließlich sehr hoher Verbrauch, wenn Geräte mit hoher Leistung lang betrieben werden (z. B. elektrische Heizge-

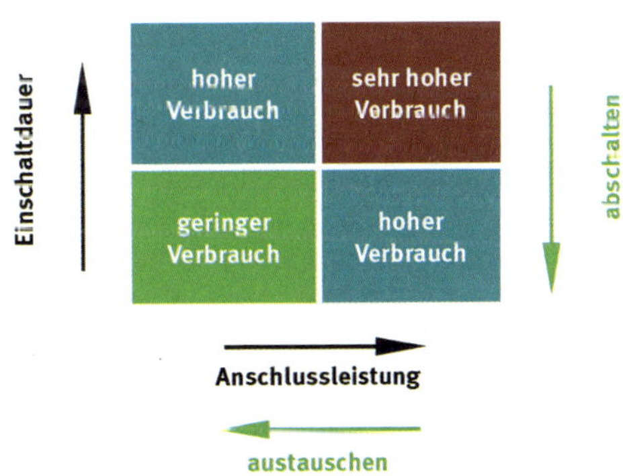

Abb. 4: Einflussfaktoren auf den Stromverbrauch und das Prinzip des Stromsparens

räte). Geräte mit geringem Verbrauch sind fürs Stromsparen nicht wichtig. Bei allen anderen gibt es zwei Möglichkeiten:

→ **1. Abschalten:** Sie verringern durch Verhaltensänderung die Einschaltdauer.

→ **2. Austauschen:** Die benötigte Leistung wird verringert, wenn Sie das alte Gerät gegen ein neues, energiesparendes Gerät austauschen.

→ TIPP

Hängt ein ganzer Gerätepark (etwa PC mit Drucker, Scanner etc. oder TV mit Receiver, Rekorder usw.) an einer Steckdosenleiste, lässt er sich mit einem Klick ausschalten, auch mit bequemem Fußschalter. Andere Schaltboxen lassen sich mit niedrigem Stromverbrauch per Fernbedienung abschalten. Bei einer „Master-Slave"-Steckdose wird alles ein- oder ausgeschaltet, wenn das Führungsgerät bedient wird: Zusammen mit dem Verstärker schalten Sie auch CD-Spieler, Aktiv-Boxen und Fernsehgerät ein.

Verbraucherzentralen oder Energieversorger verleihen Strommessgeräte. Damit können Sie sogar den Stromverbrauch messen, wenn das Gerät scheinbar ausgeschaltet ist: Solange irgendwas leuchtet, brummt oder warm ist, wird Strom verbraucht.

Beispiele fürs Stromsparen

Umwälzpumpen: Große Stromfresser können im Heizungskeller verborgen sein: die Umwälzpumpen der Heizungsanlage. Über 10 Jahre alte Heizungspumpen sollten Sie gegen Hocheffizienzpumpen austauschen. Eine Heizungspumpe läuft lange Zeit – viele Tausend Stunden pro Jahr. Sie wird üblicherweise so eingebaut, wie sie ausgeliefert wurde und das bedeutet meist: Sie steht auf höchster Stufe. Die Leistung beträgt dann typischerweise über 50 Watt. Eine solche Pumpe kann durchaus 300 bis 500 Kilowattstunden jährlich benötigen, was beim heutigen Strompreis 120 bis 200 Euro pro Jahr entspricht. Als Sofortlösung können Sie den Wahlschalter an der Pumpe auf die kleinste Stufe stellen. Sie werden vermutlich keinen Unterschied bei der Heizleistung feststellen. Pro Heizkörper reicht eine Pumpenleistung von 1 Watt aus.

Sollten Sie feststellen, dass es mit kleinster Pumpenleistung irgendwo in Ihrem Haus nicht ausreichend warm wird, so ist das ein Zeichen für ein schlecht abgeglichenes System (→ Seite 241). Die Verringerung der Pumpenleistung bewirkt eine Stromeinsparung von etwa 50 Prozent. Weitaus mehr können Sie durch eine neue Hocheffizienzpumpe erreichen – typische Einsparung: 80 bis 90 Prozent. Die Installationskosten einer neuen Pumpe von 250 bis 350 Euro erwirtschaften Sie demnach in 2 bis 4 Jahren.

Waschmaschinen und Spülmaschinen: Sie benötigen den meisten Strom zum Aufheizen des Waschwassers. In Ihrem energieautarken Haus wird Warmwasser sehr effektiv durch Solarthermie oder Wärmepumpe bereitgestellt. Da liegt es nahe, dieses Warmwasser direkt in den Haushaltsgeräten zu nutzen. Falls aus dem Warmwasseranschluss höchstens 3 Liter Kaltwasser fließen, bevor das warme Wasser kommt, können Sie so bei Spülmaschine und Waschmaschine den Stromverbrauch in etwa halbieren.

Bei einer Spülmaschine ist das fast immer unproblematisch: Der Zulaufschlauch wird vom Kaltwasser ab- und am Warmwasser angeschraubt. Unter der Spüle gibt es ohnehin Anschlüsse für Kalt- und Warmwasser. Sie benötigen vermutlich jedoch ein zusätzliches Eckventil. Es ist nicht schädlich, dass nun alle Spülgänge mit warmem Wasser ablaufen; denn die Wärme wird im Geschirr zwischengespeichert. Schauen Sie in die Bedienungsanleitung, ob ein Warmwasseranschluss zulässig ist.

Schwieriger ist es bei einer Waschmaschine. Sie können einen 30-Grad-Waschgang nicht mit 60 °C heißem Wasser ablaufen lassen. Ein Temperaturregler ist nötig. Außerdem ist es nicht sinnvoll, die Spülgänge mit warmem Wasser durchzuführen. Nach den Waschgängen muss auf Kaltwasser umgeschaltet werden. Mit etwas Mühe und einem Einhebelmischer (noch besser: thermostatische Mischbatterie) können Sie den Warmwasseranschluss ohne größere Umbaumaßnahmen herstellen: Zunächst stellen Sie den Mischer auf die gewünschte Waschtemperatur. Bei einer 30-Grad-Wäsche wäre dies die Mittelstellung. Dann starten Sie die Waschmaschine. Nach etwa 30 Minuten benötigt die Waschmaschine kein weiteres Warmwasser und Sie stellen für die anschließenden Spülgänge den Mischer auf „kalt". Im Handel gibt es Waschmaschinenvorschaltgeräte, die diese Arbeit automatisch erledigen, oder auch einige wenige Waschmaschinen mit Kalt- und Warmwasseranschluss.

Beleuchtung: Lampenhersteller haben in den letzten Jahren gewaltige Fortschritte gemacht. Die LED-Technik ist heute ausgereift und preiswert zu bekommen. Beleuchtung zählt zwar nicht zu den größten Energieverbrauchern im Haushalt, hier ist aber mit wenig Aufwand viel zu erreichen. In der Abbildung 5 (Seite 238) sind für die Energiedienstleistung „Beleuchtung eines Raums über 20 Jahre, jeweils 3 Stunden täglich" zwei Wege aufgezeigt. Eine **Halogenglühlampe** hat den geringsten Preis, jedoch auch die geringste Lebensdauer und die höchste Anschlussleistung. Sie müssen diese Lampe während der 20 Jahre zehnmal austauschen. Alle Lampen zusammengenommen zuzüglich des Stroms bei heutigem Strompreis kostet die Energiedienstleitung gut 240

	HALOGENGLÜHLAMPE	LED
Leistung	28,0 W	5,0 W
Betrachtungszeitraum	20 Jahre	20 Jahre
Brenndauer pro Jahr	1000 Stunden	1000 Stunden
Lebensdauer der Lampe	2000 Stunden	20.000 Stunden
Nutzungszeit	2 Jahre	20 Jahre
Kaufpreis pro Stück	2,00 €	5,00 €
Anzahl der Leuchtmittel	10	1
Lampenkosten im Betrachtungszeitraum	20,00 €	5,00 €
Stromverbrauch pro Jahr	28 kWh	5 kWh
Strompreis	40,0 ct/kWh	40,0 ct/kWh
Stromkosten pro Jahr	11,20 €	2,00 €
Einsparung an Stromkosten pro Jahr		9,20 €
Kosten für Beleuchtung im Betrachtungszeitraum	244,00 €	45,00 €
Einsparung im Betrachtungszeitraum		199,00 €

Abb. 5: Vergleich von Beleuchtungsmöglichkeiten

Euro. Die **LED** (englisch Light Emittend Diode – Licht emittierende Diode, Leuchtdiode –, die Diode ist ein elektronisches Bauteil) hat dieselbe Lichtausbeute wie eine Halogenlampe bei wesentlich geringerem Stromverbrauch. Sie liefert je nach Wunsch unterschiedliche Lichtfarben, braucht keine Aufheizphase wie die mittlerweile veraltete Energiesparlampe und enthält auch kein giftiges Quecksilber. Ihre Lebensdauer ist so groß, dass während der 20 Jahre kein Lampenwechsel erfolgen muss – die Lichtquelle fürs Leben. Unter dem Strich ist eine einzelne LED zwar teurer, die durch sie gelieferte Energiedienstleistung kostet jedoch nur circa 45 Euro. Die Einsparung allein an Stromkosten bei heutigem Preis ist so hoch, dass eine LED sich in weniger als einem Jahr amortisiert.

→ TIPP

Beim Kauf von Lampen kommt es nicht mehr auf die Wattzahl an, sondern auf Lumen – den Lichtstrom. Zum Vergleich: Eine alte Glühlampe mit 40 Watt liefert etwa 400 Lumen, demnach

10 Lumen pro Watt. Eine LED bringt mindestens 75 Lumen pro Watt. Für 400 Lumen reicht demnach eine LED mit 5,3 Watt.
Es gibt LED in Warmweiß, die eine gemütliche Beleuchtung ergeben, in Neutralweiß und in Tageslichtweiß eher für Arbeitsatmosphäre. Die Lichtfarbe wird in Kelvin (K) angegeben: 3.000 Kelvin entspricht Warmweiß, über 5.300 Kelvin Tageslichtweiß.

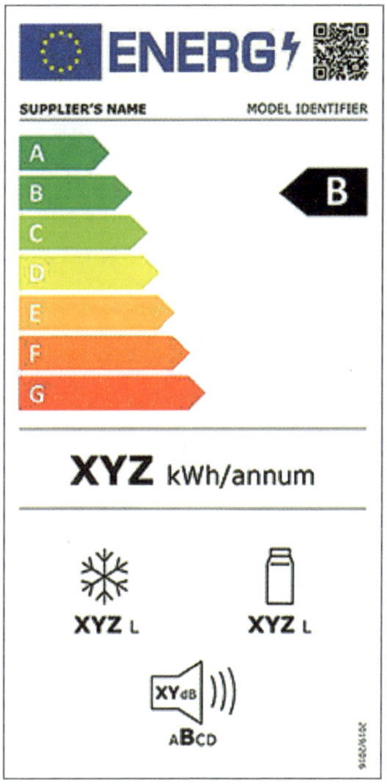

Abb. 6: Beispiel eines Energielabels der EU (Quelle: VZ-NRW, EU)

Kühl- und Gefriergeräte: Sie sind rund um die Uhr in Betrieb. Sie enthalten eine Wärmepumpe, die umso effizienter arbeitet, je geringer die Temperaturdifferenz zwischen innen und außen ist. Stellen Sie einen Kühlschrank mit Drei-Sterne-Fach bei 25 °C statt 20 °C auf (zum Beispiel direkt neben dem Herd), so benötigt er etwa 18 Prozent mehr Strom. Stellen Sie am Regler die Innentemperatur auf 7 °C statt auf 5 °C, was für die Aufbewahrung von Lebensmitteln durchaus reicht, so verbraucht das Gerät etwa 15 Prozent weniger Strom.

Heutige Kühl- und Gefriergeräte sind wesentlich sparsamer. Das EU-Label erleichtert die Kaufentscheidung. Mit bunten Balken wird der Verbrauch symbolisiert. Aber Vorsicht! Das Label wurde 2021 überarbeitet und an den Stand der Gerätetechnik angepasst. Seither gibt es je nach Geräteart unterschiedliche Klassen für die besten Geräte. Bei Kühlschränken ohne Gefrierfach ist das die Klasse „A“, bei Geräten mit Gefrierfach finden Sie bisher keine Geräte besser als Klasse „D“. Nutzen Sie zum Vergleich der Geräte den auf dem Label angegebenen Wert für den Jahresenergieverbrauch (kWh/annum).

GUT ZU WISSEN

Energieberatung

Eine Energieberatung zu Hause zeigt Ihnen, wo es Stromsparmöglichkeiten, Wärmelücken oder ineffiziente Haustechnik gibt, welche Maßnahmen sinnvoll sind, was es kostet und was es bringt. Es gibt eine bundesgeförderte Vor-Ort-Beratung (www.bafa.de › Energie › Energieberatung › Wohngebäude, unten auf der Seite finden Sie „Zum Thema", mit weiterführenden Informationen. Oder Sie nutzen die Expertensuche unter: www.energie-effizienz-experten.de
Auch die Verbraucherzentralen bieten eine Vor-Ort-Beratung an: www.verbraucherzentrale-energieberatung.de

→ **TIPP**

Die Broschüre „Besonders sparsame Haushaltsgeräte" gibt Hinweise zum EU-Label: http://www.oe2.de/
Informationen zum Kauf erhalten Sie auch bei www.ecotopten.de/grosse-haushaltsgeraete
Weitere Hinweise zum EU-Label: www.verbraucherzentrale.nrw/effizienzlabel-haushaltsgeraete

Wärmeanwendungen

Energiedienstleistungen bei Wärme sind „ein warmer Raum" und „ausreichend warmes Wasser". In einem schlecht gedämmten Altbau erzielen Sie möglicherweise den „warmen Raum" nur unzureichend. Hier hilft Wärmedämmung.

Thermostatventile: Mithilfe eines Thermostatventils bestimmen Sie die Raumtemperatur. Jedes Grad Raumtemperatur mehr erfordert etwa 5 bis 6 Prozent mehr Heizenergieverbrauch. Nutzen Sie diese Einzelraumregelung und passen Sie die Temperatur der Räume an Ihre Bedürfnisse an. Wenn Sie nicht zu Hause sind, können Sie die Temperatur in einzelnen Räumen oder in der ganzen Wohnung absenken.

Das Thermostatventil ist ein Temperaturregler. Der Zufluss zum Heizkörper wird so lange vom Ausdehnungselement geöffnet, bis die gewünschte Temperatur erreicht ist. Es nützt also nichts, das Thermostatven-

ACHTUNG

Falls Sie einen Raumtemperaturregler haben, beispielsweise im Wohnzimmer, sollte hier das Thermostatventil immer voll geöffnet sein. Sonst arbeiten zwei Regler gegeneinander und die Heizung kann auf Störung gehen.

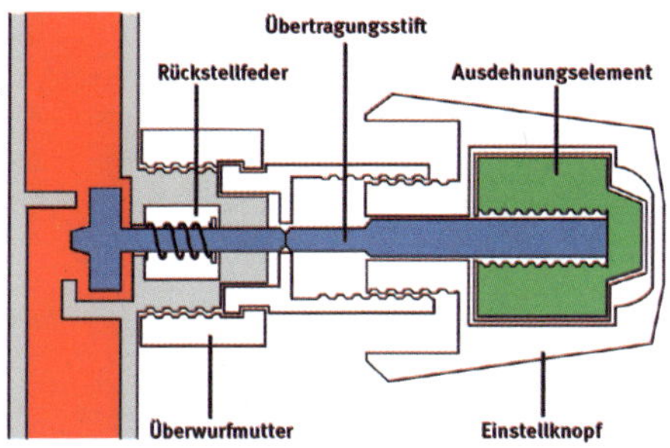

Abb. 7: Schematische Darstellung eines Thermostatventils

til voll aufzudrehen, um einen Raum schnell aufzuheizen. Auf Stufe „3" geht es genauso schnell. Dann kann das Thermostatventil jedoch regeln und den Zufluss zum Heizkörper absperren, wenn 20 °C Raumtemperatur überschritten werden oder zusätzliche Wärme durch Sonneneinstrahlung oder Personen und Geräte im Raum zur Verfügung ist. Steht das Thermostatventil jedoch auf „5", so erfolgt die Abregelung erst oberhalb von 27 °C. Ältere Thermostatventile können klemmen. Außerdem ist die Temperaturregelung bei neuen Thermostatventilen feinfühliger. Wenn Sie neue Ventilunterteile einbauen lassen, sollten es in jedem Fall voreinstellbare sein (→ nächste Seite).

Falls das Unterteil noch in Ordnung ist, können Sie den Thermostatkopf gegen ein elektronisches Thermostatventil tauschen. Dies bietet die Möglichkeit, Temperaturen gradgenau zeitlich zu programmieren. Außerdem schließt es während des Lüftens. Elektronische Thermostatventile sind besonders sinnvoll, wenn Sie die Räume unterschiedlich nutzen. So können Sie beispielsweise das Bad passend zu Ihren Duschgewohnheiten vorheizen und den Tag über im Absenkbetrieb lassen. Die abgesenkte Temperatur sollte jedoch nicht unter 16 °C liegen, da es sonst Feuchtigkeits- und Schimmelprobleme geben kann. Wird ein Raum nur sehr selten genutzt, so können Sie dort die Temperatur noch weiter absenken, müssen jedoch dafür sorgen, dass keineswegs warme Luft aus der übrigen Wohnung eindringt.

Hydraulischer Abgleich: Möglicherweise erhalten Sie die Energiedienstleistung „warmer Raum" nicht in allen Räumen. Die Einzelraumregelung durch ein Thermostatventil funktioniert nur zufriedenstellend, wenn die Heizzentrale eine zur Außentemperatur passende Vorlauftemperatur zur Verfügung stellt und wenn das gesamte Heizsystem richtig abgeglichen ist. Im Haus ohne hydraulischen Abgleich sucht sich das Heizungswasser den Weg des geringsten Widerstands, und das ist der am nächsten zum Heizkessel liegende Heizkörper. Dieser wird eher zu warm. Weiter weg liegende Heizkörper bleiben „lau". Beim hydraulisch abgegli-

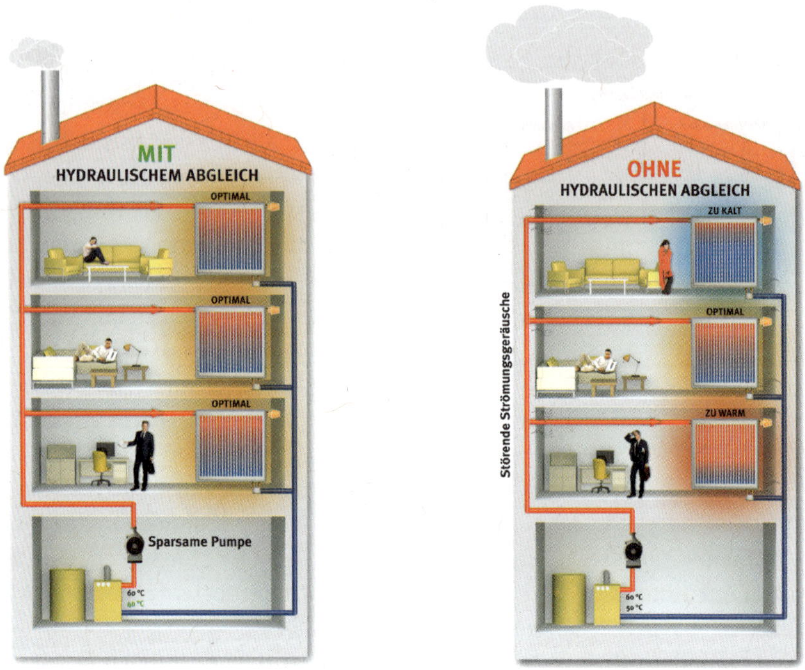

Abb. 8: Der hydraulische Abgleich sorgt für eine gleichmäßige Wärmeverteilung in allen Heizkörpern.

chenen System werden sämtliche Heizkörper gleichmäßig durchströmt und alle Räume erhalten die Energiedienstleistung „angenehme Temperatur". Für den hydraulischen Abgleich müssen voreinstellbare Thermostatventile eingebaut oder vorhandene Ventile mit einem voreinstellbaren Ventileinsatz nachgerüstet werden. Ein solcher Ventileinsatz enthält einen Zylinder mit unterschiedlich breiten Schlitzblenden. Wenn der Thermostatkopf abgenommen wird, kommt ein Zahlenkranz zum Vorschein, der mit einem Spezialschlüssel auf den richtigen Wert für den Durchfluss eingestellt wird.

Der Heizungsbauer errechnet diesen Wert anhand des Raum-Wärmebedarfs und der Daten des Heizkörpers. Es gibt mittlerweile Heizungspumpen, die den hydraulischen Abgleich unterstützen. Ein hydraulischer Abgleich muss nachgewiesen werden, wenn Sie Fördermittel für die Heizungsanlage im Rahmen der Bundesförderung für effiziente Gebäude (BEG → Seite 215) beantragen. Es gehört zur Pflicht des Heizungsbauers, einen hydraulischen Abgleich durchzuführen, wenn ein neuer Wärmeerzeuger eingebaut wird. In den Häusern der Beispielhaushalte werden Flächenheizungen (→ Seite 150) eingebaut; denn solare Heizungsunterstützung und Wärmepumpe verlangen ein Heizsystem mit möglichst niedrigen Temperaturen. Im Verteilerschrank der Flächenheizung kann der hydraulische Abgleich der Heizschleifen erfolgen. Die Einstellung erfolgt anhand der direkt ablesbaren Durchflusswerte. Im Rahmen des Abgleichs kann auch eine Überströmleitung entfernt werden (Verbindung zwischen Vor- und Rücklauf macht Verluste). Ein hydraulischer Abgleich kostet im Ein- oder Zweifamilienhaus zwar 5 bis 10 Euro je Quadratmeter Wohnfläche. Doch Sie sparen dafür – bei heutigen Gaskosten – jährlich zwischen 60 Cent und bis zu 1,80 Euro pro Quadratmeter Wohnfläche ein. In den meisten Fällen amortisiert sich der hydraulische Abgleich in wenigen Jahren.

Rohrdämmung: Wenn es im Heizungskeller so aussieht wie in der folgenden Abbildung 10, braucht man sich nicht über hohe Heizkosten zu wundern. Es sollte kein blankes Metall zu sehen sein. Wird die Rohrleitung in ausreichender Stärke gedämmt, lassen sich pro Meter Rohr bis zu 24 Euro Heizkosten jährlich sparen.

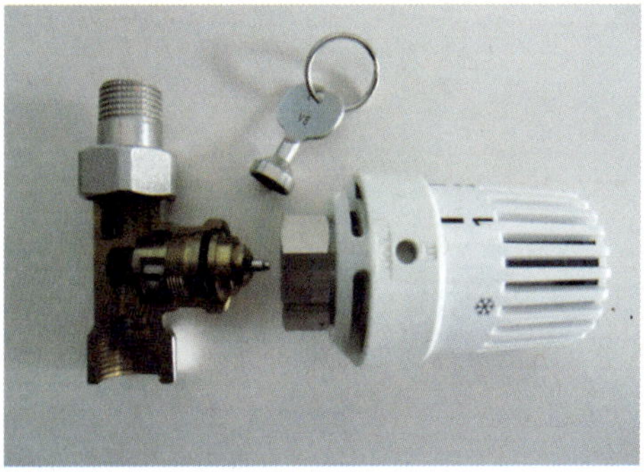

Abb. 9: Voreinstellbares Thermostatventil, aufgeschnitten

→ TIPP Überströmleitung

Oft ist in alten Heizungsanlagen eine sogenannte Überströmleitung, eine Verbindungsleitung zwischen Vor- und Rücklauf, eingebaut. Diese war damals notwendig, da die nicht geregelte Pumpe durch hohen Druck geschlossene Thermostatventile zum Pfeifen gebracht hat. Andererseits wird dadurch Wärmeenergie unnötig transportiert. Bei geregelter Pumpe und hydraulisch abgeglichenem System ist die Überströmleitung unnötig. Lassen Sie diese demontieren, so verringern Sie Verluste.

Die Dämmstärke sollte mindestens so dick sein wie die Leitung und keinesfalls unter 2 Zentimetern liegen.

Abb. 10: Ungedämmte Rohre am Warmwasserspeicher

Die Kosten für diese Maßnahme liegen je nach Material und Dämmstärke zwischen 3 und 10 Euro pro Meter. Diese Kosten haben sich schon nach höchstens einem Jahr wieder eingespielt. Spätestens beim Einbau einer neuen Heizungsanlage sollte dies nachgerüstet werden und auch alle Armaturen und Übergangsmuttern zum Speicher eingepackt sein.

Durchflussbegrenzer: Die Energiedienstleistung „warmes Wasser" kann mit geringerem Energieaufwand erfolgen, wenn die Wassermengen mit Durchflussbegrenzern verringert werden. Sie sind entweder direkt in den Perlatoren eingebaut oder sie werden zwischen Armatur und Duschschlauch geschraubt. Sie sind für wenige Euro erhältlich, mit wenigen Handgriffen installiert und verringern den Warmwasserbedarf um etwa ein Drittel ohne merkliche Komforteinbuße.

→ **TIPP Heizungsoptimierung**
Sie finden einige Tipps und Erläuterungen, um Wärmeenergie effektiver einzusetzen, auch eine Videoanleitung zur Rohrdämmung, unter www.verbraucherzentrale.nrw/heizungsoptimierung

Heizungslabel: Seit Herbst 2015 gibt es auch für Heiz- und Warmwassergeräte ein EU-Label. Es ähnelt zwar dem für Kühlschränke, Backöfen, Waschmaschinen etc., ist aber leider nicht annähernd so hilfreich. Es gibt einen ganzen Zoo von Labeln, je nachdem um welches Heiz- oder Warmwassergerät oder Kombigerät es sich handelt. Heizung und Warmwasserbereitung werden getrennt bewertet. Da Heizungsanlagen aus mehreren Komponenten zusammengestellt werden können, gibt es außerdem ein Paketlabel für Verbundanlagen. Eine besonders gute Regelung oder eine zusätzliche thermische Solaranlage verbessert die Einstufung. Die Labels für Heizkessel, Wärmepumpen, Blockheizkraftwerke, Holzheizungen mit oder ohne Warmwasserbereitung enthalten spezifische Angaben. Nur die Einteilung der Effizienzklassen ist einheitlich.

Ein Technologievergleich ist schwierig wegen unterschiedlicher Energiekosten – eine „A+"-Wärmepumpe kann ungünstiger sein als ein „A"-Brennwertkessel. Leider gibt das Label auch nicht an, wie gut die jeweilige Heiztechnik zu Ihrem Haus passt oder wie sorgfältig Planung und Einbau sind. Merke: Dieses Label kann nur eine grobe Orientierung liefern. Sie benötigen unbedingt eine zusätzliche Beratung (**www.verbraucherzentrale-energieberatung.de/heizungslabel**).

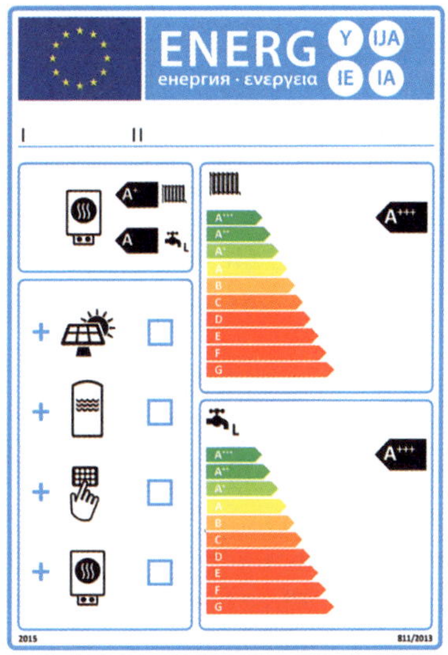

Abb. 11: Beispiel eines Heizungslabels der EU

Beispielvarianten

Die Haushalte A, B und C möchten bei gleicher Energiedienstleistung weniger Energie einsetzen.

- Möglichkeit 1: Sie können mit den Anlagen der oben besprochenen Varianten einen höheren Autarkiegrad erreichen.
- Möglichkeit 2: Sie nutzen Ihre gesamte Dachfläche für Solarthermie und Photovoltaik und erzielen so das Maximum an Autarkie.

Die Einsparung der Dacheindeckung durch ein solches Solardach wird bei der Wirtschaftlichkeitsberechnung nicht berücksichtigt. Für den Batteriespeicher wird eine wirtschaftlich vertretbare Größe genommen. Eine größere Batterie steigert den Autarkiegrad zwar ein wenig, bedeutet jedoch hohe Zusatzkosten, die sich bei heutigen Batteriepreisen nicht rechnen.

Haushalt A

Die A's haben sich überzeugen lassen, den Dachboden zum unbeheizten Dach zu dämmen.

Auf die Holzbalkendecke kommt Dämmstoff, nachdem diese gegen Luftströmungen abgedichtet wurde. Haushalt A spart dadurch etwa 2.900 Kilowattstunden jährlich an Heizwärme. Die Maßnahme kostet circa 2.500 Euro.

Die Perlatoren an den Waschbecken werden gegen Spar-Perlatoren und der Duschkopf gegen einen Spar-Duschkopf getauscht. Das kostet sie nur etwa 50 Euro bei einer jährlichen Wärmeeinsparung von 360 Kilowattstunden. Die Einsparung an Wasser- und Abwasserkosten wird hier nicht berücksichtigt.

Es gibt im Wohnzimmer und im Flur noch fünf alte 40-Watt-Glühlampen, die im Schnitt jeweils 3 Stunden pro Tag leuchten. Gleich helle LED kosten 10 Euro und benötigen 180 Kilowattstunden Strom pro Jahr weniger. Bei der Wirtschaftlichkeitsrechnung wird nur die Stromeinsparung und nicht die geringeren Lampenkosten während der Lebensdauer der LED berücksichtigt.

Ein altes Kühlgerät wird gegen ein Gerät der höchsten Effizienzklasse ausgetauscht. Die A's zahlen dafür 400 Euro und sparen 400 Kilowattstunden Strom jährlich.

Im Rahmen der Heizungserneuerung wird selbstverständlich eine neue Hocheffizienzpumpe eingebaut. Die Kosten sind bereits in den Investitionskosten für die neue Anlage enthalten, die Stromeinsparung beträgt 290 Kilowattstunden jährlich.

Haushalt A hat in Zukunft eine hocheffiziente Warmwasserbereitung. Da liegt es nahe, Spülmaschine und Waschmaschine ans Warmwasser anzuschließen. Für die Spülmaschine brauchen die A's ein zusätzliches Eckventil zu 50 Euro. Die Spülmaschine benötigt dann 50 Kilowattstunden Strom weniger. Allerdings steigt dafür der Energiebedarf für die Warmwasserbereitung. Die A's möchten weiterhin komfortabel waschen und kaufen deswegen ein Waschmaschinen-Vorschaltgerät für 250 Euro. Resultat: 30 Kilowattstunden Stromeinsparung und Warmwassermehrverbrauch.

Das ganze Paket kostet Haushalt A circa 3.260 Euro. Der Warmwasserbedarf sinkt auf 1.320 Kilowattstunden, der Heizenergiebedarf auf 14.620 Kilowattstunden und der Strombedarf auf 3.050 Kilowattstunden jährlich.

Möglichkeit eins:

54 %

Variante 13a-3: Die Anlage entspricht Variante 13a-1 (→ Seite 225). Auf dem Dach gibt es noch freie Fläche.

Durch das Energiesparpaket steigen die Kosten unter dem Strich auf circa 21.530 Euro. Die Autarkie bezogen auf Strom und Wärme erreicht knapp 54 Prozent, die Autarkie Strom fast 68 Prozent. Haushalt A benötigt knapp 8 Raummeter Holz pro Jahr und erzielt einen solaren Deckungsgrad von gut 45 Prozent, damit haben sie noch kein Sonnenhaus. Ihre Betriebskosten belaufen sich auf circa 1.680 Euro pro Jahr. Die Anlage erwirtschaftet sich in knapp 6 Jahren und über 20 Jahre verbleibt ein Gewinn von knapp 51.000 Euro. Die Umweltentlastung beträgt circa 10,4 Tonnen CO_2 pro Jahr, wobei allerdings die Anmerkungen zur Holzverbrennung gelten (→ Seite 154).

76 % **Variante 13a-4:** Die Anlage entspricht Variante 13a-2. Das Dach ist voll belegt.

Die Kosten unter dem Strich steigen auf circa 33.530 Euro. Die Autarkie bezogen auf Strom und Wärme erreicht gut 76 Prozent, die Autarkie Strom wieder fast 68 Prozent. Die A's benötigen nur noch circa 4 Raummeter Holz pro Jahr und haben mit einem solaren Deckungsgrad von gut 71 Prozent ein Sonnenhaus. Die Betriebskosten belaufen sich auf circa 1.370 Euro pro Jahr. Die Anlage erwirtschaftet sich in knapp 9 Jahren und über 20 Jahre verbleibt ein Gewinn von gut 45.000 Euro. Die Umweltentlastung beträgt circa 10,5 Tonnen CO_2 pro Jahr, wobei ebenfalls die Anmerkungen zur Holzverbrennung gelten.

108 % **Variante 11a-2:** Die Anlage entspricht Variante 11a-1. Allerdings benötigen Sie durch das Energiesparpaket eine kleinere Leistung. 4,5 Kilowatt sind nun ausreichend. Auch die Sondenbohrung muss nun nur noch 90 Meter Länge haben. Das Dach ist voll belegt.

Die Kosten unter dem Strich steigen auf circa 38.650 Euro. Die Autarkie bezogen auf Strom und Wärme erreicht knapp 108 Prozent, damit ist das Haus ein Plusenergiehaus. Die Autarkie Strom liegt bei circa 80 Prozent. Die A's können sich immer noch nicht vom Stromnetz abkoppeln. Ihre Betriebskosten belaufen sich auf circa 830 Euro pro Jahr. Die Anlage erwirtschaftet sich in knapp 9 Jahren und über 20 Jahre verbleibt ein Gewinn von knapp 51.000 Euro. Die Umweltentlastung beträgt circa 11,8 Tonnen CO_2 pro Jahr wegen der Verdrängung von Kohlestrom.

112 % **Variante 11b-2:** Die Anlage ähnelt Variante 11b-1. Wegen des Energiesparpakets benötigt die Wärmepumpe nur noch 8,8 Kilowatt und 24 Quadratmeter PVT-Kollektoren sind nun ausreichend. Sie stellen eine Solarstromleistung von 4,9 Kilowatt-Peak zur Verfügung, die zur vollen Dachausnutzung mit 6,3 Kilowatt-Peak normalen Photovoltaikmodulen auf 11,2 Kilowatt-Peak ergänzt wird.

Die A's müssen unter dem Strich Investitionskosten von circa 57.630 Euro aufbringen. Die Autarkie bezogen auf Strom und Wärme erreicht knapp 112 Prozent, also haben sie ein Plusenergiehaus. Die Autarkie Strom liegt bei knapp 84 Prozent. Die Betriebskosten steigen im Vergleich zu Variante 11a-2. auf circa 1.090 Euro pro Jahr. Es werden circa 6.900 Kilowattstunden ins öffentliche Netz eingespeist. Die Anlage amortisiert sich in knapp 14 Jahren und es verbleiben über 20 Jahre gut 26.000 Euro. Die Umweltentlastung steigt durch die sehr große Photovoltaikanlage auf circa 12,5 Tonnen CO_2 pro Jahr.

Fazit: Die Wirtschaftlichkeit aller Varianten verbessert sich durch das Energiesparpaket. Die Sonnenhaus-Variante mit kleiner thermischer Solaranlage ist nach wie vor etwas wirtschaftlicher als das Plusenergiehaus mit Erdwärmepumpe. Die kleineren Anlagen haben eine kürzere Amortisationszeit. Wollen die A's mit PVT-Kollektoren auf eine Sondenbohrung verzichten, so müssen sie dafür eine schlechtere Wirtschaftlichkeit in Kauf nehmen. Die Varianten mit Holzheizung ergeben einen geringeren Autarkiegrad, weil Haushalt A das Holz vom Holzhandel bezieht. Die Wärmepumpe nutzt Umweltwärme vom eigenen Grundstück und ein hoher Autarkiegrad wird erreicht. Sie benötigt allerdings im Winter zusätzlichen Strom – ohne Netzanschluss wird's im Winter kalt. Beim Sonnenhaus liefert die eigene Photovoltaikanlage weit über die Hälfte des benötigten Stroms. Wie sich eine Vergrößerung auswirkt: siehe Möglichkeit zwei. Im Jahresverlauf ergibt sich bei allen Varianten im Sommer eine Einspeisung und im Winter Strombezug. Der Unterschied ist bei den Wärmepumpen allerdings größer. Bei den großen Photovoltaikanlagen gibt es hohe Solarstromüberschüsse, die ins Netz eingespeist werden. Stattdessen könnte ein Elektroauto mit dem eigenen Strom viele Kilometer jährlich fahren.

Haushalt A hat nun die Entscheidung zwischen vier sinnvollen Lösungen. Am kostengünstigsten ist Variante 13a-3. Variante 13a-3 und 13a-4 nutzen 100 Prozent erneuerbare Energie. Einen hohen Autarkiegrad und gute Wirtschaftlichkeit vereinigt Variante 11a-2. Variante 11b-2 ist zwar am teuersten, ergibt aber bei Verzicht auf eine Erdbohrung den höchsten Autarkiegrad und einen nur geringen Netzbezug.

Möglichkeit zwei:

Nur bei Variante 13a-3 gibt es noch Platz für zusätzliche Photovoltaikmodule:

65 % **Variante 13a-5:** Die Anlage entspricht Variante 13a-3 (→ Seite 246). Allerdings wird die Photovoltaikanlage auf 8 Kilowatt-Peak vergrößert und mit einem größeren 8-Kilowattstunden-Speicher verbunden.

Die Kosten steigen unter dem Strich auf circa 30.030 Euro. Die Autarkie bezogen auf Strom und Wärme erreicht gut 65 Prozent, die Autarkie Strom circa 80 Prozent. Die A's benötigen knapp 8 Raummeter Holz pro Jahr und erzielen einen solaren Deckungsgrad von gut 45 Prozent, haben aber damit noch kein Sonnenhaus. Betriebskosten belaufen sich auf circa 1.330 Euro pro Jahr. Die Anlage erwirtschaftet sich in knapp 8 Jahren und über 20 Jahre verbleibt ein Gewinn von gut 49.000 Euro. Die Umweltentlastung beträgt circa 12,4 Tonnen CO_2 pro Jahr, wobei allerdings die Anmerkungen zur Holzverbrennung gelten.

Fazit: Wegen der großen Photovoltaikanlage steigen Autarkiegrad und Umweltentlastung. Die Investitionskosten sind erheblich höher, die Jahreskosten sinken. Allerdings verschlechtert sich die Wirtschaftlichkeit nur wenig und bleibt gut. Da in den Sonnenhaus-Varianten kein Solarstrom für die Wärmebereitstellung genutzt wird, bleibt der Brennstoffbedarf wie bei Möglichkeit eins. Es gibt hohe Solarstromüberschüsse, die ins Netz eingespeist werden. Stattdessen könnte ein Elektroauto mit dem eigenen Strom viele Kilometer jährlich fahren.

Haushalt B

Die B's wollen den baulichen Wärmeschutz nicht weiter verbessern. Sie bauen jedoch wie Haushalt A Wasserspargeräte ein. Das kostet nur etwa 50 Euro bei einer jährlichen Wärmeeinsparung von 960 Kilowattstunden. Die Einsparung ist erheblich höher, da im Haushalt B mehr Personen leben.

Es gibt in der Küche noch zwei Halogenglühlampen zu je 20 Watt, die im Schnitt jeweils 3 Stunden pro Tag leuchten. Gleich helle LED kosten 10 Euro und benötigen 30 Kilowattstunden Strom pro Jahr weniger.

Haushalt B hat einen älteren Wäschetrockner, der oft genutzt wird. Ein neuer Wärmepumpentrockner kostet etwa 1.000 Euro und spart 520 Kilowattstunden Strom jährlich.

Im Rahmen der Heizungserneuerung erfolgt ein Pumpenaustausch, der in den Kosten bereits enthalten ist. Jährlich werden 290 Kilowattstunden Strom eingespart.

Die B's versorgen ihre Spülmaschine bereits mit Warmwasser. Das soll nun auch mit der Waschmaschine geschehen. Sie kaufen ein Waschmaschinen-Vorschaltgerät für 250 Euro. Die B's benötigen wegen der im Haushalt lebenden Kinder die Waschmaschine wesentlich häufiger als Haushalt A und können mit Warmwassermehrverbrauch circa 160 Kilowattstunden Stromeinsparung erzielen.

Das ganze Paket kostet Haushalt B circa 1.310 Euro. Der Warmwasserbedarf sinkt auf 2.400 Kilowattstunden pro Jahr und der Strombedarf auf 2.000 Kilowattstunden jährlich. Der Heizenergiebedarf bleibt bei 9.900 Kilowattstunden pro Jahr. Nicht berücksichtigt werden die Einsparung an Kaltwasser- und Abwasserkosten und die eingesparten Lampenaustauschkosten.

Möglichkeit eins:

48 %

Variante 13a-3: Die Anlage entspricht Variante 13a-1 (→ Seite 227). Auf dem Dach gibt es noch freie Fläche.

Durch das Energiesparpaket steigen die Kosten unter dem Strich auf circa 18.110 Euro.

Die Autarkie bezogen auf Strom und Wärme erreicht knapp 48 Prozent. Die Autarkie Strom erreicht gut 73 Prozent. Die B's benötigen gut 5 Raummeter Holz pro Jahr und erzielen einen solaren Deckungsgrad von knapp 34 Prozent, haben also damit noch kein Sonnenhaus. Betriebskosten belaufen sich auf circa 1.220 Euro pro Jahr. Die Anlage erwirtschaftet sich in gut 9 Jahren und über 20 Jahre verbleibt ein Gewinn von gut 20.000 Euro. Die Umweltentlastung beträgt circa 5,4 Tonnen CO_2 pro Jahr, wobei allerdings die Anmerkungen zur Holzverbrennung gelten.

88 % **Variante 13a-4:** Die Anlage entspricht Variante 13a-2. Auf dem Dach gibt es noch freie Fläche.

Die Kosten unter dem Strich steigen auf circa 30.110 Euro. Die Autarkie bezogen auf Strom und Wärme erreicht knapp 88 Prozent, die Autarkie Strom wieder gut 73 Prozent. Die B's benötigen nur noch circa 1,5 Raummeter Holz pro Jahr und haben mit einem solaren Deckungsgrad von knapp 82 Prozent ein Sonnenhaus. Die Betriebskosten belaufen sich auf circa 900 Euro pro Jahr. Die Anlage erwirtschaftet sich in gut 13 Jahren und über 20 Jahre verbleibt ein Gewinn von knapp 15.000 Euro. Die Umweltentlastung beträgt circa 5,6 Tonnen CO_2 pro Jahr, wobei ebenfalls die Anmerkungen zur Holzverbrennung gelten.

111 % **Variante 11a-2:** Die Anlage entspricht Variante 11a-1. Allerdings benötigen Sie durch das Energiesparpaket eine kleinere Leistung. 3,8 Kilowatt sind nun ausreichend. Auch die Sondenbohrung muss nun nur noch 80 Meter Länge haben. Auf dem Dach gibt es noch freie Fläche.

Die Kosten unter dem Strich steigen auf circa 30.950 Euro. Autarkie bezogen auf Strom und Wärme erreicht gut 111 Prozent, sie haben ein Plusenergiehaus. Die Autarkie Strom liegt bei gut 84 Prozent. Trotz dieses hohen Werts gibt es noch Strombedarf im Winter und sie können sich nicht vom Stromnetz abkoppeln, bei Betriebskosten von circa 650 Euro pro Jahr. Die Anlage erwirtschaftet sich in gut 12 Jahren und über 20 Jahre verbleibt ein Gewinn von gut 19.000 Euro. Die Umweltentlastung beträgt circa 6,4 Tonnen CO_2 pro Jahr. Auch bei dieser Anlage wird Kohlestrom verdrängt.

129 % **Variante 11b-2:** Die Anlage ähnelt Variante 11b-1. Wegen des Energiesparpakets benötigt die Wärmepumpe nur noch 6,8 Kilowatt und 18,5 Quadratmeter PVT-Kollektoren sind nun ausreichend. Sie stellen eine Solarstromleistung von 3,8 Kilowatt-Peak zur Verfügung, die zur vollen Dachausnutzung mit 7,1 Kilowatt-Peak normalen Photovoltaikmodulen auf 10,9 Kilowatt-Peak ergänzt wird.

Haushalt B muss unter dem Strich Investitionskosten von circa 42.990 Euro aufbringen. Die Autarkie bezogen auf Strom und Wärme erreicht circa 129 Prozent, damit haben sie ein Plusenergiehaus. Die Betriebskosten sinken auf circa 650 Euro pro Jahr. Es werden circa 7.530 Kilowattstunden ins öffentliche Netz eingespeist. Die Anlage erwirtschaftet sich in gut 17 Jahren. Die Umweltentlastung steigt durch die sehr große Photovoltaik auf circa 8,2 Tonnen CO_2 pro Jahr.

Fazit: Die Wirtschaftlichkeit aller Varianten verbessert sich durch das Energiesparpaket. Selbst die Variante mit PVT-Kollektor ist jetzt wirtschaftlich. Die Sonnenhaus-Varianten sind ähnlich wirtschaftlich wie das Plusenergiehaus mit Erdwärmepumpe. Die kleineren Anlagen haben eine kürzere Amortisationszeit. Wollen die B's mit PVT-Kollektoren auf eine Sondenbohrung verzichten, so müssen sie dafür eine schlechtere Wirtschaftlichkeit in Kauf nehmen. Die Varianten mit Holzheizung ergeben einen geringeren Autarkiegrad, weil auch Haushalt B das Holz vom Holzhandel bezieht. Die Wärmepumpe nutzt Umweltwärme vom eigenen Grundstück und ein hoher Autarkiegrad wird erreicht. Sie benötigt allerdings im Winter zusätzlichen Strom – ohne Netzanschluss wird's im Winter kalt. Beim Sonnenhaus liefert die eigene Photovoltaikanlage fast drei Viertel des benötigten Stroms. Wie sich eine Vergrößerung auswirkt: Möglichkeit zwei. Im Jahresverlauf ergibt sich bei allen Varianten im Sommer eine Einspeisung und im Winter Strombezug. Der Unterschied ist bei den Wärmepumpen allerdings größer. Bei den großen Photovoltaikanlagen gibt es hohe Solarstromüberschüsse, die ins Netz eingespeist werden. Stattdessen könnte ein Elektroauto mit dem eigenen Strom viele Kilometer jährlich fahren.

Haushalt B hat nun die Entscheidung zwischen vier sinnvollen Lösungen. Am kostengünstigsten ist Variante 13a-3. Variante 13a-3 und 13a-4 nutzen 100 Prozent erneuerbare Energien. Einen hohen Autarkiegrad und gute Wirtschaftlichkeit vereinigt Variante 11a-2. Variante 11b-2 ist zwar am teuersten, ergibt aber bei Verzicht auf eine Erdbohrung den höchsten Autarkiegrad und einen recht geringen Netzbezug.

Möglichkeit zwei:

Nur bei Variante 11b-2 gibt es keinen Platz mehr für zusätzliche Photovoltaikmodule:

72 % **Variante 13a-5:** Die Anlage entspricht Variante 13a-3 (→ Seite 249). Allerdings wird die Photovoltaikanlage auf 8 Kilowatt-Peak vergrößert und mit einem größeren 6-Kilowattstunden-Speicher verbunden.

Unter dem Strich steigen die Kosten auf circa 27.810 Euro. Die Autarkie bezogen auf Strom und Wärme erreicht gut 72 Prozent, die Autarkie Strom knapp 87 Prozent. Die B's benötigen gut 5 Raummeter Holz pro Jahr und erzielen einen solaren Deckungsgrad von knapp 34 Prozent – noch kein Sonnenhaus. Die Betriebskosten belaufen sich auf circa 830 Euro pro Jahr. Die Anlage erwirtschaftet sich in circa 12 Jahren und über 20 Jahre verbleibt ein Gewinn von gut 18.000 Euro.

Die Umweltentlastung beträgt circa 7,9 Tonnen CO_2 pro Jahr, wobei allerdings die Anmerkungen zur Holzverbrennung gelten.

93 % **Variante 13a-6:** Die Anlage entspricht Variante 13a-4. Es ist nur noch Platz für eine geringe Vergrößerung der Photovoltaikanlage auf 4 Kilowatt-Peak. Der Speicher bleibt bei 3 Kilowattstunden.

Die Kosten unter dem Strich steigen auf circa 31.810 Euro. Ihre Autarkie bezogen auf Strom und Wärme erreicht knapp 93 Prozent, ihre Autarkie Strom gut 76 Prozent. Haushalt B benötigt nur noch circa 1,5 Raummeter Holz pro Jahr und hat mit einem solaren Deckungsgrad von knapp 82 Prozent ein Sonnenhaus.

Die Betriebskosten belaufen sich auf circa 800 Euro pro Jahr. Die Anlage erwirtschaftet sich in knapp 14 Jahren und über 20 Jahre verbleibt ein Gewinn von gut 15.000 Euro. Die Umweltentlastung beträgt circa 6,1 Tonnen CO_2 pro Jahr, wobei ebenfalls die Anmerkungen zur Holzverbrennung gelten.

121 % **Variante 11a-3:** Die Anlage entspricht Variante 11a-2. Es ist nur noch Platz für eine geringe Vergrößerung der Photovoltaikanlage auf 8 Kilowatt-Peak. Der Speicher bleibt bei 6 Kilowattstunden.

Die Kosten unter dem Strich steigen auf circa 33.250 Euro. Die Autarkie bezogen auf Strom und Wärme erreicht gut 121 Prozent, damit ist es ein Plusenergiehaus. Die Autarkie Strom liegt bei knapp 87 Prozent. Die Betriebskosten belaufen sich auf circa 480 Euro pro Jahr. Die Anlage erwirtschaftet sich in knapp 13 Jahren und über 20 Jahre verbleibt ein Gewinn von gut 20.000 Euro. Die Umweltentlastung beträgt circa 7,4 Tonnen CO_2 pro Jahr. Auch bei dieser Anlage wird Kohlestrom verdrängt.

Fazit: Wegen der großen Photovoltaikanlagen steigen der Autarkiegrad und die Umweltentlastung. Die Investitionskosten sind höher. Jahreskosten sinken. Nur bei der kleinen Sonnenhausvariante verschlechtert sich die Wirtschaftlichkeit merklich. Da in den Sonnenhaus-Varianten kein Solarstrom für die Wärmebereitstellung genutzt wird, bleibt der Brennstoffbedarf wie bei Möglichkeit eins. Bei den großen Photovoltaikanlagen gibt es hohe Solarstromüberschüsse, die ins Netz eingespeist werden. Stattdessen könnte ein Elektroauto mit dem eigenen Strom viele Kilometer jährlich fahren.

Haushalt C

Die C's haben bemerkt, dass es bei Ihrer Passivhausplanung noch Möglichkeiten zur Verringerung des Strom- und Warmwasserbedarfs gibt. Am Heizwärmebedarf ist nichts mehr zu verbessern. Wasserspargeräte für nur etwa 50 Euro führen wie bei Haushalt B zu einer jährlichen Wärmeeinsparung von 960 Kilowattstunden.

Die Beleuchtung ist bereits mit LED geplant. Die PCs der C's ziehen jedoch noch Dauerstrom. Sie wollen schaltbare Steckdosenleisten für 10 Euro anschaffen und damit die Computeranlagen bei Nichtgebrauch komplett vom Netz nehmen. Der Stromverbrauch wird um 90 Kilowattstunden jährlich abnehmen.

Bei der Planung wurde bisher nicht an einen Warmwasseranschluss für Spülmaschine und Waschmaschine gedacht. Das zusätzliche Eckventil für die Spülmaschine und das Waschmaschinenvorschaltgerät für zusammen 300 Euro ergeben eine gesamte Stromeinsparung von 260 Kilowattstunden bei einem Warmwassermehrverbrauch.

Das ganze Paket kostet Haushalt C circa 360 Euro. Der Warmwasserbedarf sinkt auf 2.500 Kilowattstunden und der Strombedarf auf 2.650 Kilowattstunden jährlich. Der Heizenergiebedarf bleibt bei 1.800 Kilowattstunden. Eine höhere Stromeinsparung ist kaum möglich, da Haustechnik und insbesondere Lüftungsanlage Strom benötigen.

Möglichkeit eins:

58 % **Variante 13b-3:** Die Anlage entspricht Variante 13b-1 (→ Seite 230). Auf dem Dach gibt es noch freie Fläche.

Durch das Energiesparpaket steigen die Kosten unter dem Strich auf circa 19.160 Euro. Die Autarkie bezogen auf Strom und Wärme erreicht gut 58 Prozent, die Autarkie Strom fast 60 Prozent. Die C's benötigen 1,8 Raummeter Holz pro Jahr und erzielen einen solaren Deckungsgrad von knapp 38 Prozent, haben damit noch kein Sonnenhaus. Die Betriebskosten belaufen sich auf circa 910 Euro pro Jahr. Die Anlage erwirtschaftet sich in gut 17 Jahren. Die Umweltentlastung beträgt circa 2,9 Tonnen CO_2 pro Jahr, wobei allerdings die Anmerkungen zur Holzverbrennung gelten (→ Seite 154).

91 % **Variante 13b-4:** Die Anlage entspricht Variante 13b-2. Auf dem Dach gibt es noch freie Fläche.

Die Kosten liegen unter dem Strich bei circa 24.160 Euro. Die Autarkie bezogen auf Strom und Wärme erreicht gut 91 Prozent, die Autarkie Strom wieder fast 60 Prozent. Die C's benötigen nur noch circa 0,4 Raummeter Holz pro Jahr und haben mit einem solaren Deckungsgrad von gut 88 Prozent ein Sonnenhaus. Diese geringe Holzmenge könnten sie sogar auf dem eigenen Grundstück gewinnen und wären somit wesentlich autarker. Die Betriebskosten belaufen sich auf circa 790 Euro pro Jahr. Die Anlage liegt mit gekauftem Holz an der Grenze zur Wirtschaftlichkeit bei knapp 20 Jahren Amortisationszeit. Bei eigenem Holz wäre die Wirtschaftlichkeit besser. Die Umweltentlastung beträgt circa 2,9 Tonnen CO_2 pro Jahr, wobei ebenfalls die Anmerkungen zur Holzverbrennung gelten.

86 % **Variante 11c-3:** Die Anlage entspricht Variante 11c-1. Auf dem Dach gibt es noch freie Fläche.

Die Kosten liegen unter dem Strich bei circa 15.160 Euro. Die Autarkie bezogen auf Strom und Wärme erreicht circa 86 Prozent, damit ist das Haus kein Plusenergiehaus. Die Autarkie Strom liegt bei knapp 60 Prozent. Die Betriebskosten belaufen sich auf circa 980 Euro pro Jahr. Die Anlage erwirtschaftet sich in knapp 15 Jahren und über 20 Jahre verbleibt ein Gewinn von gut 5.000 Euro. Die Umweltentlastung beträgt circa 2,3 Tonnen CO_2 pro Jahr. Bei dieser Anlage wird kein Kohlestrom verdrängt.

117 % **Variante 11c-4:** Die Anlage entspricht Variante 11c-2. Auf dem Dach gibt es noch freie Fläche.

Die C's müssen unter dem Strich Investitionskosten von circa 22.560 Euro aufbringen. Autarkie bezogen auf Strom und Wärme erreicht knapp 117 Prozent, das Haus ist ein Plusenergiehaus. Betriebskosten sinken auf circa 710 Euro pro Jahr.

Es werden circa 3.060 Kilowattstunden ins öffentliche Netz eingespeist. Die Anlage erwirtschaftet sich in gut 17 Jahren. Die Umweltentlastung steigt durch die große Photovoltaik auf circa 3,8 Tonnen CO_2 pro Jahr – Kohlestrom wird verdrängt.

Fazit: Die Wirtschaftlichkeit aller Varianten verbessert sich durch das Energiesparpaket – alle Varianten sind nun wirtschaftlich. Der Brennstoffbedarf wird noch kleiner, sodass die Möglichkeit realistischer wird, das Holz auf dem eigenen Grundstück zu ernten. Der Netzstrombedarf für die Wärmepumpe im Winter sinkt ebenfalls. Die Sonnenhaus-Varianten sind etwas ungünstiger als die entsprechenden Plusenergiehäuser. Die kleineren Anlagen haben eine kürzere Amortisationszeit. Die Variante mit Holzheizung und kleinem Kollektor hat einen geringeren Autarkiegrad, wenn Haushalt C das Holz vom Holzhandel bekommt. Mit dem großen Kollektor erreicht das Sonnenhaus eine höhere Autarkie und Umweltentlastung als die Variante mit Wärmepumpe und kleiner Photovoltaik. Die Varianten mit Holzheizung erzielen einen wesentlich höheren Autarkiegrad Strom und Wärme, wenn es Haushalt C möglich ist, diese geringen Mengen Holz auf dem eigenen Grundstück zu ernten. Beim Sonnenhaus liefert die eigene Photovoltaikanlage gut die Hälfte des benötigten Stroms. Wie sich eine Vergrößerung auswirkt siehe unten. Im Jahresverlauf ergibt sich bei allen Varianten im Sommer eine Einspeisung und im Winter Strombezug. Der Unterschied ist bei den Wärmepumpen allerdings größer. Die große Photovoltaikanlage erzielt hohe Solarstromüberschüsse, die ins Netz eingespeist werden. Stattdessen könnte ein Elektroauto mit dem eigenen Strom viele Kilometer jährlich fahren.

Haushalt C hat nun die Entscheidung zwischen vier sinnvollen Lösungen. Am kostengünstigsten ist Variante 11c-3. Variante 13b-3 und 13b-4 nutzen 100 Prozent erneuerbare Energien. Hohen Autarkiegrad und gute Wirtschaftlichkeit vereinigt Variante 11c-3. Variante 11c-4 ist zwar am teuersten, ergibt aber den höchsten Autarkiegrad und einen recht geringen Netzbezug.

Möglichkeit zwei:

Bei allen Varianten gibt es noch Platz für zusätzliche Photovoltaikmodule. Als Speicher wird in allen Fällen ein 6-Kilowattstunden-Lithium-Ionen-Akku gewählt. Noch größere Speicher erhöhen den Eigenanteil nur wenig bei überproportional steigenden Kosten (→ Seite 66). Die großen Photovoltaikanlagen machen in allen Fällen das Haus der C's zum Plusenergiehaus. In allen Fällen produziert die Photovoltaikanlage mehr, als die C's für Wärme und Haushaltsstrom benötigen, sodass Kohlestrom verdrängt wird.

121 % **Variante 13b-5:** Die Anlage entspricht Variante 13b-3 (→ Seite 253). Die Photovoltaikanlage kann auf 9 Kilowatt-Peak vergrößert werden.

Durch die Photovoltaikanlage steigen die Kosten unter dem Strich auf circa 29.860 Euro. Die Autarkie bezogen auf Strom und Wärme erreicht gut 121 Prozent, die Autarkie Strom fast 79 Prozent. Die C's benötigen 1,8 Raummeter Holz pro Jahr und erzielen einen solaren Deckungsgrad von knapp 38 Prozent, damit haben sie zwar kein Sonnenhaus, aber ein Plusenergiehaus. Ihre Betriebskosten belaufen sich auf circa 390 Euro pro Jahr. Die Anlage erwirtschaftet sich in gut 18 Jahren. Die Umweltentlastung beträgt circa 5,9 Tonnen CO_2 pro Jahr, wobei allerdings die Anmerkungen zur Holzverbrennung gelten (→ Seite 154).

143 % **Variante 13b-6:** Die Anlage entspricht Variante 13b-4. Auf dem Dach gibt es noch freie Fläche für 8 Kilowatt-Peak Solarmodule.

Die Kosten liegen unter dem Strich bei circa 33.860 Euro. Autarkie bezogen auf Strom und Wärme erreicht gut 143 Prozent, die Autarkie Strom liegt bei gut 77 Prozent. Die C's benötigen nur noch circa 0,4 Raummeter Holz pro Jahr und haben mit einem solaren Deckungsgrad von gut 88 Prozent ein Sonnenhaus. Diese geringe Holzmenge könnten sie sogar auf dem eigenen Grundstück gewinnen und wären somit wesentlich autarker. Die Betriebskosten belaufen sich auf circa 360 Euro pro Jahr. Die Anlage liegt mit gekauftem Holz knapp oberhalb der Wirtschaftlichkeitsgrenze und bereitet über 20 Jahre fast 1.000 Euro Verlust. Bei eigenem Holz wäre die Wirtschaftlichkeit etwas besser. Die Umweltentlastung beträgt circa 5,4

Tonnen CO_2 pro Jahr, wobei ebenfalls die Anmerkungen zur Holzverbrennung gelten.

155 % **Variante 11c-5:** Haushalt C will die Wärmepumpe im Zentralgerät durch eine 6 Quadratmeter große thermische Solaranlage unterstützen. Die benötigte Leistung der Wärmepumpe fällt gegenüber Variante 11c-3 auf 1,2 Kilowatt. Auf dem Dach gibt es wie bei Variante 13b-5 noch freie Fläche für 9 Kilowatt-Peak Module.

Die Kosten liegen unter dem Strich bei circa 29.860 Euro. Autarkie bezogen auf Strom und Wärme erreicht knapp 155 Prozent, die Autarkie Strom knapp 79 Prozent. Die Betriebskosten belaufen sich auf circa 340 Euro pro Jahr. Die Anlage erwirtschaftet sich in knapp 18 Jahren.. Die Umweltentlastung beträgt circa 3,8 Tonnen CO_2 pro Jahr.

158 % **Variante 11c-6:** Wie wäre es, wenn statt der thermischen Solaranlage das ganze Dach für Photovoltaik genutzt würde? Die Anlage entspricht nun von der Wärmepumpenleistung wieder den Varianten 11c-3 und 11c-4. Die Photovoltaikanlage bedeckt das gesamte Süddach und wird 9,9 Kilowatt-Peak groß.

Die C's müssen unter dem Strich Investitionskosten von circa 26.360 Euro aufbringen. Die Autarkie bezogen auf Strom und Wärme erreicht gut 158 Prozent, die Autarkie Strom knapp 80 Prozent. Ihre Betriebskosten belaufen sich auf circa 370 Euro pro Jahr. Es werden circa 6.350 Kilowattstunden ins öffentliche Netz eingespeist. Stattdessen könnte ein Elektroauto mit dem eigenen Strom viele Kilometer jährlich fahren. Die Anlage erwirtschaftet sich in gut 16 Jahren. Die Umweltentlastung steigt durch die große Photovoltaikanlage auf circa 5,8 Tonnen CO_2 pro Jahr.

Fazit: Möchte Haushalt C eine möglichst hohe Autarkie erreichen und das Hausdach vollständig zur Energieproduktion nutzen, so ist die wirtschaftlich sinnvollste Option: Variante 11c-6 ohne thermische Solaranlage, mit sehr großer Photovoltaikanlage und Zentralgerät. Auch die beiden Anlagen mit kleiner thermischer Solaranlage 13b-5 und 11c-5 sind eine Überlegung wert. Variante 13b-5 bietet die höhere Umweltentlastung wogegen Variante 11c-5 eine etwas höhere Gesamtautarkie und eine etwas bessere Wirtschaftlichkeit aufweist.

→ TIPP

Zur Regelung von komplexen Systemen aus thermischer Solaranlage, Photovoltaik, Wärmepumpe und Batteriespeicher siehe Abschnitt „Ausgeklügelte Regelungen“ → Seite 195.

Schlussbemerkung

Die Beispielhaushalte haben durch die geschickte Kombination von Einsparpaket und Nutzung der Kopplung von Techniken eine hohe Energieautarkie erzielt. Gänzlich abkoppeln vom Netz können sie sich noch nicht. Sie produzieren im Sommer einen Überschuss und benötigen im Winter eine geringe Strommenge aus dem Netz. Ein hoher Autarkiegrad ist jedoch mit erheblichen Investitionskosten verbunden. Unter günstigen Umständen erwirtschaften sich die Maßnahmen weit unterhalb ihrer Lebensdauer. Weitergehende Autarkie ist auf Quartiers- oder Siedlungsebene denkbar, durch die Einbindung von größeren Stromspeichern und gegebenenfalls Klein-Blockheizkraftwerken.

Die Beispielhaushalte beobachten die Entwicklung auf dem Batteriemarkt und denken daran, später möglicherweise eine Langzeitbatterie für die Speicherung des Sommerüberschusses in den Winter einzubauen.

Nun sind Sie gefragt:

→ Haben Sie Ihre Möglichkeiten zur Verringerung des Strom- und Wärmebedarfs bereits ausgeschöpft?
→ Was passt besser zu Ihnen, ein Sonnenhaus oder ein Plusenergiehaus?
→ Wie groß soll Ihr Autarkiegrad werden?
→ Welche Mittel können Sie einsetzen?

Viel Erfolg bei Ihrer Planung und Umsetzung und viel Freude beim Leben im energieautarken Haus!

Anhang

Im folgenden **Glossar** werden die wichtigsten Begriffe erläutert. Auf Begriffe, die bereits im Text erklärt wurden, wird verwiesen. Ein **Stichwortverzeichnis** hilft beim Nachschlagen weiterer Textstellen. Und ein **Adressverzeichnis** unterstützt Sie bei der Kontaktaufnahme.

Glossar

→

Amortisationszeit: ist die Zeit, nachdem eine Anlage die Anschaffungskosten wieder eingespielt hat. Um sie zu ermitteln, teilen Sie die Mehrkosten der Anlage (Investitionskosten abzüglich Förderung abzüglich Instandhaltungsanteil) durch die jährliche Betriebskosteneinsparung (Betriebskosten pro Jahr im Ist-Zustand abzüglich Betriebskosten pro Jahr mit neuer Anlage).
Die interaktiven Tabellen unter www.ratgeber-verbraucherzentrale.de/energieautarkie unterstützen Sie bei der Berechnung Ihrer eigenen Werte.

Autarkie, energieautark: Wenn in diesem Buch von Autarkie gesprochen wird, so bezieht sich dies lediglich auf die Selbstversorgung mit Energie und nicht beispielsweise mit Nahrungsmitteln.

Autarkiegrad: Der Autarkiegrad gibt an, welcher Anteil der im Haus benötigten Energie auf dem eigenen Grundstück erzeugt wird: Je höher der Autarkiegrad, umso weniger Energie müssen Sie von anderen Anbietern zukaufen. Das vollständig energieautarke Haus bezieht alle benötigte Energie vom eigenen Grundstück (etwa durch Sonne, Wind und Biomasse) Der Autarkiegrad gibt prozentual an, wie viel der benötigten Energie aus Energiequellen vom eigenen Grundstück kommt.

Betriebskosten → Seite 96. Zusätzlich zu den Brennstoffkosten entstehen Stromkosten zum Betrieb der Haustechnik, beispielsweise für die Umwälzpumpen, Kosten für Wartung und Schornsteinfeger.
Auch sollte eine Rücklage für Reparaturen an der Haustechnik vorgesehen sein. Die Summe dieser Kosten pro Jahr sind die in den Tabellen dargestellten Betriebskosten.

Blauer Wasserstoff: Wird aus fossilem Gas gewonnen und das abgespaltene CO_2 wird sicher gelagert. Anlagen sind noch in der Entwicklung und die Herstellung vermutlich sehr teuer.

Brauchwasser: Warmes Wasser für Dusche etc. Hier im Ratgeber wird der Begriff „Brauchwasserbereitung" benutzt. Normgemäß handelt es sich um die „Trinkwasser-Erwärmung".

Brennkammer: Im Innern eines Heizkessels befindet sich die Brennkammer. Hier werden Heizöl, Gas oder Holz verbrannt. Die heißen Brenngase erhitzen wasserdurchflossene Rohre oder Platten (→ Wärmetauscher) und dadurch das Heizungswasser.

Brennstoffzelle: Eine Brennstoffzelle erzeugt Strom durch die chemische Verbindung eines Brennstoffs (meist Gas) mit dem Sauerstoff der Luft. Es entsteht bei dieser „kalten" Verbrennung zwar keine Flamme, aber neben dem Strom wird auch Wärme produziert → KWKG, Kraft-Wärme-Kopplung, Blockheizkraftwerk.

Dämmstoffe: Es gibt unterschiedliche Arten und Ausführungen von Dämmstoffen: Sie können aus Naturfasern, geschäumten Kunststoffen, künstlichen Fasern oder aus mineralischen Materialien bestehen. Außerdem gibt es Sonderdämmstoffe und Wärmedämmputze.
Die Dämmstoffgüte bemisst sich nach der Wärmeleitfähigkeit (je kleiner der Wert, desto besser). Aber auch der Umgang eines Dämmstoffs mit Feuchte, das Abfallaufkommen nach Rückbau und eine Kreislaufoption sind entscheidende Auswahlkriterien.

Eisspeicher: Wird Wasser vom flüssigen in den festen Zustand umgewandelt (zu Eis), kann pro Volumen eine sehr große Wärmemenge freigesetzt werden. Umgekehrt muss sehr viel Wärme aufgewendet werden, um das Eis zu schmelzen. Ein Eisspeicher ist so um ein Vielfaches effizienter als ein entsprechender Wasserspeicher. Er ist nur im Zusammenhang mit einer Wärmepumpe für die Raumheizung nutzbar. Näheres zu Eisspeichern → Seite 175.

Instandhaltungsanteil: Beim Austausch einer Heizungsanlage wird in den Wirtschaftlichkeitsberechnungen (→ ab Seite 95) in den meisten Fällen von den tatsächlichen Investitionskosten der Instandhaltungsanteil abgezogen. Sie brauchen in jedem Fall irgendeine Heizung, und das wird Sie auch in jedem Fall etwas kosten. Das sind sozusagen die Grundkosten, gegen die jede andere Investition gerechnet wird. Es werden nur die Mehrkosten angerechnet gegenüber einem Mindestzustand, den Sie erreichen müssen. Und dieser Mindestzustand ist nun davon abhängig, ob Ihre Anlage eigentlich noch weiterbetrieben werden könnte, aber demnächst ersetzt werden muss (so bei den Haushalten A und B – deswegen werden nicht die gesamten Kosten eines neuen Kessel als Instandhaltungsanteil abgezogen, wenn der Kessel ersetzt wird) oder ob sie sofort eine neue Anlage benötigen (im Fall Haushalt C würde ansonsten eine neue Gasanlage benötigt – die vollen Kosten sind Instandhaltungsanteil und werden abgezogen) oder ob Sie eigentlich nichts machen müssten (die alte Anlage bleibt und wird lediglich durch weitere Technik ergänzt, beispielsweise, wenn Haushalt A seinen Ölkessel behält und mit einer Wärmepumpe zum Hybridsystem ergänzt (→ Seite 206). In diesem Fall wird nichts abgezogen).

IPCC – Intergovernmental Panel on Climate Change (Zwischenstaatlicher Ausschuss für Klimaänderungen): Im Deutschen oft als Weltklimarat bezeichnet, wurde der IPCC im November 1988 vom Umweltprogramm der Vereinten Nationen (UNEP) und der Weltorganisation für Meteorologie (WMO) als zwischenstaatliche Institution ins Leben gerufen, um für politische Entscheidungsträger den Stand der Klimakrise festzustellen. Der neueste Bericht ist 2021 erschienen und der Annex von 2023 stellt fest, dass nur noch wenige Jahre bleiben, um maßgeblichen Einfluss auf die Klimakrise nehmen zu können.

iSFP – Individueller Sanierungsfahrplan: Der iSFP wird im Rahmen einer bundesgeförderten Vor-Ort-Energieberatung (→ Seite 240) erstellt. Er stellt dar, mit welchen Maßnahmen ein Effizienzhaus erreicht werden kann und in welcher zeitlichen Reihenfolge diese sinnvollerweise durchgeführt werden. Bei im iSFP enthaltenen baulichen und einigen haustechnischen Maßnahmen (nicht bei Heizungsmaßnahmen), die Sie dann tatsächlich durchführen, können sie im Rahmen der BEG (→ Seite 216) eine um 5 Prozent höhere Förderung erhalten sowie höhere förderfähige Kosten.

Kelvin: Das Kelvin ist die wissenschaftliche Einheit für die Temperatur. Ein Kelvin ist identisch mit einem Grad Celsius, wenn es um die Temperaturdifferenzgeht. Allerdings ist der Nullpunkt ein anderer: Die Null der Kelvin-Skala beginnt beim absoluten Nullpunkt von minus 273 °C. Eine niedrigere Temperatur gibt es nicht. 20 °C sind demnach 293 K.

KWK – Kraft-Wärme-Kopplung: → Seite 78. Die gleichzeitige Erzeugung und Nutzung von Strom und Wärme. In Großkraftwerken wird lediglich der Strom genutzt und die entstehende Wärme über Kühltürme abgegeben. Bei KWK-Anlagen dagegen wird die Wärme für das Fernwärmenetz (→ Seite 91) oder direkt im Haus (→ Seite 78) genutzt.

KWKG: Das Kraft-Wärme-Kopplungsgesetz soll die Kraft-Wärme-Kopplung fördern. Dazu wird für Strom, der von Blockheizkraftwerken erzeugt wird, eine zusätzliche Vergütung gezahlt → Seite 83.

Lebensdauer: Der durchschnittliche Zeitraum, in dem eine technische Anlage den ordnungsgemäßen Betrieb ausführen kann. Die typische Lebensdauer von Heiztechnik liegt bei 15 bis 20 Jahren. Dieser Ratgeber geht von einer Lebensdauer von 20 Jahren aus, deswegen werden die Kosteneinsparungen nach 20 Jahren dargestellt.

Netzkopplung: → Seite 37. Ein Photovoltaikmodul produziert Gleichstrom. Um diesen im Netz nutzen zu können, ist ein Wechselrichter notwendig, der aus Gleichstrom Netzwechselstrom macht. Die meisten Wechselrichter können dies nur, wenn sie mit dem öffentlichen Stromnetz verbunden sind (netzgekoppelt) und das öffentliche Netz nicht ausgeschaltet ist. Das ist aus Sicherheitsgründen so vorgeschrieben. Es gibt auch Anlagen, die ein eigenes Netz unterhalten können (Inselanlagen). Das geht jedoch nur, wenn die Anlage vom öffentlichen Netz abgetrennt ist.

PVT-Kollektor: Eine spezielle Kombination von Solarmodul mit Sonnenkollektor, um die Sonnenenergie möglichst effizient zu nutzen → Seite 196.

Referenzhaus: Ihr Gebäude mit vorgegebenem baulichem Wärmeschutz und vorgegebener Haustechnik → Seite 20.

Rücklauf: Ein Begriff aus der Haustechnik. Er benennt die Rohre, die an der kalten Seite des Heizkessels, der Wärmepumpe oder des Sonnenkollektors angebracht sind und das in den Heizkörpern oder der Flächenheizung abgekühlte Heizungswasser zurück zum Wärmeerzeuger zurückleiten beziehungsweise zum Kollektor bringen.
Die Temperatur im Rücklauf hängt von der Vorlauftemperatur ab und sollte mindestens 10 Grad darunter liegen. Ansonsten sollte die Heizungsanlage optimiert werden → Seite 241.

Siphon: Ein Bogen in einer Rohrleitung, der unerwünschte Strömungen verhindert. Beispielsweise kann ein Siphon zwischen dem Warmwasserspeicher und der Warmwasserleitung verhindern, dass warmes Wasser aufgrund der Schwerkraft (warmes Wasser ist leichter als kaltes) im Rohr nach oben strömt, dabei eine ungewollte Zirkulation durchführt und dem Warmwasserspeicher Wärme entzieht. Andere Siphons, beispielsweise am Waschbecken, dienen als Geruchsverschluss gegen die Gase im Abwasserrohr.

Sonnenhaus: → Seite 219. Das Sonnenhaus-Institut bezeichnet ein Gebäude als „Sonnenhaus", das seine Energie für Heizung und Warmwasser mindestens zur Hälfte aus der Sonne gewinnt, entweder mit thermischen Solaranlagen oder mit Photovoltaik und Wärmepumpe.

Thermische Solaranlage: → Seite 96. Andere Begriffe sind Solarthermie, solarthermische Anlage oder **Kollektoranlage**. Die Sonneneinstrahlung erhitzt in den Sonnenkollektoren eine Flüssigkeit, meist ein Wasser-Frostschutzmittel-Gemisch. Diese Flüssigkeit wird zum Wärmetauscher im Solarspeicher gepumpt und gibt dort die Wärme ans Speicherwasser ab. Aus dem Speicher wird je nach Anlagentyp das warme Duschwasser oder zusätzlich Heizungswasser für Flächenheizung oder Heizkörper entnommen.

Vorlauf: Ein Begriff aus der Haustechnik. Die Rohre, die an der heißen Seite des Heizkessels, der Wärmepumpe oder des Sonnenkollektors austreten, leiten die Wärme zu Heizkörpern, zur Flächenheizung (→ Seite 150) oder dem Warmwasserspeicher. Die Temperatur an dieser Stelle ist die Vorlauftemperatur. Je kleiner die Heizfläche, umso größer muss die Vorlauftemperatur sein. Flächenheizungen benötigen nur niedrige Vorlauftemperaturen.

Wärmebrücke: Ein Schwachpunkt im baulichen Wärmeschutz. An dieser Stelle ist die Oberflächentemperatur niedriger als an anderen Stellen der Wandinnenseite. Es gibt geometrische Wärmebrücken (zum Beispiel ist die Oberflächentemperatur in einer Raumecke niedriger als auf der Wand daneben, weil wenig Fläche innen Wärme aufnehmen kann, aber eine größere Fläche außen die Wärme abgibt). Und es gibt konstruktive Wärmebrücken (zum Beispiel leitet die durchgegossene Betonplatte des Balkons die Wärme besser nach draußen als die Wand daneben, weil Beton eine wesentlich höhere Wärmeleitfähigkeit besitzt). Wärmebrücken sind die ersten Stellen, an denen es zu Problemen mit Feuchtigkeit und Schimmel kommen kann.

Wärmequelle: Eine Wärmepumpe (→ Seite 129) nutzt die Wärme der Wärmequelle (Grundwasser, Erdwärme, Luft) zum Heizen. Günstig ist eine Wärmequelle mit ganzjährig möglichst hohen Temperaturen.

Wärmesenke: Wärmepumpen geben die Wärme an eine Wärmesenke ab. Das kann das Heizsystem (möglichst mit Flächenheizung, Heizkörper sind auch möglich) oder ein Warmwasserspeicher sein. Günstig ist eine möglichst niedrige Temperatur der Wärmesenke.

Wärmetauscher: Ein Bauteil in vielen haustechnischen Anlagen. Ein Wärmetauscher wird immer dann gebraucht, wenn Wärme von einem Stoff auf einen anderen übertragen werden soll, sich die Stoffe aber nicht mischen dürfen. Beispiel: Im Sonnenkollektor (→ Seite 96) befindet sich Frostschutzmittel, im Brauchwasserspeicher Trinkwasser. Die Wärme des Sonnenkollektors wird nun mit einem Rohrbündel (dem Wärmetauscher), das im Speicher eingebaut ist, auf das Speicherwasser übertragen. Andere Wärmetauscher übertragen die Wärme der heißen Brenngase im Heizkessel auf das Brauchwasser für Heizung oder Warmwasser, oder in einer Lüftungsanlage die Wärme der Abluft auf die Zuluft.

Wärmeübertragung: Es gibt drei Formen der Übertragung: Wärmeleitung, Wärmeströmung und Wärmestrahlung.

Wassertasche: Der Wärmetauscher in einem Holzofen, der vom Heizungswasser durchflossen wird → Seite 157.

Zirkulation: Je länger die Leitungen zu den Zapfstellen, desto länger dauert es, bis dort warmes Wasser ankommt. Deswegen gibt es eine Warmwasserzirkulation. Sie sorgt dafür, dass das warme Wasser sofort zur Verfügung steht. Allerdings erhöht sich so auch der Energieaufwand, denn in den Rohrleitungen entstehen Wärmeverluste und eine Zirkulationspumpe benötigt zusätzlichen Strom. Ohne Pumpe zirkuliert das warme Wasser durch die Schwerkraft, das geht zwar ohne Strom, läuft jedoch rund um die Uhr mit damit verbundenen hohen Wärmeverlusten. Hier sollten Sie unbedingt eine zeitgesteuerte Pumpe nachrüsten lassen → Seite 104.

Wichtige Adressen, Literatur

INSTITUTIONEN/VEREINE

Bund der Energieverbraucher e. V.
www.energieverbraucher.de

Bundesamt für Wirtschaft und Ausfuhrkontrolle BAFA
www.bafa.de

CO2online
www.co2online.de

Deutsche Energie Agentur – dena
www.dena.de

Deutsche Gesellschaft für Sonnenenergie e. V. – DGS
www.dgs.de

Internationales Wirtschaftsforum Regenerative Energien – IWR
www.iwr.de

Kleinwindkraft-Portal
www.klein-windkraftanlagen.com

Kreditanstalt für Wiederaufbau KfW
www.kfw.de

Passivhaus-Institut
www.passiv.de

Solarenergie-Förderverein Deutschland e. V. – SFV:
www.sfv.de

Sonnenhaus-Institut e. V.
www.sonnenhaus-institut.de

FACHVERBÄNDE

Arbeitsgemeinschaft für sparsamen und umweltfreundlichen Energieverbrauch e. V. - ASUE
www.asue.de

BHKW-Infozentrum GbR
www.bhkw-infozentrum.de

Bundesverband Solarwirtschaft e. V. – BSW
www.solarwirtschaft.de

Bundesverband Wärmepumpe e. V. – BWP
http://www.waermepumpe.de

Deutscher Energieholz- und Pellet-Verband e. V. – DEPV
www.depv.de

FACHMAGAZINE/NEWSLETTER

Sonnenenergie
www.sonnenenergie.de

Energiedepesche
www.energieverbraucher.de

Photon
www.photon.de

pv magazine
www.pv-magazine.de/

Sonne Wind & Wärme
www.sonnewindwaerme.de

TIPPS ZUM WEITERLESEN

Ratgeber Heizung, 5. Auflage
Verbraucherzentrale Nordrhein-Westfalen e. V. (Hrsg.), Düsseldorf 2023.

Klimafreundlich bauen und sanieren, 1. Auflage
Verbraucherzentrale Nordrhein-Westfalen e. V. (Hrsg.), Düsseldorf 2023

Ratgeber Photovoltaik, 2. Auflage
Verbraucherzentrale Nordrhein-Westfalen e. V. (Hrsg.), Düsseldorf 2023

Ratgeber Wärmepumpe, 1. Auflage
Verbraucherzentrale Nordrhein-Westfalen e. V. (Hrsg.), Düsseldorf 2023

Adressen der Verbraucherzentralen

Verbraucherzentrale Baden-Württemberg e. V.
Telefon: 07 11/ 66 91-10
www.verbraucherzentrale-bawue.de

Verbraucherzentrale Bayern e. V.
Telefon: 0 89/5 52 79 4-0
www.verbraucherzentrale-bayern.de

Verbraucherzentrale Berlin e. V.
Telefon: 0 30/2 14 85-0
www.verbraucherzentrale-berlin.de

Verbraucherzentrale Brandenburg e. V.
Telefon: 03 31/2 98 71-0
www.verbraucherzentrale-brandenburg.de

Verbraucherzentrale Bremen e. V.
Telefon: 04 21/1 60 77-7
www.verbraucherzentrale-bremen.de

Verbraucherzentrale Hamburg e. V.
Telefon: 0 40/2 48 32-0
www.vzhh.de

Verbraucherzentrale Hessen e. V.
Telefon: 0 69/97 20 10-900
www.verbraucherzentrale-hessen.de

Verbraucherzentrale Mecklenburg-Vorpommern e. V.
Telefon: 03 81/2 08 70-50
www.verbraucherzentrale-mv.eu

Verbraucherzentrale Niedersachsen e. V.
Telefon: 05 11/9 11 96-0
www.verbraucherzentrale-niedersachsen.de

Verbraucherzentrale Nordrhein-Westfalen e. V.
Telefon: 02 11/9 13 80-1000
www.verbraucherzentrale.nrw

Verbraucherzentrale Rheinland-Pfalz e. V.
Telefon: 0 61 31/28 48-0
www.verbraucherzentrale-rlp.de

Verbraucherzentrale Saarland e. V.
Telefon: 06 81/5 00 89-0
www.verbraucherzentrale-saarland.de

Verbraucherzentrale Sachsen e. V.
Telefon: 0341/69 62 90
www.verbraucherzentrale-sachsen.de

Verbraucherzentrale Sachsen-Anhalt e. V.
Telefon: 03 45/2 98 03-29
www.verbraucherzentrale-sachsen-anhalt.de

Verbraucherzentrale Schleswig-Holstein e. V.
Telefon: 04 31/5 90 99-0
www.verbraucherzentrale.sh

Verbraucherzentrale Thüringen e. V.
Telefon: 03 61/5 55 14-0
www.vzth.de

Verbraucherzentrale Bundesverband e. V.
Telefon: 0 30/2 58 00-0
www.vzbv.de

Stichwortverzeichnis

Bildnachweis

Das Ziel: Ein energieautarkes Haus

Abb. 1 Carmen e. V., Straubing (auch mit Daten des Statistischen Bundesamts)
Abb. 2 Fraunhofer-Institut für Bauphysik IBP, Stuttgart
Abb. 3 Bundesministerium für Digitales und Verkehr, Berlin
Abb. 4–5 Grazyna Rojek, Essen (Daten: Umweltbundesamt, Dessau)
Abb. 6 co2online gemeinnützige Beratungsgesellschaft mbH, Berlin
Abb. 7 Verbraucherzentrale NRW, Düsseldorf
Abb. 8 Johannes Spruth, Unna

Strom selbst erzeugen

Abb. 1 Johannes Spruth, Unna
Abb. 2 Verbraucherzentrale NRW, Düsseldorf
Abb. 3 EnergieAgentur.NRW, Düsseldorf
Abb. 4 Johannes Spruth, Unna
Abb. 5 Verbraucherzentrale NRW, Düsseldorf
Abb. 6 Sonneninitiative e.V., Marburg
Abb. 7 Grazyna Rojek, Essen (Daten: Johannes Spruth, Unna)
Abb. 8 Prof. Dr. Jochen Twele, HTW Berlin
Abb. 9 Grazyna Rojek, Essen (Daten: Johannes Spruth, Unna)
Abb. 10 Sterner, Thema; FENES, OTH Regensburg
Abb. 11 Stefanie Simon/EuPD Research und E3/DC
Abb. 12 Verbraucherzentrale NRW, Düsseldorf
Abb. 13–14 Prof. Dr. Wolfgang Quaschning, HTW Berlin
Abb. 15–16 Bundesverband Solarwirtschaft, Berlin
Abb. 17 Grazyna Rojek, Essen (Daten: Johannes Spruth, Unna)
Abb. 18 Johannes Spruth, Unna
Abb. 19 Horst Lünser, Berlin
Abb. 20 Verbraucherzentrale NRW, Düsseldorf
Abb. 21 Prof. Dr. Wolfgang Quaschning, HTW Berlin/Horst Lünser, Berlin
Abb. 22 Johannes Spruth, Unna
Abb. 23–24 Grazyna Rojek, Essen (Daten: Johannes Spruth, Unna)

Wärme selbst erzeugen

Abb. 1 Hubertus Pieper, Soest
Abb. 2–4 Horst Lünser, Berlin
Abb. 5–6 EnergieAgentur.NRW, Düsseldorf
Abb. 7 Verbraucherzentrale NRW, Düsseldorf
Abb. 8–9 Grammer Solar GmbH, Amberg
Abb. 10 Grazyna Rojek, Essen (Daten: Johannes Spruth, Unna)
Abb. 11–12 my-PV GmbH, Neuzeug (Österreich)
Abb. 13–15 Grazyna Rojek, Essen (Daten: Johannes Spruth, Unna)
Abb. 16 EnergieAgentur.NRW, Düsseldorf
Abb. 17 Lala Majidova, Düsseldorf (Daten: Fraunhofer ISE, Freiburg)
Abb. 18–21 Bundesverband Wärmepumpe e.V., Berlin
Abb. 22–23 Grazyna Rojek, Essen (Daten: Johannes Spruth, Unna)
Abb. 24 Fraunhofer ISE, Freiburg
Abb. 25–26 Grazyna Rojek, Essen (Daten: Johannes Spruth, Unna)
Abb. 27 Fotolia, KB3
Abb. 28 Johannes Spruth, Unna, Daten: Deutsches Pelletinstitut

Abb. 29	Hans Hartmann, Technologie- und Förderzentrum für Nachwachsende Rohstoffe (TFZ)
Abb. 30	Johannes Spruth, Unna
Abb. 31	Klaus-Peter Thiele, Hannover
Abb. 32–33	Sonnenhaus Institut e.V., Freising
Abb. 34–35	Horst Lünser, Berlin
Abb. 36	Viessmann, Allendorf
Abb. 37	Solvis GmbH, Braunschweig
Abb. 38	Viessmann, Allendorf
Abb. 39	www.eTank.de Broschüre, Grafik: S. Kleptcha
Abb. 40	EnergieAgentur.NRW, Düsseldorf
Abb. 41	Triple Solar, Amsterdam
Abb. 42	Fraunhofer ISE, Freiburg
Abb. 45	Consolar Solare Energiesysteme GmbH, Lörrach
Abb. 44	Fraunhofer ISE, Freiburg
Abb. 43	Viessmann, Allendorf
Abb. 46	Horst Lünser, Berlin

Wege zum energieautarken Haus

Abb. 1	Stefan Schön, Velburg
Abb. 2	Sonnenhaus-Institut e.V., Freising; Sebastian Schels
Abb. 3	Fraunhofer IBP, Stuttgart
Abb. 4	Johannes Spruth, Unna
Abb. 5	Johannes Spruth, Unna
Abb. 6	Europäische Kommission, Brüssel
Abb. 7	Horst Lünser, Berlin
Abb. 8	Verbraucherzentrale NRW, Düsseldorf
Abb. 9–10	Johannes Spruth, Unna
Abb. 11	Europäische Kommission, Brüssel

Weitere Fotos

Seite 12	Kannapat – Adobe Stock
Seite 32	slavun – Adobe Stock
Seite 94	Studio Harmony – Adobe Stock
Seite 218	MVProductions – Adobe Stock
Seite 258	Dariusz Jarzabek – Adobe Stock

1. Auflage 2024

ISBN 978-3-86336-181-5 (Buch)
ISBN 978-3-86336-329-1 (E-Book PDF)
ISBN 978-3-86336-349-9 (E-Book EPUB)

Impressum

Herausgeber
Verbraucherzentrale Nordrhein-Westfalen e. V.
Mintropstraße 27, 40 215 Düsseldorf
Telefon 02 11 / 9 13 80 15 55
ratgeber@verbraucherzentrale.nrw
www.verbraucherzentrale.nrw

Autor
Dr. Johannes Spruth

Koordination
Frank Wolsiffer

Lektorat
Christina Seitz, Düsseldorf
www.christina-seitz.de

Umschlaggestaltung
Ute Lübbeke, Köln
www.LNT-design.de

Layout und Satz
Grazyna Rojek Kommunikationsdesign, Essen
www.grazynarojek.de

Gestaltungskonzept
Lichten Kommunikation und Gestaltung, Hamburg
www.lichten.com

XML-Layoutsatz
pagina GmbH, Tübingen
www.pagina.gmbh

Druck
DCM Druck Center Meckenheim GmbH, Meckenheim

Redaktionsschluss: Januar 2024